U0270459

沂沭泗河险工治理技术

魏　蓬　魏　松　王从明　张凤翔　周　静　编著

合肥工业大学出版社

前　言

沂沭泗水系是淮河流域内一个相对独立的水系，系沂、沭、泗（运）3条水系的总称，位于淮河流域东北部，流域面积 7.96 万 km²，约占淮河流域面积的 29%。沂沭泗地区社会经济发展迅速，是我国重要的粮、棉、油生产基地和煤电能源基地之一。

由于沂沭泗流域复杂的水文气象、地质环境以及社会活动等因素，沂沭泗河堤防河道险工众多。自 1981 年沂沭泗水利管理局成立以来，大力推进工程除险加固，采取了多种措施、技术进行险工治理，大量安全隐患得到消除，流域整体防洪能力显著提升，成功经受了多次洪水考验，并在险工治理方面积累了宝贵经验。

为进一步做好新形势下沂沭泗直管河湖堤防工程险工险段治理及管理工作，实现水工程治理体系和治理能力现代化，根据现场查勘及以往险工险段治理资料，本书编写组收集整理了沂沭泗河险工险段工程基本情况，并结合理论分析和险工治理材料、技术、理论等新的发展情况，编著完成《沂沭泗河险工治理技术》。

全书共分 5 章，第 1 章主要介绍了沂沭泗流域、水系、河道治理基本情况，第 2 章介绍了沂沭泗河险工治理概况，第 3 章基于基本理论和沂沭泗河工程实际进行了险工成因及机理分析，第 4 章系统分析了沂沭泗河险工治理过程中所采用的治理技术，并附对应工程案例，第 5 章介绍了可以用于险工治理的相关新材料、新技术、新理论等内容，以使本书具有更好的工程应用价值。

本书在编著过程中得到了有关领导、专家的悉心指导，沂沭泗水利管理局各级单位亦给予了积极的配合，提供了大量的资料，在此向他们表示感谢，同时，本书也引用了部分国内外学者的研究成果，在此一并致谢！

编者在编写过程中做了多方面的努力，但书中难免有不妥之处，敬请各位读者批评指正。

作　者

2021 年 10 月

前 言

C目录
ontents

沂沭泗河概况

1.1 流域情况

1.1.1 流域范围

沂沭泗水系是沂、沭、泗（运）三条水系的总称，位于淮河流域东北部。沂沭泗流域范围北起沂蒙山，东临黄海，西至黄河右堤，南以废黄河与淮河水系为界。全流域介于东经 114°45′~120°20′、北纬 33°30′~36°20′之间，东西方向平均长约 400km，南北方向平均宽不足 200km。流域面积 7.96 万 km²，占淮河流域面积的 29%，包括江苏、山东、河南、安徽 4 省 15 个地（市），共 77 个县（市、区）。

沂沭泗流域地形大致由北向西、向南逐渐降低，由低山丘陵逐渐过渡为倾斜冲积平原、滨海平原。区域内地貌可分为中高山区、岗地和平原、低山丘陵四大类。山地丘陵区面积占 31%，平原区面积占 67%，湖泊面积占 2%。

北中部的中高山区（沂蒙山），是沂、沭、泗河的发源地，既有海拔超过 800m 的高山（沂河上游最高峰龟蒙顶海拔高程达 1156m），也有低山丘陵。长期以来，地壳较为稳定或略有上升，地面以剥蚀作用为主，形成了广阔、平坦和向东南微微倾斜的山麓面，加之流水侵蚀破坏而支离破碎，形成了波状起伏、高差不大的丘岗和洼地。

岗地分布在赣榆中部、东海西部、新沂东部、灌云西部陟沟一带和宿迁的东北部及沭阳西部等地。岗地多在低山丘陵之外围，是古夷平面经长期侵蚀、剥蚀，再经流水切割形成的岗、谷相间排列的地貌形态，其平面呈波浪起伏状。

平原区主要由黄泛平原、沂沭河冲积平原、滨海沉积平原组成。黄泛平原分布于流域西、南部，地势高仰，延伸于黄河故道两侧，由于历史上黄河多次决口、改道，微地貌发育，地势起伏、高低相间。沂沭河冲积平原分布于黄泛平原和低山丘陵、岗地之间，由黄河泥沙和沂沭河冲积物填积原来的湖荡形成，地势低平。滨海沉积平原分布于东部沿海一带，由黄河和淮河及其支流携带的泥沙受海水波浪作用沉积而成，地势低平。平原区近代沉积物甚厚，南四湖湖西平原的第四纪沉积物厚度在 100m 以上。

山丘区主要是由地壳垂直升降运动造成的。根据其断裂褶皱构造在平面上的排列形式及延伸方向，沂河以东为新华夏构造区，其河流、山脉及海岸地形曲折与延伸方向均受这一构造体影响；沂河以西为鲁西旋转构造与新华夏构造复合构造区。沂沭河大断裂带是一条延展长度长、规模大、切割深、时间久的复杂断裂带，为郯庐断裂带的一段，由昌邑—大店、安丘—莒县、沂水—汤头、郯郜—葛沟四条平行断裂带组成，纵贯鲁东。鲁西南断陷区以近南北和东西向的两组断裂为主，形成近似网格的构造。山区除马陵山为中生代红色沙砾岩和页岩外，其余主要为古老的寒武纪深度变质岩和花岗岩。

沂沭泗流域部分地区为强震区，根据（GB 18306—2015）《中国地震动参数区划图》，南四湖两侧的任城、嘉祥、金乡、丰县一带及东南部的灌云、灌南、涟水、响水等县（市、区）地震动峰值加速度为 0.05g，相应地震基本烈度为Ⅵ度；鄄城、东明、宿城、宿豫、邳州、新沂、郯城、临沭、兰山、罗庄、河东、莒南、沂水、莒县等县（市、区）地震动峰值加速度为 0.2～0.3g，相应地震基本烈度为Ⅷ度；其余地区地震动峰值加速度为 0.10～0.15g，相应地震基本烈度为Ⅶ度。

1.1.2 气象水文

沂沭泗流域属暖温带半湿润季风气候区，具有大陆性气候特征。夏热多雨，冬寒干燥，春旱多风，秋旱少雨，冷暖和旱涝较为突出。气候特征介于黄淮之间，而较接近于黄河流域。

1.1.2.1 沂沭泗流域气象特征概况

1. 气温：年平均气温 13～16℃，由北向南、由沿海向内陆递增，年内最高气温达 43.3℃（1955 年 7 月 15 日发生在徐州），最低气温为 -23.3℃（1969 年 2 月 6 日发生在徐州）。

2. 霜冻、霜期：沂沭泗流域南部在 11 月上旬到次年 3 月中旬为霜期，平均一年无霜期为 230 天。流域北部在 10 月下旬到次年 4 月上旬为霜期，平均一年无霜期为 200 天，山区一般为 180～190 天。

3. 蒸发量：流域蒸发量南部小、北部大，多年平均水面蒸发量为 1180～1320mm。历年最高为 1755mm（韩庄闸站），历年最低为 903mm（响水口站）。

4. 日照：全流域年平均日照时间为 2100～2400h，由南向北递增。

5. 风：本流域为季风区，随季节而转移，冬季盛行东北风与西北风，夏季盛行东南风与西南风。年平均风速为 2.5～3.0m/s，最大风速为 23.4m/s（发生在徐州，6 月份）。

1.1.2.2 沂沭泗流域水文特征概况

1. 年平均降水量：沂沭泗流域多年平均降水量为 790mm。年际变化较大，最大值为 1174mm（2003 年），最小值为 492mm（1988 年）。年内分布不均，多集中在汛期，多年平均降水量春季（3—5 月）为 126mm，占 15.9%；夏季即汛期（6—9 月）为 560mm，占 70.9%；秋季（10—12 月）为 75mm，占 9.5%；冬季（1—2 月）为 29mm，占 3.7%。

2. 暴雨特性：沂沭泗流域发生暴雨的成因主要是黄淮气旋、台风及南北切变。长历时降雨多数由切变线和低涡接连出现造成。台风主要影响沂沭河及南四湖湖东区。暴雨移动方向由西向东较多。降雨量一般自南向北递减，沿海多于内陆，山地多于平原。

3. 时段暴雨：根据中华人民共和国成立后的历年统计数据，流域内出现过的最大一日降水量为 563.1mm（2000 年 8 月 30 日在江苏响水口站），次之为 478.8mm（2012 年 8 月 10 日在江苏小尖站）；最大三日暴雨降水量为 877.4mm（2000 年 8 月 28 日至 30 日在江苏响水口站），次之为 575.8mm（1971 年 8 月 8 日至 10 日在山东微山站）；最大七日暴雨降水量为 1046.3mm（2000 年 8 月 24 日至 30 日在江苏响水口站），次之为 676.8mm（1963 年 7 月 18 日至 24 日在山东前城子站）。2000 年 8 月 30 日，响水口站 24 小时降水量为 825mm。

4. 径流：全流域多年平均径流深为 181mm，年径流系数为 0.23。年径流分布与降水分布相似，南大北小，沿海大于内陆，同纬度山区大于平原。沂沭河上中游年径流深 250～300mm，年径流系数 0.3～0.4；南四湖湖东年径流深 75～250mm，年径流系数 0.2～0.3，湖西年径流深 50～100mm，年径流系数 0.1～0.2；中运河及新沂河南北年径流深 200～250mm，年径流系数 0.2～0.3。

5. 泥沙：沂沭泗上游沂蒙山区植被覆盖率低，水土流失严重。据统计，沂河临沂站多年平均含沙量为 $0.615kg/m^3$，多年平均输沙率为 58.1kg/s，多年平均输沙量为 183 万 t。沭河莒县站多年平均含沙量为 $0.984kg/m^3$，多年平均输沙率为 14.5kg/s，多年平均输沙量为 45.8 万 t（1992 年之后沭河莒县站含沙量及输沙率已停测）。沭河大官庄（新）站多年平均含沙量为 $0.572kg/m^3$，多年平均输沙率为 15.4kg/s，多年平均输沙量为 48.5 万 t。中运河运河站多年平均含沙量为 $0.126kg/m^3$，多年平均输沙率为 10.6kg/s，多年平均输沙量为 33.6 万 t。沂沭泗河部分控制站泥沙特征见表 1－1 所列。

表 1－1　沂沭泗河部分控制站泥沙特征

河名	站名	输沙率/$(kg \cdot s^{-1})$		多年平均输沙量/（万 t）	含沙量/$(kg \cdot m^{-3})$		统计年数/年
		多年平均	年均最大		多年平均	年均最大	
沂河	葛沟	24.3	265	76.8	0.489	2.74	57
	临沂	58.1	689	183	0.615	3.55	59
	港上	20.6	126	64.9	0.428	1.46	48
沭河	莒县	14.5	119	45.8	0.984	4.36	35（已停测）
	大官庄（新）	15.4	153	48.5	0.572	2.76	57
	新安镇	5.05	65.2	15.9	0.289	1.47	43
泗河	东风	5.29	34.6	17.3	0.453	1.8	58
新沭河	大兴镇	12.7	111	40.0	0.658	2.92	52
东鱼河	鱼城	13.0	101	41.0	1.15	6.52	47
新沂河	嶂山闸下	6.41	60.3	20.2	0.062	0.208	36
中运河	运河	10.6	57.6	33.6	0.126	0.750	47

1.1.2.3 沂沭泗流域局部气象水文特征

1. 新沂河气象水文特征

新沂河所属区域位于东经 118°10′～119°50′，北纬 34°5′～34°30′范围内。地处亚热带向暖温带过渡性气候带中，属暖温带半湿润季风气候区，冬干冷，夏湿热，四季分明。

本区年平均气温 14℃，极端最高温度 40℃，出现在 8 月份，极端最低温度－18℃，出现在 2 月份，最高月平均温度为 26.8℃，最低月平均温度为－0.2℃。最大月平均相对湿度为 82%，最小月平均相对湿度为 66%。本区多年年平均降水量为 883.6mm，最大年降水量为 1396.0mm，最小年降水量为 531.9mm。年内分布极不均匀。全年降水量的 70%集中在 6—9 月份，而 12 月至来年 2 月仅占全年降水量的 8%左右。年平均蒸发量为 982.6mm。本区无霜期为 3 月下旬至 10 月中旬，一般在 210 天左右。结冰期一般为 12 月至次年 2 月。冻土深度 25cm，10cm 深冻结日期 1 月 11 日，10cm 深解冻日期 1 月 22 日。

根据沭阳、灌南、灌云 3 站 20 年以来资料分析，发生在汛期风速达 8 级以上的天气有 7 次。最大风速达 30m/s，为 11 级风，发生在 1971 年 7 月 7 日（灌云站）。汛期风向主要为东北风，其次为东南风。

新沂河为季节性河道，仅在汛期承担排洪任务。由于新沂河为整个沂沭泗流域洪水通道的入海尾闾，新沂河本区域并不产生较大规模的洪水。新沂河的实际行洪流量，根据整个沂沭泗流域的暴雨洪水特性统一调度确定。

多年来，上游面上的工程和骨干河流的治理引起了新沂河水情的不断变化，使得骆马湖、新沂河的洪水特性变为峰高量大、来猛去缓，大流量、高水位历时大大加长。另外，由于沂沭泗诸大河道虽各自独立、各有出口，但又相互连接串通，因此，新沂河洪水亦受到人为控制、调度运用的影响，随着上游工情的改变，这种影响将越来越大。

新沂河入海处灌河口外的潮汐为非正规的半日潮，在一个太阴日内（即 24h50min）有两个高潮和两个低潮。新沂河海口属于湖源河道海相海口类型，行洪时受径流与潮流的共同作用，海口入灌河处中心点的起始水位可由燕尾港站潮位、燕尾港站至海口中心点的水位差值以及新沂河洪水入灌河引起的水位抬高值三者确定。燕尾港设计潮位为 20 年一遇的最高潮位 3.79m。

新沂河沿线地下水类型均为松散岩类空隙水，潜水水位埋深大致为：自灌云和沭阳交界处以西为 2～3m，以东为 1～2m；承压水水位埋深大致为自沭阳以西为 3～5m，以东为 1～3m，局部为 0～1m。地下水的补给、径流、排泄情况大致为浅层孔隙水在山前倾斜平原一带除接受大气降水补给外，更主要的是基岩的侧向径流补给，此外接受河流季节性补给，地下水流向与地表水流向基本一致，主要消耗于地下径流，其次为蒸发等；地下水污染条件中沿线绝大部分属于污染源分散的黄淮平原区，防污性能中等，无矿点及热泉污染。

沭阳枢纽地下水位及地表水位为：北偏泓上游水位 8.69m，北偏泓下游水位 6.26m，潜水位 6.73m；溢流堰承压水位 5.71m，混合水位 5.49～5.56m；南偏泓水位 4.55～4.94m，承压水位 4.74～4.96m，混合水位 4.83m。

2. 沂河、沭河、邳苍分洪道气象水文特征

沂河、沭河、邳苍分洪道所在流域属暖温带半湿润大陆性季风气候区，四季分明，雨热同期。冬季干冷，雨雪稀少；春季多风，气候干燥；夏季湿热，雨量充沛；秋季凉爽，降水减少。由于受大陆性气候和海洋性气候交替作用的影响，易形成春旱、夏涝、秋旱、冬干的气候特点。

多年平均气温 13～16℃，由北向南递增。历年极端最高气温 40℃，极端最低气温−16.5℃，月平均气温 7 月份最高为 30.7℃，1 月份最低为−5.5℃。历年平均相对湿度为 68%，最大为 82%，最小为 62%。年平均日照时数为 2402h，年平均无霜期为 200 天左右，冰冻期为 92 天，最大平均冻土深 0.3m，历年最大冻土深 0.4m。

沂沭邳流域内多年平均降水量为 830mm，降水量年际变化较大，最大年降水量为 1098mm（1964 年），最小年降水量为 562mm（1966 年）。降水量年内分配亦不均匀，多年平均年内分配 1—2 月仅占全年的 3.6%；3—5 月为 131mm，占全年的 15.8%；6—9 月为 592mm，占全年的 71.3%；10—12 月为 77mm，占全年的 9.3%。

蒸发量南部小，北部大，自南向北多年平均水面蒸发量为 1016.1～1443mm。年最大水面蒸发量 1563.6mm（1978 年），年最小水面蒸发量 693.6mm（1990 年）。

本流域为季风区，冬季盛行东北风与西北风，夏季盛行东南风与西南风，多年平均风速为 2.5～3.0m/s，极端最大风速为 23.4m/s。

3. 韩庄运河、中运河、骆马湖气象水文特征

韩庄运河、中运河、骆马湖所在区域属暖温带半湿润季风气候区，具有南北过渡性气候特点，四季分明。夏季受亚热带季风的影响。据区域内 1951—2000 年降水资料统计，宿迁县小王庄 8 月 12 日最大日雨量 374.6mm，本区域多年平均降水量自北向南为 820～920mm，降水主要发生在 6—9 月份，6—9 月份降水量占年降水量的 70% 左右，冬季降水量仅占年降水量的 10% 左右。实测资料中最大年降水量为 1254.4mm，发生在 1963 年；最小年降水量为 475mm，发生在 1988 年。年降水量的变化幅度较大，丰枯比达 2.64。根据宿迁闸资料统计分析，多年平均水面蒸发量为 946.3mm。

多年平均气温为 14℃，月平均最高气温出现在 7 月，为 31.2℃，月平均最低气温在 1 月，为 3.5℃，极端最高气温为 40.3℃。极端最低气温为−23℃。年平均气温为 16.9℃。

多年平均无霜期 200 天左右。结冰一般出现在 11 月至次年 3 月，最大冻土深度为 28cm，最大岸冰厚度为 20cm，积雪厚度为 15cm 左右。多年平均相对湿度为 60%～75%，最大相对湿度出现在 7—8 月。

因受季风影响，春季多东南风，夏季多南风，秋季多西风，冬季多东北风，风力最大 8 级，风速在 14.9～24m/s 范围，多年平均风速为 3.1m/s。

1.1.3 洪水特点

沂沭泗水系的洪水一般多发生在 7—8 月份。沂、沭河上中游均为山丘区，洪水陡

涨陡落，往往在暴雨过后几小时，主要控制站便可出现洪峰。南四湖湖东与沂、沭河相似，洪水涨落也很快；湖西河道则洪水过程平缓。邳苍地区河道坡陡、源短，洪水也较迅猛。洪水汇集至中下游后，河道比降减小，行洪不畅，洪水过程缓慢。

1.1.3.1 沂河水系洪水特点

1. 沂河

沂河上游为山洪河道，水流湍急，洪水暴涨暴落，下游水流平缓，泥沙淤积河床。洪水多发生在 7—9 月，多年平均径流量为 20.56 亿 m^3，最大径流量为 62.13 亿 m^3 (1963 年)，最小径流量为 0.61 亿 m^3 (2015 年)。

沂河临沂站 1957 年 7 月 19 日流量为 15400 m^3/s (未建上游水库)，华沂站 1960 年 8 月 17 日流量为 7800 m^3/s，港上站 2020 年 8 月 15 日流量为 7460 m^3/s，均为自 1953 年有实测记录资料以来历史最大值。历史调查推算沂河临沂站 1730 年洪峰流量达 30000～33000 m^3/s，该次洪水是沂河发生的最大洪水。1912 年的 18900 m^3/s，1914 年的 17800 m^3/s，分别居历史调查洪水第二位、第三位。

2. 新沂河

新沂河是沂沭泗水系的排洪主要通道，洪水来猛去缓，峰高量大，流量大、水位高、历时长。新沂河嶂山站多年平均含沙量约为 0.105 kg/m^3，多年平均输沙量为 25.3 万 t。新沂河沭阳站 1974 年 8 月 16 日实测最大流量为 6900 m^3/s，最高水位为 10.76m (冻)。

3. 骆马湖

骆马湖多年平均径流量为 67.2 亿 m^3，汛期 6—9 月为 49.96 亿 m^3，占 74.3%。最大径流量为 187 亿 m^3 (1963 年)，汛期为 151.97 亿 m^3；最小径流量为 11.2 亿 m^3 (1981 年)。1974 年 8 月 14 日，最大入湖流量为 11450 m^3/s，退守宿迁大控制工程后，8 月 16 日骆马湖最高水位达 25.47m (冻)，嶂山闸最大泄量为 5760 m^3/s，宿迁闸最大泄量为 1040 m^3/s，均为历史最大值。1957 年 7 月 21 日，黄墩湖滞洪，骆马湖水位为 23.15m (冻)。

1.1.3.2 沭河水系洪水特点

沭河是山洪河道，夏秋两季山洪暴发，峰高流急。多年平均径流量为 10.69 亿 m^3，最大径流量为 23.65 亿 m^3 (2005 年)，最小径流量为 1.13 亿 m^3 (1989 年)。

沭河大官庄站 1974 年 8 月 14 日历史实测最大流量为 5400 m^3/s，如加上上游水库调蓄及决口漫溢的洪水，还原后洪峰流量达 11100 m^3/s。重沟站 2020 年 8 月 14 日最大流量为 5940 m^3/s，老沭河新安站 1974 年 8 月 14 日实测最大流量为 3320 m^3/s，新沭河泄洪闸 2020 年 8 月 14 日最大泄量为 6490 m^3/s，人民胜利堰闸 2020 年 8 月 14 日最大泄量为 2800 m^3/s，大兴镇 2020 年 8 月 15 日最大流量为 6300 m^3/s，石梁河水库 2020 年 8 月 14 日下泄最大流量为 4830 m^3/s。

1730 年沭河洪水流量为 14000～17900 m^3/s，为历史上该地暴发的最大洪水；1974 年流量为 11100 m^3/s，居第二位；1881 年流量为 6850～8000 m^3/s，居第三位。

1.1.3.3 泗运河水系洪水特征

1. 南四湖

南四湖湖东为山洪河道，源短流急；湖西为平原坡水河道，集流入湖速度缓慢。

如遇长时间暴雨，入湖洪量大，持续时间长。多年平均降水量为 695.2mm；多年平均径流量为 29.6 亿 m^3，如汛期 6—9 月为 23.8 亿 m^3，占全年的 80.4%；多年平均地表水可利用量为 12.73 亿 m^3，其中上级湖为 10.37 亿 m^3，下级湖为 2.36 亿 m^3；多年平均入湖沙量为 441.71 万 m^3，年出湖沙量为 3.83 万 m^3。

历史最高洪水位：上级湖为 36.27（36.48）m（1957 年 7 月 25 日），下级湖为 36.07（36.28）m（1957 年 8 月 3 日）。经历史调查考证 1730 年的洪水为最大。

2. 韩庄运河、伊家河、中运河

韩庄运河韩庄闸下 2005 年 10 月 3 日流量为 1840m^3/s，台儿庄闸下 2005 年 9 月 30 日流量为 1940m^3/s，均为历史实测最大值。

中运河运河镇站多年平均径流量为 32.45 亿 m^3，最大径流量为 128.67 亿 m^3（1936 年）。1974 年中运河运河镇站流量为 3790m^3，水位为 26.42m，为历史记录最大值。

1.1.4 历史洪水

沂沭泗流域，南宋以前河流通畅。1194 年黄河南泛夺泗夺淮后，泗水在徐州与济宁间逐渐潴积成南四湖，沂水在马陵山西侧潴积成骆马湖。在历代推行的一些治河工程中，修建了不少导水、减水、引水和挡水工程，但由于时代、技术等条件的限制，区内洪涝灾害依然十分严重。1949 年夏季遇沂沭泗大水。1949 年冬，沂沭泗地区掀起了大规模的水利建设工程，至 1953 年沂沭泗水系有了新的入海出路。1994 年 4 月 28 日，中运河扩大工程正式开工，按批准工程标准对沂河、沭河邳苍分洪道、中运河和南四湖湖西大堤进行了大规模整治。由于部分工程未能按原计划实施，至 2000 年沂沭泗流域整体防洪能力仍然偏低，洪水威胁仍然是个突出的问题。

根据历史调查，沂沭泗水系自明代 1470 年以后曾于 1593 年、1703 年、1730 年和 1848 年等发生过大洪水，以 1730 年 8 月（清雍正八年六月）洪水为最大，是近 500 年来最大的一次。当时暴雨强度大、时间长、范围广，暴雨前期阴雨数十日，后期又发生 5～7 天的大暴雨，遍及沂沭泗水系。经推算沂河临沂站洪峰流量为 30000～33000m^3/s，重现期约为 248～500 年一遇；沭河大官庄洪峰流量为 14000～17900 m^3/s，重现期约为 248～500 年一遇；南四湖洪水重现期约为 272 年一遇，均为相应地区历史上最大的洪水。

沂河临沂站洪水居第二、第三位的分别为 1912 年的 18900m^3/s 和 1914 年的 17800m^3/s。沭河大官庄站洪水居第二、第三位的分别为 1974 年大官庄的 11100m^3/s（还原后洪峰流量）和 1881 年的 6850～8000m^3/s。南四湖地区 1953 年后才有较完整的水位资料，调查数据显示 1703 年洪水重现期为 136 年，居第二位。

中华人民共和国成立后，流域性大洪水年有 1957 年、1963 年、1974 年、2020 年。其中发生在 1957 年的南四湖洪水的 7 天、15 天和 30 天洪量分别为 66.8 亿 m^3、106.3 亿 m^3、114 亿 m^3，30 天洪量重现期为 91 年一遇；1957 年沂河临沂站洪峰流量为 15400m^3/s，重现期近 20 年一遇；1974 年沭河大官庄还原后洪峰流量为 11100m^3/s，重现期约为百年一遇；2020 年沂河发生 1960 年以来的最大洪水，洪水重现期约为 15 年一遇，沭河发生 1974 年以来最大洪水，洪水重现期约 22 年一遇。其他年份沂沭泗主要站历史大洪水资料见表1-2、表1-3与表1-4所列。

表1-2 沂河临沂站历史大洪水资料统计表

洪水起讫日期	洪量天数/天	洪量/（亿 m³）
1991 年 7 月 8 日—1991 年 8 月 21 日	45	21.6
2003 年 8 月 23 日—2003 年 9 月 11 日	20	12.2
2012 年 7 月 1 日—2012 年 7 月 15 日	15	9.06

表1-3 中运河运河镇站历史大洪水资料统计表

洪水起讫日期	洪量天数/天	洪量/（亿 m³）
1991 年 7 月 15 日—1991 年 8 月 13 日	30	13.5
2003 年 8 月 22 日—2003 年 9 月 24 日	24	27.1
2007 年 8 月 9 日—2007 年 8 月 30 日	22	22.4

表1-4 新沂河沭阳站历史大洪水资料统计表

洪水起讫日期	洪量天数/天	洪量/（亿 m³）
1991 年 7 月 10 日—1991 年 8 月 8 日	30	39.5
2003 年 6 月 28 日—2003 年 8 月 5 日	39	47.1
2003 年 8 月 24 日—2003 年 9 月 25 日	33	46.7
2003 年 8 月 22 日—2003 年 9 月 24 日	34	47.7
2007 年 8 月 3 日—2007 年 8 月 30 日	28	37.4
2007 年 8 月 1 日—2007 年 8 月 30 日	30	44.3
2012 年 7 月 2 日—2012 年 7 月 18 日	17	11.9

2018 年 8 月 16 日—2018 年 8 月 19 日，受台风"温比亚"影响，江苏东部和南部、安徽中部和北部等地降了暴雨到大暴雨，累积最大点雨量江苏徐州鹿楼 444mm、安徽淮北 430mm。受强降雨影响，新沂河、江苏滁河等 16 条中小河流发生超警以上洪水，其中沂沭泗水系沂河、沭河、淮河流域出现明显涨水过程，沭河干流控制站重沟水文站 20 日 8 时 14 分流量涨至 2250m³/s，为沭河 2018 年第 1 号洪水；20 日 13 时沭河重沟水文站洪峰水位 57.47m，相应流量 3130m³/s。

2019 年 8 月 10 日—2019 年 8 月 12 日，受台风"利奇马"影响，淮河沂沭泗流域出现强降雨天气，流域内主要河道沂河、沭河、新沂河、中运河、邳苍分洪道大流量、高水位行洪，新沂河沭阳站水位超历史最高水位，沂河港上站、中运河运河镇洪水流量为 45 年来最大值，超 1974 年洪水，骆马湖最高水位、嶂山闸下泄洪水流量为 45 年来最大值。

2020 年 8 月 13 日—2020 年 8 月 14 日，受集中高强度降雨影响，沂沭泗水系发生了 1960 年以来最大洪水。全流域共有 11 条河流发生超警水位以上洪水，3 条河流发生超保证水位洪水，5 条河流洪水超历史纪录，沂沭泗局直管骨干河道均出现较大洪水过程。其中沂河发生 1960 年以来最大洪水，沭河发生 1974 年以来最大洪水，刘家道口闸、彭家道口闸、人民胜利堰闸、新沭河闸最大下泄流量均为建闸以来最大。

1.2 沂河水系

沂河水系由沂河、骆马湖、新沂河以及入河、入湖支流组成，流域面积约 14800km²。

1.2.1 沂河

1.2.1.1 概况

沂河发源于沂蒙山沂源县西部，由南流经山东省沂源、沂水、沂南、兰山、河东、罗庄、兰陵和郯城 8 县（区）以及江苏省徐州市的邳州市和新沂市，至新沂苗圩入骆马湖。河道全长 333km，控制流域面积 11820km²，其中山东省境内河长 287.5km，流域面积 10772km²；江苏省境内河长 45.5km，流域面积 1048km²。沂河在刘家道口处辟有分沂入沭水道，由彭家道口闸控制，分泄沂河洪水东南流至大官庄枢纽与沭河洪水汇合，经新沭河直接入海；在江风口处辟有邳苍分洪道，由江风口闸控制，分泄沂河洪水西南流至江苏省境内的邳州大谢湖入中运河，全长 74km。沂河支流众多，长度在 10km 以上的一级支流共 38 条。较大的一级支流大都从右岸汇入，主要有东汶河、蒙河、祊河、小涑河、柳青河、白马河等。干支流上建有田庄、跋山、岸堤、唐村和许家崖 5 座大型水库及昌里等 22 座中型水库，总库容 22.45 亿 m³，控制流域面积 5064km²。

1.2.1.2 河道演变

沂河原是淮河的一条支流，于下邳入泗后入淮，然后入海，是一条古老的天然河道。黄河夺泗夺淮后，泗水河床逐渐淤塞，沂河出路受阻，被迫奔向东南，滞积为骆马湖、黄墩湖诸湖。明清之交，骆马湖渐涸，不足以储大量沂洪。康熙年间，靳辅凿断马陵山麓，开辟六塘河，但其出路甚微。

由于下游河道泄水不畅，早在明代中期，沂河洪水既在临沂江风口分泄一部分入武河，又在邳州市芦口分泄少量洪水入城河。1641 年，沂水改道由芦口出徐塘口以济运河。1746 年，于芦口建碎石坝，分沂水七分入骆马湖、三分经芦口坝入城河与武河分泄之沂水相会，分别由徐塘口、二道口、沙家口入运。其后，沂河正干河槽淤塞，宣泄不畅，由芦口坝入运流量增多，碎石坝渐废，以致来水全部泄入支河，正干非至盛涨不能泄水。

1960 年老沂河不再分泄沂河洪水，改为沂西地区内部排涝河道后节制闸仅保留 3 孔继续使用，过老沂河口 0.5km 在沂河新道中泓建有华沂漫水闸，闸两侧滩面上建成浆砌石漫水路面。原规划华沂漫水闸调节上游枯水流量，以资灌溉又便于两岸交通。由于上游河床淤积，中泓闸孔已无法启闭，难起蓄水作用，华沂漫水节制闸已废弃，仅作为交通桥使用。

目前，沂河洪水经骆马湖调蓄后，出嶂山闸入新沂河东流，由灌河口入海；在沂河左岸有分沂入沭河道，长 20km，可分沂河洪水入沭河；在沂河右岸有邳苍分洪道，长 74km，可分沂河洪水入中运河。由上述河流组成的分流网，充分保证了沂河流域人民的生命财产安全。

1.2.1.3 历史洪水

历史调查推算沂河临沂站 1730 年洪峰流量达 $30000\sim33000m^3/s$，是沂河发生的最大洪水，相当于 $248\sim500$ 年一遇。1912 年的 $18900m^3/s$，1914 年的 $17800m^3/s$，分别居历史调查洪水第二、第三位。

1957 年大洪水中临沂洪峰流量达 $15400m^3/s$，华沂站洪峰流量为 $6420m^3/s$，相应水位 29.54m。1960 年，临沂以北遭遇大暴雨，临沂站洪峰流量达 $12100m^3/s$，华沂站短历时洪峰流量 $7800m^3/s$，相应洪水位 29.39m。1974 年沂河再遇大水，临沂站洪峰流量达 $10600m^3/s$，港上站洪峰流量 $6380m^3/s$，华沂站洪峰流量 $5980m^3/s$，相应洪水位 29.56m。2020 年沂沭泗水系发生了 1960 年以来最大洪水，沂河临沂站洪峰流量 $10900m^3/s$，相应水位 64.12m，沭河重沟站洪峰流量 $5940m^3/s$，相应水位 59.64m。其他年份沂河主要站最高水位、最大流量详见表 1-5 所列。

表 1-5　沂河主要站历年最高水位、最大流量统计表

项目年份	站 名								
	葛沟			临沂			港上		
	最高水位/m	最大流量/(m³·s⁻¹)	出现日期	最高水位/m	最大流量/(m³·s⁻¹)	出现日期	最高水位/m	最大流量/(m³·s⁻¹)	出现日期
1975 年	88.01	407	7 月 10 日	61.85	1190	7 月 10 日	32.00	860	7 月 11 日
1976 年	88.82	930	7 月 24 日	61.84	1050	8 月 19 日	32.05	933	8 月 20 日
1977 年	87.50	238	7 月 31 日	61.27	434	7 月 20 日	30.98	319	8 月 1 日
1978 年	87.86	371	8 月 16 日	62.13	1690	7 月 14 日	32.52	1370	7 月 15 日
1979 年	88.39	661	7 月 31 日	61.6	782	7 月 10 日	31.82	631	7 月 11 日
1980 年	89.14	1170	6 月 16 日	62.59	2510	6 月 17 日	32.81	1210	7 月 31 日
1981 年	87.56	308	7 月 27 日	61.63	876	7 月 26 日	31.92	765	7 月 27 日
1982 年	87.75	391	8 月 9 日	62	1500	8 月 10 日	32.54	1080	8 月 10 日
1983 年	86.46	63.7	5 月 21 日	60.67	95.2	7 月 20 日	30.11	91	7 月 22 日
1984 年	87.60	344	8 月 7 日	61.41	672	7 月 12 日	31.54	593	7 月 12 日
1985 年	88.22	595	7 月 16 日	61.93	1260	9 月 5 日	32.40	1010	7 月 17 日
1986 年	87.56	355	8 月 1 日	61.5	640	8 月 2 日	31.60	580	8 月 3 日
1987 年	87.86	449	8 月 15 日	61.4	656	9 月 5 日	31.46	533	9 月 6 日
1988 年	88.59	825	7 月 16 日	61.96	1410	7 月 16 日	32.45	1260	7 月 17 日
1989 年	86.46	92	6 月 13 日	61.07	319	6 月 13 日	30.73	324	6 月 14 日
1990 年	90.37	2720	8 月 16 日	63.53	5520	8 月 16 日	35.00	5120	8 月 17 日

（续表）

项目年份	站名								
	葛沟			临沂			港上		
	最高水位/ m	最大流量/ (m³·s⁻¹)	出现日期	最高水位/ m	最大流量/ (m³·s⁻¹)	出现日期	最高水位/ m	最大流量/ (m³·s⁻¹)	出现日期
1991 年	90.70	3130	7 月 25 日	64.07	7590	7 月 25 日	35.24	5460	7 月 25 日
1992 年	86.99	123	6 月 13 日	60.73	231	7 月 24 日	30.05	225	7 月 23 日
1993 年	89.78	1800	8 月 5 日	64.34	8140	8 月 5 日	35.04	5370	8 月 6 日
1994 年	89.45	1490	8 月 9 日	62.18	2060	8 月 9 日	32.47	1920	8 月 10 日
1995 年	89.13	1320	8 月 18 日	62.44	2880	8 月 23 日	32.99	2410	8 月 23 日
1996 年	88.27	737	8 月 7 日	61.7	1790	8 月 7 日	31.32	1300	8 月 8 日
1997 年	90.75	3150	8 月 20 日	63.46	6510	8 月 20 日	33.83	4040	8 月 21 日
1998 年	89.40	1810	8 月 15 日	62.88	4870	8 月 15 日	33.03	3060	8 月 16 日
1999 年	87.26	311	8 月 14 日	59.42	102	7 月 9 日	28.34	80.6	1 月 30 日
2000 年	88.15	719	6 月 26 日	61.03	1800	8 月 31 日	30.90	1680	9 月 1 日
2001 年	88.63	1090	8 月 5 日	60.91	2250	7 月 31 日	31.49	1680	7 月 31 日
2002 年	86.40	78.6	5 月 16 日	59.45	180	4 月 19 日	29.10	290	5 月 19 日
2003 年	88.36	802	6 月 23 日	60.29	2220	6 月 23 日	31.05	1610	6 月 24 日
2004 年	88.52	1050	7 月 18 日	59.78	1570	8 月 5 日	31.13	1550	7 月 19 日
2005 年	89.12	1340	9 月 20 日	61.03	5030	9 月 20 日	32.76	3320	9 月 22 日
2006 年	86.77	207	7 月 4 日	59.98	1460	8 月 29 日	30.82	1270	8 月 30 日
2007 年	88.08	726	8 月 20 日	60.12	1510	8 月 19 日	31.33	1820	8 月 19 日
2008 年	88.58	1220	7 月 24 日	60.35	2540	7 月 24 日	31.69	2260	7 月 24 日
2009 年	87.94	935	7 月 21 日	61.08	4640	7 月 21 日	32.67	3550	7 月 21 日
2010 年	90.16	127	9 月 8 日	60.74	641	7 月 18 日	29.70	884	7 月 19 日
2011 年	90.55	2030	9 月 16 日	60.52	2300	9 月 16 日	30.90	1790	9 月 17 日
2012 年	90.48	2190	7 月 10 日	61.73	8050	7 月 10 日	33.54	4860	7 月 10 日
2013 年	89.83	411	5 月 27 日	59.8	940	5 月 28 日	29.80	1210	7 月 5 日
2014 年	90.22	36.2	6 月 5 日	60.18	114	6 月 10 日	29.70	20.4	2 月 26 日
2015 年	90.53	28.8	6 月 11 日	60.42	950	8 月 9 日	29.79	438	8 月 10 日
2016 年	90.69	480	8 月 8 日	60.52	829	7 月 22 日	30.19	494	8 月 9 日
2017 年	90.14	305	7 月 16 日	60.14	994	7 月 16 日	30.11	871	8 月 4 日
2018 年	90.90	1920	8 月 20 日	60.30	3220	8 月 20 日	30.93	2190	8 月 21 日
2019 年	91.20	4080	8 月 11 日	62.28	7300	8 月 11 日	33.79	5550	8 月 12 日
2020 年	92.30	6320	8 月 14 日	64.12	10900	8 月 14 日	34.99	7460	8 月 15 日

1.2.1.4 防洪标准

沂河干流祊河口（中泓桩号 71＋360）至东汶河口（中泓桩号 114＋470）已按 20 年一遇防洪标准治理，东汶河口—蒙河口（中泓桩号 100＋880）—祊河口段河道的设计流量分别为 9000m³/s、10000m³/s。主要控制站相应水位：东汶河口 99.63m、葛沟公路桥（中泓桩号 107＋045）93.77/93.71m、临沂北外环路桥（中泓桩号 81＋095）76.59/76.52m。

沂河干流祊河口以下已按 50 年一遇防洪标准治理，祊河口—刘家道口（中泓桩号为 54＋505）—江风口（中泓桩号为 49＋430）—骆马湖段河道的设计流量分别为 16000m³/s、12000m³/s、8000m³/s。主要控制站相应水位：祊河口为 69.58m，刘家道口节制闸为 61.07/60.89m，江风口闸上 440m（中泓桩号为 49＋430）为 58.98m，苏鲁省界为 37.52m，港上桥（中泓桩号为 4＋500）为 36.41/36.24m，苗圩（中泓桩号为 42＋500）为 25.2m。

1.2.1.5 堤防工程概况

沂河堤防工程可大致分为三段，即跋山水库至东汶河口段、东汶河口至祊河口段、祊河口以下河段，各段基本情况如下。

跋山水库至东汶河口段，堤防等级为 4 级且不连续。此段地形由低山、丘陵、岗地逐步过渡，河道长度为 73.3km，河底高程为 145～85m。河道平均比降为 0.8‰。河道基本为天然河道，两岸多为土质陡坡，易冲刷和坍塌。河道两岸有不连续堤防和滨河路，河宽 300～800m。

东汶河口至祊河口段为 3 级堤防。此段地形为平原过渡带，河道长 43.11km，河底高程 85～61m，平均比降为 0.56‰。河道两岸有连续堤防，堤距为 350～1200m。

祊河口以下河段，为 2 级堤防。此段地形为沂沭河冲积平原，地面高程由 70m 逐渐下降，水流亦趋于平缓，入湖口河床淤积严重。河道长 116.86km，河底高程为 61～19.8m，河道平均比降为 0.46‰，河道两岸有连续堤防，堤距为 480～1880m。

同时，沂河干流上修建有沂水、岜山、北社、斜午、辛集、大庄、袁家口子、葛沟、河湾、茶山、柳杭、桃园、小埠东、刘道口、李庄、土山、洪福寺、马头、授贤等 19 座拦河闸坝，沂河中游基本形成了首尾相连的河道水面。

堤防设计标准：跋山水库—东汶河口段防洪标准为 20 年一遇，堤防级别 4 级，堤顶高程按 20 年一遇设计洪水位加超高 1.5m 确定，堤顶宽 6m（其中路面宽 5m），迎水坡比为 1∶3，背水坡比为 1∶2.5。东汶河口—祊河口段堤顶宽 6m，超高 1.5m，迎水坡比为 1∶3，背水坡比为 1∶2.5；祊河口—陇海铁路桥段堤顶宽 6m，超高 2m，迎、背水坡比均为 1∶3。陇海铁路桥—入湖口段堤顶宽 8m，超高 2.5m，迎、背水坡比均为 1∶3。支流回水段堤顶高程，按距河口处 500m 以内、干河 20 年一遇设计洪水位加超高 1.5m 平切确定，500m 以外按干河 20 年一遇设计洪水位加超高 1m 确定。

1.2.2 新沂河

1.2.2.1 概况

新沂河始自江苏省骆马湖嶂山闸，途径徐州、宿迁、连云港 3 市的新沂、宿豫、沭阳、灌南、灌云 5 县（市）境，至燕尾港镇南与灌河汇合后并港出海，全长 146km。新沂河既是骆马湖的排洪出路，又是沂沭泗河洪水主要入海通道之一，也是适时分泄淮河洪水的通道，行洪水位高出地面 4～5m，直接关系到骆马湖周边和沂南、沂北 802 万亩耕地、570 万人民的生命财产安全以及陇海铁路、连云港市区的防洪安全，对江苏省淮北地区的防洪保安、经济发展的影响至关重要。

新沂河为季节性河道，仅在汛期承担排洪任务。全河只有一个汛期水文站，位于沭阳县城、新沂河南岸 43km 处，负责水文资料的收集和汛情的测报工作。在盐河、小潮河闸、东友涵洞、老挡潮坝等处设有汛期临时水位站，初建时设计流量 3500m³/s。随着上游工情、水情的不断变化，新沂河进行了多次整治，1973 年按 6000m³/s 的流量续办工程，后期又进行了除险加固工作。经多次除险加固，行洪能力有所提高，但险工隐患并未完全根治，其主要原因在于上游河道弯曲，比降陡，河床南高北低，主流流势不稳，易造成新的险工；下游河床逐渐高仰，河道淤积、泓道淤塞，阻水土格梗众多，使水位抬高，洪水下泄不畅；一些堤防堆筑在沙基或软基海淤土上，堤身又系沙土构筑，汛期行洪时堤基堤坡渗水严重；另外，下游背水滩地低洼，常年积水，堤防抗滑稳定性较差。

1.2.2.2 河道演变

新沂河是 1949 年苏北"导沂整沭"工程开挖的排洪入海河道。1949 年 11 月工程开工，至 1950 年 5 月竣工。1950 年汛期，新沂河经受第一次洪水考验，发现原设计存在堤身断面不够，超高不足，滩地行洪水流紊乱等问题，因此又于 1951 年、1952 年和 1953 年的 3 个春季全面复堤和实施未完成工程。1958 年 2 月对新沂河大堤按行洪流量为 6000m³/s 全面加固加高，并在沭阳许口以下至出海口两岸 244km 长的堤防的背水坡加做了戗台。

1957—1963 年，嶂山切岭实施第二期扩挖工程，设计行洪流量 1350m³/s，结合嶂山闸进行施工。上游引河长 2.5km，河底高程 15.5m，设计河底宽 430～750m，施工时改为 430～650m。下游引河长 6km，设计河底高程 15.5～14.3m，河底宽 445m（施工时改为 430～90m）。嶂山闸 1959 年 10 月开工，1961 年 10 月竣工。1963—1965 年切岭工程第三期扩挖，闸上 2.5km，其中湖口喇叭口段长约 700m，上游宽 600m，下游宽 350m。闸下段 6km，上段长 1100m，由闸起底宽 400m，逐渐收缩到 200m，为渐变河槽；下段长 1000m，由河底宽 200m 逐渐向下扩大与老河槽相接；中段底宽为 200m。

1964—1988 年又对新沂河进行了一系列的治理，治理运行一段时间后，骆马湖至沭阳河道，切岭穿岗，河陡流急，行洪流量 3000m³/s 才开始上滩，河泓冲刷严重。河床高程在嶂山闸下为 22.6m，沭阳为 7.5m，河床平均比降近 1/3000。其中，许口至沭阳 25.5km，河床高程由 18.2m 陡降至 7.5m，平均比降 1/2400，为新沂河最陡的一段。河床底宽，嶂山闸下 420m，口头 880m，至沭阳扩宽至 1220m。从嶂山切岭引河出口至龙埝为一泓，丈八寺裁弯以下至沭阳为二泓。泓底宽度从嶂山闸下切岭引河起点 400m，往下 5～6km 渐变成 90m；接圈沟。底高程从闸下 15.5m 降至 14.3m，当湖水位 22.5m 时，过水能力为 5000m³/s。圈沟在邵店附近底高程 12.5m，底宽 60～70m，至侍岭前后泓线陡弯偏南，河底冲深 6～7m。至龙口裁弯段底宽扩为 160m，底高程刷深6m。以下接老沭河，行16km至龙埝。新沂河至淮沭新河口以后，进入古沂、沭河下游近海平原区。河床高程：沭阳7.5m，盐河3.4m，过小潮河到东友涵洞东1km处降至1.7～1.8m，为新沂河河床的最低点。沭阳至东友涵洞平均比降1/15000。河床底宽：沭阳城北1160m，盐河1900m，至小潮河闸扩至3000m。沭阳以东有南北两个偏泓。沭阳至叮当河口，南泓大，北泓小。叮当河口至小潮河，除南北偏泓外，河床中心还有一条老河，河底高程约0.5m，较宽阔。新沂河到东友涵洞1km处河床高程降至最低点。东友涵洞以东，河床淤积逐步升高，至河口高程增至2.6m，形成1/2000的倒比降，为天然阻水段。

1.2.2.3 历史洪水

1950年汛期，新沂河沭阳洪峰流量2551m³/s，工程经受第一次洪水考验。1963年新沂河发生大桃汛，沭阳流量为550m³/s，南、北偏泓闸下保护麦子埝全线溃决，21万亩滩地麦子全部被淹。入汛后又出现洪水，沭阳最大洪峰流量4150m³/s，历时长，导致多处堤身受险。1974年汛期，沂沭河大水，嶂山闸最大下泄流量5760m³/s，新沂河超标准行洪，沭阳站最大流量6900m³/s。新沂河其他年份主要站最高水位、最大流量详见表1-6所列。

表1-6 新沂河主要站历年最高水位、最大流量统计表

项目年份	站　名					
	嶂山闸（闸下）			沭阳		
	最高水位/ m	最大流量/ (m³·s⁻¹)	出现日期	最高水位/ m	最大流量/ (m³·s⁻¹)	出现日期
1975年	21.34	3440	9月20日	9.05	3010	9月21日
1976年	19.57	1500	8月20日	8.32	1500	8月21日
1977年	18.15	471	8月1日	8.25	1240	7月12日
1978年	16.91	104	8月1日	6.74	220	8月18日
1979年	21.15	3190	7月19日	9.55	3090	7月20日
1980年	19.66	1580	8月28日	8.56	1490	8月29日
1981年	河干	0	1月1日	7.10	261	6月28日
1982年	20.05	1930	8月9日	8.98	2320	7月26日
1983年	18.87	929	7月26日	8.93	2060	7月22日
1984年	20.06	1940	7月28日	9.48	2870	7月29日
1985年	19.15	1150	9月28日	8.29	1090	9月30日
1986年	19.25	1240	7月28日	8.88	1770	7月28日
1987年	(18.22)	843	10月17日	7.47	594	7月6日
1988年	河干	0	1月1日	5.62	160	7月19日
1989年	河干	0	1月1日	7.91	758	6月8日
1990年	21.50	3650	8月16日	10.58	4880	8月6日

（续表）

项目年份	站 名					
	嶂山闸（闸下）			沭阳		
	最高水位/m	最大流量/(m³·s⁻¹)	出现日期	最高水位/m	最大流量/(m³·s⁻¹)	出现日期
1991 年	21.28	3250	7 月 27 日	10.06	3730	7 月 17 日
1992 年	河干	0	1 月 1 日	7.74	474	8 月 13 日
1993 年	21.50	3500	8 月 5 日	10.45	4560	8 月 6 日
1994 年	河干	0	1 月 1 日	7.10	388	7 月 19 日
1995 年	20.13	2070	8 月 23 日	9.32	2830	8 月 23 日
1996 年	19.45	1680	7 月 18 日	9.21	2560	7 月 21 日
1997 年	18.83	1060	8 月 22 日	8.50	1350	8 月 22 日
1998 年	21.50	3940	8 月 17 日	10.51	4220	8 月 15 日
1999 年	河干	0	1 月 1 日	5.92	214	9 月 7 日
2000 年	19.78	2220	7 月 23 日	8.76	1770	7 月 24 日
2001 年	19.70	1980	8 月 4 日	9.18	2330	8 月 5 日
2002 年	河干	0	1 月 1 日	7.62	481	7 月 25 日
2003 年	20.60	3410	8 月 27 日	10.71	4880	7 月 17 日
2004 年	19.87	2830	9 月 23 日	9.24	2720	9 月 24 日
2005 年	20.80	4320	9 月 21 日	10.07	4310	9 月 23 日
2006 年	18.92	2240	7 月 4 日	9.36	2840	7 月 5 日
2007 年	20.64	3930	7 月 6 日	10.05	3900	7 月 7 日
2008 年	20.78	4930	7 月 26 日	10.50	4760	7 月 26 日
2009 年	19.24	3960	7 月 21 日	9.50	2930	7 月 23 日
2010 年	17.63	2260	9 月 8 日	9.64	3010	9 月 9 日
2011 年	17.06	2090	8 月 29 日	9.19	2510	8 月 30 日
2012 年	19.28	3070	7 月 11 日	9.74	3610	7 月 11 日
2013 年	16.82	1280	7 月 22 日	8.24	1240	7 月 23 日
2014 年	河干	0	1 月 1 日	6.11	204	9 月 19 日
2015 年	河干	0	1 月 1 日	6.72	260	7 月 3 日
2016 年	河干	0	1 月 1 日	7.66	614	6 月 24 日
2017 年	17.18	1980	8 月 4 日	8.80	1400	8 月 4 日
2018 年	19.65	4590	8 月 20 日	10.11	3860	8 月 21 日
2019 年	20.24	5020	8 月 11 日	11.31	5900	8 月 12 日
2020 年	20.12	5520	8 月 14 日	10.39	4860	8 月 15 日/8 月 16 日

1.2.2.4 防洪标准

新沂河是沂沭泗水系排洪的主要通道，洪水来猛去缓，峰高量大，历时长。防洪标准为 50 年一遇，嶂山闸（桩号为 0+000）—口头（桩号为 17+000）—河口（桩号为 145+500）设计流量分别为 7500m³/s、7800 m³/s，相应控制站水位为：口头为 16.64 m、沭阳（桩号为 43+000）为 11.21m、盐河（桩号为 92+250）为 7.35m、小潮河（桩号为 111+250）为 6.45m、东友涵洞（桩号为 127+900）为 5.38m、河口为 3.77m。

1.2.2.5 堤防工程概况

新沂河堤防级别为 1 级，设计标准为：堤顶超高 2.5m，顶宽 8m，迎、背水坡比为 1∶3。

左堤嶂山闸下至大马庄段（桩号为 0+000～4+500）长 4.5km，为闸下切岭弃土堆，顶宽 30～50m；大马庄以下至河口段堤顶超高 2.5m，顶宽 8m，迎、背水坡比为 1∶3。右堤嶂山闸下至山东河口段（桩号为 0+000～5+500）长 5.5km，为闸下切岭弃土堆，顶宽 30～40m。山东河至新庄段（桩号为 5+500～27+500）为侍岭岗坡，长 22km，其中，山东河至徐后林段（桩号为 5+500～17+500）12km 筑有堤防、堤顶超高 2.5m，堤顶宽 6m，迎、背水坡比均为 1∶2.5。新庄以东至河口段，堤防堤顶超高 2.5m，堤顶宽 8m，迎、背水坡比均为 1∶3。两岸堤防在小潮河以西多加筑前、后戗台，戗台宽 8～30m，前戗台坡比为 1∶3～1∶5，后戗台坡比为 1∶5～1∶8。内滩地自堤脚至偏泓逐渐降低，坡比自西向东由 1∶8 变至 1∶14。

东调南下续建工程实施时，在沭西段左堤桩号 33+700～35+400 段、37+800～39+800 段普遍设置堆土区，宽度约 70m；沭东段左堤桩号 43+000～78+300 段、右堤桩号 44+900～72+400 段普遍设置堆土区，宽度为 7～25m 不等；大小陆湖段（桩号为 72+000～84+000）、七雄段（桩号为 51+000～57+000）及韩山 59+300～65+000 段进行了垂直铺膜防渗处理。

新沂河堤顶防汛路畅通，两堤防汛道路长 207.54km，其中堤顶建有水泥混凝土路面 143.90km，泥结碎石路面 56.30km，沥青混凝土路面 7.34km。

1.2.3 骆马湖

1.2.3.1 概况

骆马湖是沂沭泗河洪水东调南下工程的一个重要组成部分，位于沂河与中运河交汇处，北临新沂、邳州，南接宿豫，东连马陵山，上承南四湖、沂河和邳苍区间 5.2 万 km² 来水，经调蓄后由嶂山闸经新沂河下泄入海，有皂河闸及宿迁闸入中运河，湖内蓄水面积约 300km²（相应蓄水水位 22.83m，相应容积 9 亿 m³）。堤防由一线堤防、二线堤防及东堤、北堤、西堤组成，堤防总长 96.3km，主要建筑物有嶂山闸、宿迁闸、洋河滩闸等控制站，黄墩湖滞洪闸及皂河闸站。

骆马湖汇集运河及沂河来水，集水面积 5.2 万 km²，多年平均入湖流量 67.2 亿 m³，汛期 6—9 月为 49.96 亿 m³，占 74.3%。最大年径流量为 1963 年的 163 亿 m³，汛期 151.97 亿 m³，最小年径流量为 1981 年的 11.2 亿 m³。1974 年 8 月 14 日最大入湖流量

11450m³/s，退守宿迁大控制后，8月16日骆马湖最高水位达25.30m，嶂山闸最大泄流量5760m³/s，宿迁闸最大泄流量1040m³/s，均为历史最大值。1957年7月21日，黄墩湖滞洪，骆马湖水位22.98m。

骆马湖湖底高程19.83m，骆马湖正常蓄水位22.83m，设计洪水位24.83m，相应库容为15.03亿m³，校核洪水位25.83m，相应库容为19.0亿m³。

1.2.3.2 河道演变

骆马湖具有悠久的历史。宋朝时期骆马湖地势虽然低洼，但由于沂水于邳州（今睢宁古邳）汇入泗水并不进骆马湖，故良田万顷，堪称富饶。元、明朝以后，泗水逐渐淤浅，骆马、黄墩诸湖开始潴蓄洪水沂洪。明末清初，骆马湖渐淤，不足以存储大量洪水。自清顺治元年（1644年）以后，为保运河漕运，先后开辟六塘河、中（运）河及皂河，虽增加了骆马湖排水出路，但出路甚小，洪水仍排泄不畅。

清康熙二十三年（1684年），当时骆马湖已淤高，其北岸达今新沂炮车至邳州徐塘一线，此后湖底继续淤高。道光元年（1821年），骆马湖开始放垦，湖内高地始有人居住。新中国成立前夕，骆马湖因滞蓄洪水能力逐渐削弱，下游六塘河年久失修、壅淤日甚，致使沂、泗洪水肆意泛滥。经过新中国成立后的一系列治理，至2000年底，骆马湖整体防洪标准达到20年一遇。

1.2.3.3 历史洪水

1957年汛期，沂、沭河和南四湖遭遇特大洪水，黄墩湖破堤滞洪，骆马湖洋河滩水位23.15m，超过设计洪水位0.15m。1963年汛期，南四湖及沂河出现较大洪水，骆马湖退守宿迁大控制工程，最高湖水位仍达23.87m。1971年，治淮规划小组制定的东调南下工程规划中，确定骆马湖防洪标准为百年一遇，设计水位为25m，黄墩湖不再滞洪。1974年，沂沭河及邳苍地区遇特大洪水，沂河临沂站洪峰流量10600m³/s，港上站洪峰流量6380m³/s，在南四湖区雨量较小的情况下，中运河运河镇站洪峰流量3790m³/s。骆马湖再次退守宿迁大控制工程，一湖蓄洪水位高达25.47m，黄墩湖虽幸免滞洪，但邳洪闸及猫窝地涵均关闭，黄墩湖及运西地区大面积农田积水受灾。骆马湖其他年份主要站最高水位详见表1-7所列。

表1-7 骆马湖分沂入沭水道主要站历年最高水位统计表

项目年份	骆马湖 洋河滩	
	最高水位/m	出现日期
1975年	23.67	4月28日
1976年	23.50	2月28日
1977年	23.20	12月25日
1978年	23.24	2月28日
1979年	23.19	2月22日
1980年	23.29	10月13日
1981年	23.05	3月15日

（续表）

项目年份	骆马湖 洋河滩	
	最高水位/m	出现日期
1982 年	23.13	12 月 22 日
1983 年	23.22	1 月 7 日
1984 年	23.38	11 月 18 日
1985 年	23.35	5 月 15 日
1986 年	23.23	1 月 7 日
1987 年	23.66	10 月 18 日
1988 年	23.29	1 月 22 日
1989 年	22.95	7 月 19 日
1990 年	23.34	8 月 7 日
1991 年	23.36	3 月 26 日
1992 年	23.10	4 月 14 日
1993 年	23.56	11 月 17 日
1994 年	23.31	10 月 20 日
1995 年	23.64	11 月 7 日
1996 年	23.54	11 月 30 日
1997 年	23.50	1 月 1 日
1998 年	23.55	8 月 27 日
1999 年	22.94	1 月 1 日
2000 年	23.64	11 月 26 日
2001 年	23.66	8 月 4 日
2002 年	22.94	5 月 25 日
2003 年	23.58	10 月 12 日
2004 年	23.44	12 月 17 日
2005 年	23.25	8 月 30 日
2006 年	23.08	3 月 18 日
2007 年	23.34	7 月 6 日
2008 年	23.39	10 月 5 日
2009 年	23.08	7 月 21 日
2010 年	23.39	9 月 8 日
2011 年	23.63	12 月 8 日
2012 年	23.65	9 月 7 日
2013 年	23.33	6 月 2 日

（续表）

项目年份	骆马湖 洋河滩	
	最高水位/m	出现日期
2014 年	22.94	1 月 1 日
2015 年	23.20	12 月 26 日
2016 年	23.56	12 月 29 日
2017 年	23.62	1 月 16 日
2018 年	23.35	2 月 11 日
2019 年	23.72	8 月 13 日
2020 年	23.23	8 月 22 日

1.2.3.4 堤防工程概况

骆马湖湖底由西北向东南倾斜，湖区东南部分水深较大，北部沂河入湖口泥沙淤积，生长着芦苇、蒲草等。东调南下续建工程对沂河入湖段 4.9km 河道中泓进行开挖，以苗圩（东调南下一期工程开挖中泓终点处）为起点，向南平顺延伸，并开挖一条西支泓道直接进入深湖区。骆马湖堤防已按防御 50 年一遇洪水标准加固。

1. 骆马湖一线

骆马湖一线由骆马湖南堤、皂河枢纽（皂河节制闸、皂河船闸）、洋河滩节制闸等组成。骆马湖南堤自皂河闸至井头小王村长 18.4km，堤顶宽 8～12m，堤顶高程为 25.63m 左右，并修有防浪墙，墙顶高程为 26.83m，部分堤段垂直截渗，还筑有防浪林台、戗台。

2. 骆马湖东、西、北堤

骆马湖东、西、北堤，总长 33.8km。

东堤自加友涵洞至嶂山闸（桩号为 0+000～18+500），长 18.5km，堤防设计标准为堤顶安全超高 2.5m，堤顶宽 6～9m，迎、背水坡比为 1:3。东堤修建环湖公路路口段高程为 27.7～25.7m，堤顶宽 9m，路面宽 7.5m。环湖路路口至北坝涵洞段 2.8km，堤顶未硬化，堤顶高程为 27.5m，堤顶宽 6.5m，路面宽 5m；北坝涵洞至嶂山闸段 1.2km，混凝土路面，堤顶高程 27.5m，堤顶宽 6.5m，路面宽 5m。

西堤自老沂河分洪道至中运河左堤（桩号为 0+000～9+300），长 9.3km，堤防设计标准：堤顶安全超高 2.5m，堤顶宽 8m，迎、背水坡比为 1:3。西堤修建环湖公路 9.3km，混凝土路面，堤顶高程为 27.6～27.8m，堤顶宽 9m，路面宽 7.5m。

北堤自沂河右岸苗圩至老沂河分洪道（桩号为 0+000～6+000），长 6km，堤防设计标准：堤顶安全超高 2.5m，堤顶宽 7.5m，迎、背水坡比为 1:3。北堤修建环湖公路 6km，沥青混凝土路面，堤顶高程为 27.8～30m，堤顶宽 10.5～12m，路面宽 9m。

3. 宿迁大控制工程

宿迁大控制工程由中运河右堤（民便河口至宿迁闸）、宿迁枢纽（包括宿迁闸、宿迁船闸、六塘河闸）及井头大堤组成。宿迁大控制工程堤防长 36.9km（其中井头大堤长 2.3km），堤顶高程为 28～29m，堤顶宽 6～8m。宿迁大控制工程是骆马湖退守的第二道防线，又称"骆马湖二线"，保护 163.5 万亩耕地安全、151 万人民生命财产安全以及宿迁市区安全。骆马湖二线防汛道路长 36.9km，其中水泥混凝土路面长 17.5km，沥青混凝土路面长 19.4km。

1.3 沭河水系

沭河水系主要分为青峰岭水库以下的沭河、老沭河、石梁河水库以上的新沭河、分沂入沭水道，流域面积 9250km²。

1.3.1 沭河

1.3.1.1 概况

沭河发源于沂蒙山沂水县沂山南麓，向南流经山东省沂水、莒县、莒南、河东、临沭和郯城 6 县（区）以及江苏省徐州市的新沂市和江苏省连云港市的东海县，至沭阳口头入新沂河。河道全长 300km，其中，大官庄人民胜利堰闸以上长 196.3km、以下长 103.7km（江苏省境内 47km）。流域面积 6400km²。

沭河在大官庄处与分沂入沭水道分泄的沂河洪水汇合后，向南由人民胜利堰闸控制入老沭河，流经山东省郯城县老庄子至江苏省沭阳口头入新沂河；向东由新沭河泄洪闸控制入新沭河。由于河道内滥采乱挖黄沙，河床加深，护险工程基础悬空倒塌，护岸损坏严重，原有护险石料均是风化岩石料，破损严重，已不能防风浪及洪水袭击。沭河除承泄大官庄以上沭河部分来水外，还分泄分沂入沭部分洪水。沭河支流大都分布在中上游，长度在 10km 以上的一级支流共 24 条。较大的一级支流主要有袁公河、鹤河、浔河、高榆河、武阳河、汤河等。干支流上建有沙沟、青峰沟、小仕阳和陡山 4 座大型水库及石泉湖等 4 座中型水库。

1.3.1.2 河道演变

沭河古称沭水，原为入淮支流。因黄河侵犯，入淮通道淤塞，尾闾在沭阳和东海等县境内游荡，与沂河尾闾相通，从临洪口、埒子口及灌河口入海。1949—1953 年的"导沭整沂"期间，按照沭河大官庄洪峰流量 4500m³/s、由胜利堰下泄老沭河 1700m³/s 的分配原则，于 1950 年 10 月—1952 年 5 月，在沭河大官庄西北筑坝并建成人民胜利堰，控制沭河洪水下泄老沭河。1952 年又开辟分沂入沭河道，分泄沂河洪水 1000m³/s 入人民胜利堰下老沭河，加区间来水，老沭河按行洪流量 3000m³/s 整治。

在开辟新沂河后，整修了老沭河堤防，并将老沭河在口头截入新沂河。从此，沭河下游有了固定的排洪入海通道。

1.3.1.3 历史洪水

1730 年沭河洪水流量为 14000～17900m³/s，为历史最大洪水；1974 年流量为 11100m³/s，居历史第 2 位；1881 年流量为 6850～8000m³/s，居历史第 3 位。沭河其他年份主要站最高水位、最大流量详见表1-8所列。

表1-8 沭河主要站历年最高水位、最大流量统计表

项目年份	站 名								
	莒县			重沟			人民胜利堰闸（闸下）		
	最高水位/ m	最大流量/ (m³·s⁻¹)	出现日期	最高水位/ m	最大流量/ (m³·s⁻¹)	出现日期	最高水位/ m	最大流量/ (m³·s⁻¹)	出现日期
1975 年	107.16	699	8 月 15 日	—	—	—	52.65	408	8 月 15 日
1976 年	106.35	263	7 月 29 日	—	—	—	51.70	128	8 月 19 日
1977 年	105.72	83.5	7 月 13 日	—	—	—	51.88	169	7 月 23 日
1978 年	106.05	183	8 月 12 日	—	—	—	53.06	587	8 月 17 日
1979 年	106.38	331	7 月 12 日	—	—	—	52.54	351	7 月 14 日
1980 年	106.75	553	6 月 16 日	—	—	—	53.18	648	7 月 1 日
1981 年	105.80	96	7 月 28 日	—	—	—	51.96	178	7 月 27 日
1982 年	106.68	513	8 月 8 日	—	—	—	52.82	475	7 月 14 日
1983 年	105.08	10.4	9 月 12 日	—	—	—	51.77	146	7 月 20 日
1984 年	105.50	46.3	8 月 30 日	—	—	—	53.39	750	7 月 28 日
1985 年	106.18	225	8 月 7 日	—	—	—	52.56	369	7 月 17 日
1986 年	105.66	74.9	8 月 1 日	—	—	—	52.52	340	8 月 2 日
1987 年	105.53	68.0	8 月 15 日	—	—	—	52.44	301	7 月 11 日
1988 年	106.51	480	7 月 16 日	—	—	—	53.44	737	7 月 17 日
1989 年	105.14	26.2	6 月 30 日	—	—	—	51.88	146	6 月 15 日
1990 年	107.37	1140	8 月 16 日	—	—	—	53.99	1030	8 月 17 日
1991 年	106.07	325	6 月 11 日	—	—	—	53.40	727	6 月 11 日
1992 年	104.98	44.2	7 月 23 日	—	—	—	52.51	309	7 月 22 日
1993 年	105.63	233	7 月 16 日	—	—	—	52.56	348	8 月 5 日
1994 年	105.80	264	8 月 24 日	—	—	—	（施工）	40.0	9 月 4 日
1995 年	106.51	677	8 月 18 日	—	—	—	50.82	1500	7 月 11 日
1996 年	105.55	190	8 月 7 日	—	—	—	49.06	310	8 月 7 日
1997 年	108.33	1170	8 月 20 日	—	—	—	50.87	756	8 月 21 日
1998 年	107.63	716	8 月 15 日	—	—	—	49.36	379	7 月 25 日
1999 年	106.85	376	9 月 9 日	—	—	—	49.57	387	9 月 6 日
2000 年	106.55	295	6 月 26 日	—	—	—	50.54	697	8 月 31 日
2001 年	105.90	208	8 月 2 日	—	—	—	49.08	319	7 月 31 日
2002 年	104.88	43.5	8 月 26 日	—	—	—	48.47	59.0	7 月 24 日
2003 年	105.41	226	10 月 12 日	—	—	—	49.09	339	9 月 8 日

（续表）

项目年份	站 名								
	莒县			重沟			人民胜利堰闸（闸下）		
	最高水位/ m	最大流量/ (m³·s⁻¹)	出现日期	最高水位/ m	最大流量/ (m³·s⁻¹)	出现日期	最高水位/ m	最大流量/ (m³·s⁻¹)	出现日期
2004 年	105.19	168	8 月 9 日	56.14	664	8 月 17 日	48.55	213	8 月 18 日
2005 年	105.94	399	9 月 20 日	57.36	1710	9 月 21 日	49.23	389	9 月 21 日
2006 年	105.71	310	7 月 3 日	55.57	660	7 月 4 日	49.43	410	7 月 3 日
2007 年	105.18	143	8 月 18 日	55.73	817	8 月 19 日	47.33	386	6 月 28 日
2008 年	108.57	363	7 月 24 日	56.82	1420	8 月 22 日	49.61	437	8 月 22 日
2009 年	108.43	165	7 月 14 日	57.91	898	8 月 19 日	48.24	281	8 月 19 日
2010 年	108.82	149	7 月 20 日	58.09	474	9 月 11 日	48.47	264	7 月 20 日
2011 年	108.71	558	8 月 29 日	56.04	1440	8 月 29 日	49.04	347	8 月 29 日
2012 年	108.63	295	8 月 3 日	56.34	2050	7 月 23 日	50.44	910	7 月 9 日
2013 年	108.68	280	7 月 5 日	54.57	633	7 月 5 日	48.60	262	7 月 30 日
2014 年	108.16	14	6 月 23 日	54.23	260	7 月 4 日	河干	2.95	12 月 31 日
2015 年	107.18	102	8 月 7 日	54.78	384	8 月 8 日	48.97	401	8 月 9 日
2016 年	107.92	69.6	8 月 8 日	54.61	235	7 月 2 日	48.45	188	7 月 1 日
2017 年	108.28	23.9	8 月 3 日	55.46	950	7 月 15 日	49.54	530	7 月 15 日
2018 年	108.69	1192	8 月 20 日	57.47	3130	8 月 20 日	49.27	545	8 月 15 日
2019 年	108.21	960	8 月 11 日	57.13	2720	8 月 11 日	49.58	603	8 月 11 日
2020 年	108.21	992	8 月 14 日	60.26	5940	8 月 15 日/ 8 月 14 日	53.61	2800	8 月 14 日

1.3.1.4 防洪标准

沭河干流汤河口以上至浔河口段防洪标准为 20 年一遇，浔河口—高榆河口—汤河口段设计流量分别为 5000m³/s、5800m³/s，主要控制站相应水位：浔河口为 87.98m、高榆河口为 74.77m。沭河干流汤河口以下防洪标准为 50 年一遇，汤河口—沭河裹头—大官庄—塔山闸—口头段设计流量分别为 8150m³/s、8500m³/s、2500m³/s、3000m³/s，主要控制站相应水位：汤河口为 67.21m、沭河裹头为 56.44m、人民胜利堰闸为 55.79/52.7m、苏鲁省界为 32.55m、陇海铁路桥为 30.33/30.1m、塔山闸为 28.09/27.75m、口头为 16.52m。

1.3.1.5 堤防工程概况

沭河汤河口以下段为 2 级堤防，汤河口—浔河口段为 3 级堤防，浔河口以上段为 4 级堤防。堤防设计为：汤河口以下段堤顶宽 6m，超高 2m，迎水坡比为 1∶3，背水坡比为 1∶2.5；汤河口—浔河口段堤顶宽 6m，超高 1.5m，迎、背水坡比均为 1∶3；浔河口以上段有少量不连续堤防，堤顶宽度为 2～4m。

沭河浔河口以上段两岸堤防长 40.12km（其中左堤 15.16km、右堤 24.96km），部分堤顶为土路面，莒县城防段修建 14.58km 城防路（其中左堤 2.64km、右堤 11.94km），堤顶宽 16m，路面宽 12m。浔河口以下除部分支流河口外防汛路基本畅通，左堤防汛道路长 143.95km，路面宽 4.5～9m，右堤 154.47km，路面宽 4.5～19m，两岸堤顶共修建沥青混凝土路面 19.96km、混凝土路面 9.63km、泥结碎石路面 137.49km、土路面 131.33km。

东调南下续建工程中，对沭河山东段堤防采用多头小直径深层搅拌桩对部分堤防进行了截渗处理，长 23.96km。

沭河上游加固工程可研报告批复，青峰岭水库—浔河口拟按防洪标准总体为 20 年一遇治理，其中，沭河右岸洛河口至柳青河口、左岸袁公河口至鹤河口河段拟按 50 年一遇防洪标准治理。青峰岭水库—袁公河口—浔河口段 20 年一遇设计流量分别为 2000m³/s、4000m³/s，50 年一遇设计流量分别为 2600m³/s、5000m³/s，设计水位以浔河口为起始水位，为 88.12m。治理堤线总长度为 112.1km（两岸现有堤防 40.9km，高岗地段 36.17km，无堤段 30.24km，河口段 4.8km），拟新建堤防 25.94km，加固加高现有堤防 19km，修筑防汛道路 9.76km。沭河干流右岸浔河口—柳青河口段、右岸洛河口—青峰岭水库段、左岸浔河口—鹤河口段、左岸袁公河口—洛招公路段按 20 年一遇洪水标准设防，堤防级别为 4 级。堤顶超高为 1.5m，堤顶宽度 6m，两侧坡比均为 1∶3。沭河右岸柳青河口—洛河口段、左岸鹤河口—袁公河口段按 50 年一遇洪水标准设防，堤防级别为 2 级，堤顶超高为 1.5m，堤顶宽度 6m，两侧坡比均为 1∶3。支流河口段防洪标准与所在河段堤防的防洪标准一致。沭河干流两岸铺设防汛道路 73.8km，其中，沥青混凝土路面 19.61km，其余堤段为泥结碎石路面。

1.3.2 老沭河

1.3.2.1 概况

老沭河上起大官庄枢纽人民胜利堰闸下，流经山东省的临沭、郯城两县，江苏省的新沂市、东海县，江苏境内称为"总沭河"。老沭河大官庄人民胜利堰闸以下长 103.7km，其中，山东省境内河长 56.7km、江苏省境内河长 47km。

老沭河由于地形、地质条件的影响，河道弯曲，在弯曲处由于弯道横向环流的挟沙作用，河床做横向不平衡运动，致使凹岸河床不断淘刷坍塌后退，逼近堤防，形成许多险工险段。老沭河现有险工险段共计 28 处，堤段总长 14.352km。

1.3.2.2 历史洪水

老沭河新安站 1974 年 8 月 14 日实测最大流量为 3320m³/s。老沭河主要站历年最高水位、最大流量详见表 1-9 所列。

1.3.2.3 防洪标准

1950—1953 年，苏北行署修整老沭河堤防，并将老沭河截入新沂河。1957 年汛后，江苏省按老沭河行洪 2500m³/s 的标准，相应水位为省界 33.35m、新安镇 31.02m、口头 19.1m，全面加固境内老沭河堤防，堤顶超高 2m，堤顶宽 4m，堤身内、外边坡比 1∶3，险工段加做石护岸。1974 年，老沭河新安镇流量 3320m³/s，新沂县城（现新沂市）和中和岛进水，右岸王庄段决口。1976年春，完成全面培堤加固，加固后堤顶超高2m，堤顶宽大部为6m。

东调南下工程完成后，老沭河大官庄至塔山闸按照人民胜利堰闸制闸设计流量为2500 m³/s标准设计，塔山闸至口头段设计流量为3000m³/s，苏鲁省界、塔山闸、口头相应水位分别为32.55m、28.09/27.75m、16.52m。

1.3.2.4 河道堤防现状

老沭河大官庄—苏鲁省界段，两侧地形大官庄至窑上为马陵山峡谷；窑上（中泓26+900）以下左岸为高地，右岸为冲积平原。河道长56.66km，河底高程45.5～25.1m，平均比降0.5‰～0.35‰，两岸有连续堤防，堤距280～1300m。

苏鲁省界—入新沂河口段，两侧地形为冲积平原。河道长度47.0km，河底高程25.1～3.96m，平均比降0.45‰，两岸堤防基本连续，塔山闸以上堤距200～400m，中和岛以下堤距500～920m。塔山闸下河道分两股，经杜湖至曹庄汇合，中河岛居两股河道之间，岛似橄榄形，面积12.5km²，地面高程约26.4m，四周筑堤10.5km。王庄闸以下河道长18km，平均比降0.72‰，有急弯5处，河床冲刷破坏严重。为维护河床的稳定，修建有广玉、邵店、口头3座壅水坝。

1.3.3 新沭河

1.3.3.1 概况

新沭河自新沭河泄洪闸至苏鲁省界，河道长度20km，堤防全长36.07km，其中左堤20.33 km，右堤15.74km。新沭河闸下至陈塘桥6.4km处为马陵山切岭河段，河底宽90～120m，两岸陡峭；其下至省界为原沙河旧道拓挖，河宽300～800m，河底高程44～18m，河道比降2‰～0.7‰。陈塘桥以上两岸堤防为马陵山切岭弃土，陈塘桥以下有连续堤防。新沭河主要站历年最高水位、最大流量详见表1-9所列。

1.3.3.2 河道演变

1949—1953年，为解决沂沭河流域的洪水灾害，决定在原沙河的基础上开挖入海河道，即新沭河，设计标准为排洪流量3800m³/s。经4年施工，共开凿引河14.2km，拓挖下游河槽29.6km，筑堤137km，建涵洞、桥梁等79座，护岸10.51km。

1972—1980年，新沭河扩大到6000m³/s设计流量，7000m³/s校核流量。

1.3.3.3 防洪标准

新沭河防洪标准为50年一遇，设计流量按新沭河闸下泄6000m³/s，陈塘桥断面（中泓桩号为6+344）为6640m³/s，大兴镇（中泓桩号为19+967）为7590m³/s。主要控制点设计水位分别为：陈塘桥为4035/399m。石门河口（中泓桩号为9+040）为3604 m、苍源河口（中泓桩号为12+274）3344m、日晒河（中泓桩号为17+726）为3018m、金花河口（中泓桩号为19+472）为2905m、大兴镇为2821m。

1.3.3.4 堤防工程概况

新沭河左堤为3级堤防，右堤为2级堤防。左岸堤防基本连续（支流河口未建顺堤桥梁），长2033km，堤顶宽60m，堤顶道路长1278km，宽45m，安全超高20m，迎水坡比为1:3，背水坡比为1:25；右岸堤防不连续，长1574km，堤顶宽60m，堤顶道路宽45m，安全超高20m，迎水坡比为1：3，背水坡比为1：25。

1.3.4 分沂入沭水道

1.3.4.1 概况

分沂入沭水道是为减轻沂河下游洪水压力，分泄沂河洪水东调入沭河而开挖的人工河道。上起彭家道口闸，流经临沂市河东区、郯城县、临沭县至大官庄枢纽入沭河，河道全长20km，区间流域面积256.1km²（其中黄白沟汇水面积170km²）。堤防长度38.58km，其中左堤18.58km，右堤20km。1957年7月20日，行洪流量3180m³/s，为历史最大流量。

1.3.4.2 河道现状

分沂入沭水道中泓桩号0+000～1+600段为大官庄枢纽广场段，其中0+000～0+200段河底高程46～47m，底宽310m；0+200～1+600段河底高程47m，河底宽由310m渐变至594m。中泓桩号1+600～11+500段河底高程由47m渐变至50.42m，河底宽180～210m，河底比降0.4‰。中泓桩号11+500以上段河道底宽200～210m，比降0.4‰。

1.3.4.3 历史洪水

1953年8月，临沂站洪水6060m³/s，分沂入沭流量405m³/s。1957年大水，临沂站最大洪峰流量15400m³/s，分沂入沭河道实际分洪3180m³/s。1970年实测临沂站最大洪峰流量5900m³/s，分沂入沭河道分洪1310m³/s。1974年临沂站洪峰流量10600m³/s，分沂入沭河道分泄3130m³/s。分沂入沭河道主要站历年最高水位、最大流量详见表1-9所列。

表1-9 新沭河、老沭河分沂入沭水道等主要站历年最高水位、最大流量统计表

项目年份	站名								
	新沭河 新沭河闸（闸下）			老沭河 新安			分沂入沭水道 彭道口闸（闸下）		
	最高水位/m	最大流量/(m³·s⁻¹)	出现日期	最高水位/m	最大流量/(m³·s⁻¹)	出现日期	最高水位/m	最大流量/(m³·s⁻¹)	出现日期
1975年	51.59	1840	8月18日	28.77	939	4月25日	—	453	7月10日
1976年	49.89	940	8月19日	28.05	282	6月10日	—	161	8月13日
1977年	47.04	278	8月20日	27.93	270	7月16日	—	0	1月1日
1978年	48.55	1360	8月12日	28.22	596	8月22日	—	0	1月1日
1979年	46.55	328	7月26日	27.85	360	7月5日	—	111	7月11日
1980年	46.50	368	6月17日	28.27	1260	6月17日	—	915	6月17日
1981年	河干	0	1月1日	27.49	304	7月27日	—	0	1月1日
1982年	45.75	32.4	7月7日	27.92	494	8月18日	—	0	1月1日
1983年	46.24	195	5月22日	27.35	238	10月24日	—	0	1月1日

（续表）

项目年份	站 名								
	新沭河 新沭河闸（闸下）			老沭河 新安			分沂入沭水道 彭道口闸（闸下）		
	最高水位/ m	最大流量/ (m³·s⁻¹)	出现日期	最高水位/ m	最大流量/ (m³·s⁻¹)	出现日期	最高水位/ m	最大流量/ (m³·s⁻¹)	出现日期
1984 年	46.45	321	7 月 10 日	27.88	752	7 月 21 日	—	0	1 月 1 日
1985 年	46.23	171	9 月 7 日	27.58	405	5 月 4 日	—	0	1 月 1 日
1986 年	45.88	40.7	8 月 21 日	27.42	542	7 月 26 日	—	0	1 月 1 日
1987 年	47.15	655	7 月 21 日	27.55	357	10 月 15 日	—	0	1 月 1 日
1988 年	47.12	652	7 月 17 日	27.59	610	7 月 17 日	—	0	1 月 1 日
1989 年	45.97	83.9	4 月 26 日	27.38	245	6 月 14 日	—	0	1 月 1 日
1990 年	49.16	1920	8 月 17 日	28.19	1430	8 月 5 日	—	0	1 月 1 日
1991 年	(50.15)	2530	6 月 11 日	27.93	1030	7 月 26 日	—	1980	7 月 25 日
1992 年	(49.87)	1090	7 月 22 日	27.46	411	7 月 22 日	—	0	1 月 1 日
1993 年	49.08	1570	8 月 5 日	28.16	1390	8 月 6 日	—	1860	8 月 5 日
1994 年	47.66	727	8 月 25 日	28.02	111	7 月 12 日	—	0	1 月 1 日
1995 年	47.21	430	7 月 12 日	28.08	801	8 月 23 日	—	0	1 月 1 日
1996 年	47.53	628	8 月 7 日	27.97	525	7 月 17 日	—	0	1 月 1 日
1997 年	49.58	1830	8 月 21 日	27.88	838	8 月 21 日	—	854	8 月 20 日
1998 年	49.88	2550	8 月 16 日	27.92	474	8 月 13 日	—	1410	8 月 16 日
1999 年	46.72	246	8 月 15 日	27.72	364	9 月 6 日	—	0	1 月 1 日
2000 年	48.74	1230	8 月 31 日	27.91	934	9 月 1 日	—	0	1 月 1 日
2001 年	47.50	543	7 月 31 日	27.78	386	8 月 1 日	—	0	1 月 1 日
2002 年	46.20	65.3	7 月 24 日	27.67	272	7 月 24 日	—	0	1 月 1 日
2003 年	47.52	620	7 月 18 日	27.76	475	7 月 14 日	—	132	7 月 18 日
2004 年	47.18	347	7 月 20 日	27.70	220	8 月 1 日	—	0	1 月 1 日
2005 年	48.23	997	9 月 21 日	27.82	467	9 月 22 日	—	0	1 月 1 日
2006 年	47.30	544	7 月 4 日	28.14	696	7 月 4 日	—	43.1	10 月 15 日
2007 年	47.33	557	7 月 19 日	27.85	935	8 月 11 日	—	111	6 月 10 日
2008 年	48.27	1040	8 月 22 日	27.91	727	8 月 22 日		102	3 月 12 日
2009 年	47.51	589	8 月 19 日	27.74	207	7 月 14 日	—	56.19	7 月 21 日
2010 年	47.34	447	9 月 11 日	27.69	225	7 月 22 日		218	4 月 1 日
2011 年	48.16	1020	8 月 29 日	27.76	526	8 月 29 日		304	9 月 16 日
2012 年	49.91	1980	7 月 10 日	27.71	712	7 月 11 日	—	983	7 月 10 日

（续表）

项目年份	新沭河 新沭河闸（闸下）			老沭河 新安			分沂入沭水道 彭道口闸（闸下）		
	最高水位/m	最大流量/(m³·s⁻¹)	出现日期	最高水位/m	最大流量/(m³·s⁻¹)	出现日期	最高水位/m	最大流量/(m³·s⁻¹)	出现日期
2013 年	47.53	678	5 月 28 日	27.75	448	7 月 5 日	—	318	5 月 28 日
2014 年	46.39	94.4	10 月 27 日	27.51	23.9	11 月 7 日	—	20.3	3 月 21 日
2015 年	47.25	325	8 月 9 日	27.64	314	8 月 9 日	—	3.92	10 月 19 日
2016 年	46.87	253	7 月 22 日	27.61	144	7 月 3 日	—	15.6	1 月 20 日
2017 年	47.45	400	7 月 15 日	27.86	705	7 月 16 日	—	60.9	11 月 4 日
2018 年	51.53	4640	8 月 20 日	27.75	513	8 月 16 日	—	1610	8 月 20 日
2019 年	51.77	4020	8 月 11 日	27.76	896	8 月 12 日	—	1420	8 月 11 日
2020 年	56.44	6490	8 月 14 日	29.04	2090	8 月 15 日	—	3360	8 月 14

1.3.4.4 防洪标准

分沂入沭水道防洪标准为 50 年一遇，设计流量为 4000m³/s，相应控制站水位分别为：彭家道口（中泓 19＋940）60.41m，大墩（中泓 12＋534）58.01m，后河口桥（中泓 1＋736）56.48m。

1.3.4.5 堤防现状

分沂入沭水道右堤为 2 级堤防，左堤为 3 级堤防。右堤入沭河口—后河口桥段（相应桩号 0＋000～1＋770）为调尾拦河坝及连接段，长 1.77km，坝顶高程 58.13m，顶宽 6m，上游侧设长 1700m、高 0.8m 防浪墙，迎、背水坡比均为 1∶3；迎水侧设 20m 宽、背水侧设 2m 宽的抗震压重台，台顶高程 52.43m；调尾拦河坝至大墩段（桩号 1＋770～11＋500）堤防安全超高 2m，顶宽 6m，迎水坡比 1∶3，背水坡比 1∶2.5。左岸裹头段（相应桩号 0＋000～0＋800）上游侧设防浪墙，墙顶高程 58.93m；后河口桥—大墩段（相应桩号 0＋800～11＋500）堤顶安全超高 2m，堤顶宽 6m，迎水坡比 1∶3；背水坡比 1∶2.5。大墩以上段为弃土区，顶高程 60.3～67.4m，宽 16～71m，迎水坡比 1∶3。

分沂入沭堤防防汛道路全程畅通，左堤堤顶全部为沥青混凝土路面，右堤堤顶修建 4.63km 沥青混凝土路面、4.33km 混凝土路面、11.04km 泥结碎石路面。

1.4 泗运河水系

泗运河水系主要包括南四湖、韩庄运河、伊家河、宿迁闸以上的中运河、邳苍分洪道，流域面积 40000km²。

1.4.1 南四湖

1.4.1.1 概况

南四湖位于淮河流域北部，是南阳湖、独山湖、昭阳湖和微山湖四湖的总称，流域面积 3.17 万 km²，湖面面积 0.13 万 km²。汇集入湖的大小河流共有 53 条，湖东 28 条，主要有洸府河、泗河、白马河、新薛河等；湖西 25 条，主要有梁济运河、洙赵新河、东鱼河、复兴河、大沙河等。

南四湖是一个狭长形的湖泊，南北长约 125km，东西宽 5～25km，最窄处仅 5km。1960 年修建二级坝分成上、下级湖，上级湖汇水面积 2.7 万 km²，占总流域面积的 85%。

上级湖正常蓄水位 33.99m，死水位 32.79m，一般湖底高程 32.09m；下级湖正常蓄水位 32.29m，死水位 31.29m，一般湖底高程 30.79m。

南四湖是一个狭长的宽浅型湖泊，比降平缓，兼有一般湖泊的调蓄功能和平原河道的行洪作用。湖内芦苇、湖草茂盛，鱼塘密布，另外湖内部分高地、卡口阻水严重，湖内行洪十分缓慢。

1.4.1.2 河道演变

南四湖是浅水型湖泊，入湖河口淤积，形成冲积扇浅滩，滩上生长大量芦苇，湖内水生植物繁茂，严重阻碍行洪。为加快洪水下泄速度，1999 年人们在湖内开挖了 3 条行洪浅槽，2004 年开挖了二级坝闸上泄洪槽。2007 年，对上述 4 条泄洪槽进行延长、扩挖，总长度为 41km。

1.4.1.3 历史洪水

历史最高洪水位：上级湖为 36.27（36.48）m（1957 年 7 月 25 日），下级湖为 36.07（36.28）m（1957 年 8 月 3 日）。经历史调查考证 1730 年洪水最大。其他年份南阳湖、微山湖、昭阳湖主要站历年最高水位、最大流量详见表 1-10 所列。

表 1-10　南阳湖、微山湖、昭阳湖主要站历年最高水位、最大流量统计表

项目年份	站 名								
	南阳湖 南阳			微山湖 微山			昭阳湖 二级坝（总）		
	最高水位/ m	最大流量/ (m³·s⁻¹)	出现日期	最高水位/ m	最大流量/ (m³·s⁻¹)	出现日期	最高水位/ m	最大流量/ (m³·s⁻¹)	出现日期
1975 年	35.26	—	9 月 22 日	33.06		9 月 26 日		773	9 月 22 日
1976 年	35.15	—	8 月 20 日	32.90		9 月 17 日	—	828	8 月 24 日
1977 年	34.66		12 月 24 日	32.37		1 月 22 日		338	7 月 22 日
1978 年	34.95	—	7 月 15 日	32.70	—	9 月 1 日		2110	7 月 14 日
1979 年	34.84		9 月 23 日	32.89		9 月 29 日		920	9 月 24 日
1980 年	34.73		8 月 26 日	32.96		9 月 2 日		720	8 月 25 日

（续表）

项目年份	站 名								
	南阳湖 南阳			微山湖 微山			昭阳湖 二级坝（总）		
	最高水位/ m	最大流量/ (m³·s⁻¹)	出现日期	最高水位/ m	最大流量/ (m³·s⁻¹)	出现日期	最高水位/ m	最大流量/ (m³·s⁻¹)	出现日期
1981 年	34.36	—	9 月 14 日	32.32	—	1 月 1 日	—	142	9 月 16 日
1982 年	34.44	—	9 月 18 日	32.05	—	12 月 20 日	—	586	10 月 15 日
1983 年	34.41	—	10 月 21 日	32.10	—	2 月 3 日	—	305	10 月 20 日
1984 年	34.52	—	10 月 2 日	32.72	—	9 月 17 日	—	455	10 月 8 日
1985 年	34.86	—	9 月 20 日	32.63	—	9 月 6 日	—	700	9 月 20 日
1986 年	34.31	—	1 月 22 日	32.47	—	1 月 1 日	—	0	1 月 1 日
1987 年	33.63	—	9 月 9 日	31.98	—	4 月 2 日	—	0	1 月 1 日
1988 年	33.37	—	1 月 3 日	31.98	—	1 月 17 日	—	0	1 月 1 日
1989 年	33.18	—	2 月 7 日	31.51	—	7 月 20 日	—	0	1 月 1 日
1990 年	34.44	—	8 月 20 日	31.91	—	12 月 31 日	—	0	1 月 1 日
1991 年	34.55	—	7 月 30 日	32.52	—	8 月 11 日	—	1400	7 月 25 日
1992 年	33.49	—	3 月 26 日	32.30	—	3 月 28 日	—	0	1 月 1 日
1993 年	35.00	—	8 月 9 日	32.70	—	8 月 20 日	—	1680	8 月 8 日
1994 年	34.61	—	12 月 9 日	32.68	—	12 月 24 日	—	508	8 月 11 日
1995 年	34.84	—	9 月 1 日	32.73	—	2 月 5 日	—	558	8 月 31 日
1996 年	34.68	—	11 月 5 日	32.53	—	1 月 1 日	—	206	11 月 9 日
1997 年	34.64	—	3 月 31 日	32.59	—	4 月 24 日	—	662	4 月 11 日
1998 年	35.11	—	8 月 17 日	32.80	—	9 月 15 日	—	1160	8 月 16 日
1999 年	34.70	—	1 月 25 日	32.52	—	2 月 1 日	—	410	1 月 27 日
2000 年	34.10	—	2 月 29 日	31.74	—	12 月 19 日	—	0	1 月 1 日
2001 年	34.15	—	3 月 11 日	31.89	—	3 月 4 日	—	0	1 月 1 日
2002 年	33.46	—	1 月 29 日	31.51	—	2 月 14 日	—	0	1 月 1 日
2003 年	35.28	—	9 月 7 日	33.36	—	10 月 14 日	—	1060	9 月 8 日
2004 年	35.07	—	8 月 30 日	32.91	—	1 月 1 日	—	2310	8 月 31 日
2005 年	35.35	—	9 月 22 日	33.44	—	10 月 3 日	—	2180	9 月 20 日
2006 年	34.75	—	7 月 5 日	32.80	—	7 月 4 日	—	1510	7 月 7 日
2007 年	34.67	—	2 月 4 日	32.96	—	8 月 19 日	—	1370	8 月 2 日
2008 年	34.68	—	1 月 11 日	32.76	—	1 月 19 日	—	1010	7 月 18 日
2009 年	34.58	—	12 月 28 日	32.64	—	7 月 20 日	—	1200	7 月 14 日

（续表）

项目年份	南阳湖 南阳			微山湖 微山			昭阳湖 二级坝（总）		
	最高水位/m	最大流量/(m³·s⁻¹)	出现日期	最高水位/m	最大流量/(m³·s⁻¹)	出现日期	最高水位/m	最大流量/(m³·s⁻¹)	出现日期
2010 年	34.73	—	9 月 11 日	32.77	—	10 月 14 日	—	1690	7 月 19 日
2011 年	34.62	—	11 月 14 日	32.74	—	11 月 21 日	—	537	12 月 5 日
2012 年	34.64	—	3 月 8 日	32.65	—	3 月 16 日	—	849	7 月 10 日
2013 年	34.52	—	3 月 14 日	32.71	—	8 月 4 日	—	316	7 月 21 日
2014 年	33.90	—	2 月 25 日	31.98	—	1 月 1 日	—	0	1 月 1 日
2015 年	33.48	—	8 月 9 日	31.60	—	12 月 25 日	—	0	1 月 1 日
2016 年	34.39	—	12 月 31 日	32.00	—	12 月 31 日	—	0	1 月 1 日
2017 年	34.46	—	8 月 3 日	32.79	—	10 月 12 日	—	1052	7 月 16 日
2018 年	34.92	—	8 月 22 日	32.77	—	8 月 26 日	—	2315	8 月 20 日
2019 年	34.57	—	2 月 5 日	32.71	—	8 月 15 日	—	0	1 月 1 日
2020 年	34.82	—	8 月 9 日	32.84	—	8 月 12 日	—	3910	8 月 7 日

1.4.1.4 堤防工程概况

1. 湖西大堤

湖西大堤北起山东省济宁市任城区老运河口，南至江苏省徐州市铜山区蔺家坝，全长 1315km。

湖西大堤为 1 级堤防，设计防洪标准为防御 1957 年洪水（相当于 90 年一遇），相应上、下级湖设计洪水位为 3699m、3649m。堤防设计标准为：堤顶高程为 3999m，超高 30m，堤顶宽度为 80m，迎水坡比为 1:4，背水坡比为 1:3，其中郑集河至蔺家坝段堤顶宽 100m。南四湖湖西支流入湖口 500m 范围内堤防设计标准同湖西大堤，回水段堤防按防御南四湖 20 年一遇洪水加高 20m，堤顶宽 40m，迎、背水坡比均为 1:3。

湖西大堤部分堤段进行了截渗处理，其中水泥土截渗墙处理 5391km，包括龙拱河—惠河段 2815km、惠河—西支河北段 18km、东鱼河—复新河段 114km、复新河—姚楼河段 207km、杨屯河—大沙河 656km、湖腰段（桩号为 70+815～75+832）502km、郑集河—蔺家坝段 917km；对姚楼河—大沙河段 809km 进行了垂直铺塑处理。

湖西大堤堤顶防汛路全线贯通，沥青混凝土路面 12183km，泥结碎石路面 967km，其中孙杨田段（桩号为 4+256～9+070）484km、杨屯河口—二级坝段 483km。

湖西大堤堤防保护范围（3679m 等高线以下）约 5577km²，内有徐州、济宁等重要城市，耕地 4965 万亩，人口 487 万人，分布众多大中型煤矿。

湖西大堤沿湖煤矿穿堤进湖采煤，造成长约 975km 的采煤沉陷段，存在防洪隐患，其中姚桥矿段 429km（桩号为 66＋410～70＋700）、徐庄矿段 275km（桩号为 74＋711～77＋461）、孔庄矿段 271km（桩号为 80＋730～83＋440）。

2. 湖东堤

湖东堤北起济宁市任城区老运河口，南至微山县郗山村解放沟，全长 108.467km。老运河口至青山段（桩号 0＋000～29＋457）长 29.457km。湖东堤老运河口—泗河段、二级坝—新薛河段堤防设计防洪标准为防御 1957 年洪水（相当于 90 年一遇），相应上、下级湖设计洪水位为 36.99m 和 36.49m。其余堤段设计防洪标准为 50 年一遇，相应上、下级湖设计洪水位为 36.79m 和 36.29m。湖东堤老运河口—洸府河段堤防为 1 级堤防，其余堤段为 2 级堤防。老运河口—洸府河段堤顶宽度为 8m，堤顶超高为 3m；其余堤段堤顶宽 6m，堤顶超高为 2.5m，迎、背水坡比均为 1∶3。堤顶高程为：老运河口—洸府河段为 40.1～40.5m，洸府河—泗河段 39.5m，泗河—青山段 39.7m，垤斛—二级坝段为 39.29m（设计），二级坝—新薛河段 38.99m（设计），新薛河—郗山段堤顶高程为 38.79m（设计）。

老运河口—泗河段堤顶路为沥青混凝土路面，其余堤段均为泥结碎石路面。

1.4.2　韩庄运河、中运河

1.4.2.1　概况

韩庄运河、中运河位于山东省西南部和江苏省北部，是苏鲁两省省界河道，是京杭大运河的一段，也是南水北调东线工程主要输水河道之一，河道兼有防洪、排涝、调水、航运等综合利用功能。省界以上在山东省境内称为韩庄运河，省界以下在江苏省境内称为中运河，韩庄运河长度为 42.5km，中运河长度为 89.6km，全长合计 132.1km。韩庄运河、中运河北起山东省南四湖东南出湖口，南到江苏省骆马湖，途经山东省济宁市微山县、枣庄市峄城区和台儿庄区，江苏省徐州市铜山县（现铜山区）、邳州市、新沂市及宿迁市的宿城区、宿豫县（现宿豫区）。

韩庄运河干流两岸地势低洼，沿河地形自西向东倾斜，比降一般为 1/3000～1/6000。微山县韩庄镇地面高程 37m 左右，高出微山湖历史最高洪水位，阴平沙河入口以下地面渐低，一般洪水位都将超过地面。韩庄运河、中运河主要站历年最高水位、最大流量详见表 1 - 11 所列。

1.4.2.2　河道现状

1. 韩庄运河

韩庄运河是中华人民共和国成立后利用原迦河一段扩挖而成的，为京杭运河的一部分，是南四湖的主要泄洪河道，也是南水北调工程东线工程主要输水干线。韩庄闸上喇叭口段河底宽 243.2～732m，河底高程为 27.5～29.6m，坡比为 1∶2；韩庄闸下 9km 河段底宽 230～256m，河底高程为 24.5m，坡比为 1∶2；中泓桩号 9＋000—万年闸段河底宽为 220m，河底高程为 24～24.3m，坡比为 1∶2；万年闸—台儿庄闸段河底宽 136～165m，河底高程 20～20.8m，坡比为 1∶2～1∶3；台儿庄闸—苏鲁省界段河底宽 152m，河底高程 16.5m，坡比为 1∶3。

2. 中运河

中运河省界—二湾河道长 61km，两岸堤距为 1100～1800m。该段河道主槽为二级航道，航道底高程为 16.5～17m 航道底宽：省界—大王庙段 95m、大王庙—徐塘段 70m、徐塘闸下—铁路桥下段 150m、铁路桥下—张庄段 130m、张庄—房亭河段 100m、房亭河—窑湾段 300m、窑湾—二湾段 240m。

二湾—宿迁闸段河道长 28.6km。二湾—皂河闸段 6.8km，此段运河左堤已废弃，运河与骆马湖相通；皂河闸—宿迁闸段 21.8km，是骆马湖退守宿迁大控制的蓄水区域，亦是黄墩湖排涝的主要出路。

1.4.2.3 防洪标准

1. 韩庄运河

韩庄运河防洪标准为 50 年一遇，韩庄闸下—老运河口—峄城大沙口—伊家河口—苏鲁省界设计流量分别为 4100m³/s、4600m³/s、5000m³/s、5400m³/s，相应控制站水位分别为：韩庄闸下为 36.01m、老运河口为 35.52m、峄城大沙河口为 31.28m、伊家河口为 30.43m、台儿庄闸为 30.03/29.92m。

2. 中运河

中运河防洪标准为 50 年一遇，省界—大王庙—房亭河口—骆马湖二湾设计流量分别为 5600m³/s、6500m³/s、6700m³/s，相应控制站水位为：苏鲁省界为 29.2m、运河镇为 26.33m、二湾为 24.83m。

1.4.2.4 堤防工程概况

1. 韩庄运河

韩庄运河为阶梯状河道，两岸处于南北山丘之间，地势低洼，地面高程从韩庄至省界由 27.5m 降至 16.4m。韩庄运河堤防级别为 2 级，设计标准为：堤顶安全超高 2m，堤顶宽 8m，迎、背水坡坡比均为 1：3。东调南下续建工程韩庄运河扩挖河道弃土堆筑在堤防背水侧，形成长约 59.57km 的弃土堆。

2. 中运河

中运河省界—民便河口段堤防为 2 级堤防，长 114.4km，其中左堤 61km、右堤 53.4km，堤顶超高 2m，堤顶宽 8m，迎水坡比为 1：3～1：4，背水坡比为 1：3。房亭河口至民便河口段为 14.5km，堤后筑戗台，台顶高程为 26m、顶宽 10m。左堤二湾至皂河闸段已废，堤防矮小、残缺，河湖相通，低水位时老堤才露出水面；皂河闸—洋河滩闸段共用"骆马湖一线"洋河滩闸—宿迁闸段与总六塘河共堤。右堤民便河口—宿迁闸段为"骆马湖二线"（1 级堤防），其中皂河闸以上段与邳洪河共堤。

中运河大王庙以下至入湖口段，有滩地 4 万亩，按防御 20 年一遇桃汛加固大王庙至房亭河口生产堰，相应水位：大王庙为 24.84m、运河镇为 23.65m、房亭河口为 23.36m。生产堰顶高程为相应水位超高 0.5m，堤顶宽 1m。

中运河堤顶防汛道路基本畅通，防汛道路总长 103.5km，其中沥青混凝土路面 8.6km，水泥混凝土路面 48.2km，泥结碎石路面 46.7km。

骆马湖二线防汛道路 36.9km，其中沥青混凝土路面 19.4km、混凝土路面 17.5km。

1.4.3 伊家河

1.4.3.1 概况

伊家河位于韩庄运河南侧，西自南四湖出口新河头，在台儿庄闸上汇入韩庄运河。伊家河流经山东省济宁市、枣庄市以及江苏省徐州市，全长约 34km。流域面积为 328km²，其中伊家河以南 297km²，以平原为主，约占 70%，山丘区占 30%；伊家河以北，即伊家河与韩庄运河之间地区，地势平坦，面积为 31km²。

伊家河支流有 5 条，分别是幸福河、引龙河、龙河、于沟河和支流河，均为流域内排洪、排涝河道。伊家河支流河道源短流急，都由西南向东北流入伊家河。此外，还有 10 余条排水沟汇入伊家河。伊家河主要站点历年最高水位、最大流量详见表 1-11 所列。

1.4.3.2 河道现状

伊家河从湖口向下 15km 处河槽宽 48~72 m，河底高程为 25.8~29.4m；中泓桩号 15+000 以下河槽宽 50~60m，河底高程为 21.3~25.8m，内堤距为 70~100m。

1.4.3.3 防洪标准

伊家河参与分泄南泗湖洪水，在下级湖水位为 33.29（33.5）m 时承泄洪水流量为 200m³/s；在下级湖水位为 35.79（36）m 时，承泄洪水流量为 400m³/s；还承担着排泄河道以南 297km² 和韩庄运河、伊家河之间 31km² 的涝水。防洪标准为 50 年一遇。

1.4.3.4 堤防工程概况

伊家河堤防级别为 3 级，堤防长 68km（左右堤均为 34km），左堤湖口—草沃段（桩号为 0+000~28+132）28.13km 为弃土区，顶宽 2~4m，局部地段较宽，无通行道路，堤防断面满足设计要求，一般超出设计堤顶高程 2m 以上；草沃—南闸子村段（桩号为 28+132~31+400）3.27km，堤防超高 1.5m，堤顶高程为 32.31~33.29m，堤顶宽 6~8m，迎、背水边坡比均为 1:3；南闸子村—河口段（桩号为 31+400~34+000）与韩庄运河共堤，长 2.6km。右堤湖口—河上庄段（桩号为 0+000~29+850）29.85km 为弃土区，顶宽 3~6m，局部地段较宽。闫庄西至闫庄东（桩号为 5+700~5+950）为土路，防汛车辆无法通行；闫庄东（桩号为 5+950）至入运河口（桩号为 34+000）堤顶宽 6m，路面宽 4.5m，高程为 32.3~38.3m，迎、背水坡比均为 1:3。

1.4.4 邳苍分洪道

1.4.4.1 概况

邳苍分洪道上起山东省郯城县沂河江风口闸，西南流经山东省临沂市罗庄区、郯城县、兰陵县以及江苏省徐州市的邳州市，于大谢湖附近入中运河，全长 74km。邳苍分洪道是 1958 年开辟的一条人工河道，除分泄沂河洪水外，同时承泄区间来水，其中燕子河以上来水面积 838km²，东泇河以上 1408km²，西泇河以上 2328km²，合计区间来水面积 2357km²。

1.4.4.2 河道演变

邳苍分洪道是利用原武河河道两岸筑堤而成的，堤距 800m，最窄处蝎子山为480m。南涑河口至苏鲁省界段为平地筑堤，束水漫滩行洪，堤距由 1200m 逐渐展宽到1500m。苏鲁省界至东泇河口段堤距为 1500m，东泇河口以下段堤距为 2000m。邳苍分洪道河底高程为：江风口闸下为 49.4m，苏鲁省界为 29.3m，入中运河为 19m。

西偏泓自朱庄（相应河道中泓桩号为 19＋800）至中运河长度为 55.4km，泓底宽20～70 m，底高程为 19～39.2m。东偏泓从 S232 公路（相应河道中泓桩号为 18＋700）起至入中运河止，全长 57.5km，泓底宽 4～10m，底高程为 21.1～43.4m。

1.4.4.3 历史洪水

1957 年 7 月 19 日，江风口闸最大分洪流量为 3380m³/s。1974 年 8 月 14 日林子站行洪流量为 2250m³/s，为历史最大值。

韩庄运河、中运河、伊家河主要站历年最高水位、最大流量见表 1-11 所列。

表 1-11　韩庄运河、中运河、伊家河主要站历年最高水位、最大流量统计表

项目年份	站　名								
	韩庄运河 韩庄闸			中运河 运河镇			伊家河 新河头闸		
	最高水位/ m	最大流量/ (m³·s⁻¹)	出现日期	最高水位/ m	最大流量/ (m³·s⁻¹)	出现日期	最高水位/ m	最大流量/ (m³·s⁻¹)	出现日期
1988 年	—	0	1 月 1 日	23.18	640	7 月 26 日	—	0	1 月 1 日
1989 年	—	0	1 月 1 日	23.53	700	7 月 15 日	—	0	1 月 1 日
1990 年	—	0	1 月 1 日	25.01	1270	8 月 16 日	—	0	1 月 1 日
1991 年	—	515	7 月 30 日	24.28	1440	7 月 16 日	—	0	1 月 1 日
1992 年	—	0	1 月 1 日	23.21	588	9 月 2 日	—	0	1 月 1 日
1993 年	—	656	8 月 16 日	25.62	1740	8 月 6 日	—	0	1 月 1 日
1994 年	—	149	1 月 9 日	23.32	496	8 月 31 日	—	0	1 月 1 日
1995 年	—	449	8 月 30 日	23.92	735	8 月 23 日	—	0	1 月 1 日
1996 年	—	0	1 月 1 日	23.97	789	7 月 18 日	—	16.2	8 月 25 日
1997 年	—	0	1 月 1 日	23.77	1080	8 月 21 日	—	0	1 月 1 日
1998 年	—	1800	8 月 16 日	25.23	1730	8 月 15 日	—	135	9 月 9 日
1999 年	—	0	1 月 1 日	22.97	328	7 月 8 日	—	0	1 月 1 日
2000 年	—	0	1 月 1 日	23.97	1040	7 月 16 日	—	0	1 月 1 日
2001 年	—	0	1 月 1 日	23.88	1100	7 月 31 日	—	0	1 月 1 日
2002 年	—	0	1 月 1 日	22.95	165	7 月 26 日	—	0	1 月 1 日
2003 年	—	1030	9 月 10 日	24.87	1740	9 月 5 日	—	110	9 月 4 日
2004 年	—	1210	8 月 3 日	24.28	1370	9 月 21 日	—	122	8 月 12 日

（续表）

项目年份	站名								
	韩庄运河 韩庄闸			中运河 运河镇			伊家河 新河头闸		
	最高水位/ m	最大流量/ (m³·s⁻¹)	出现日期	最高水位/ m	最大流量/ (m³·s⁻¹)	出现日期	最高水位/ m	最大流量/ (m³·s⁻¹)	出现日期
2005年	—	1720	10月2日	25.52	2630	10月1日	—	98.3	9月7日
2006年	—	980	7月7日	24.36	1570	7月5日	—	148	12月14日
2007年	—	1410	8月23日	24.58	1850	8月18日	—	150	11月6日
2008年	—	1170	7月23日	25.19	2410	7月25日	—	148	7月4日
2009年	—	832	7月21日	23.63	1270	8月18日	—	0	1月1日
2010年	—	1490	9月10日	23.97	1730	9月11日	—	0	1月1日
2011年	—	551	9月20日	23.85	928	8月28日	—	143	11月23日
2012年	—	306	1月4日	23.62	825	7月11日	—	0	1月1日
2013年	—	222	8月4日	23.39	846	8月3日	—	175	7月30日
2014年	—	0	1月1日	22.98	19.6	10月28日	—	0	1月1日
2015年	—	0	1月1日	23.24	338	8月1日	—	0	1月1日
2016年	—	0	1月1日	23.54	438	8月8日	—	0	1月1日
2017年	—	610	8月3日	23.77	1140	8月3日	—	109	7月22日
2018年	—	1100	8月20日	23.38	1840	8月21日	—	116	8月25日
2019年	—	208	8月16日	24.65	2990	8月12日	—	52	8月14日
2020年	—	1500	8月7日	24.15	2540	8月9日	—	150	8月8日

1.4.4.4 防洪标准

邳苍分洪道防洪标准为50年一遇，设计流量为江风口闸至东泇河口段4000m³/s、东泇河以下段5500m³/s。主要控制站相应水位：江风口闸下为57.93m，朱庄为46.90m，苏鲁省界为36.54m，东泇河口为32.88m，西泇河口为30.93m，依宿坝为29.41m，中运河口为27.28m。

1.4.4.5 堤防工程概况

邳苍分洪道堤防为2级堤防，堤顶宽6m，堤顶安全超高1.5m，迎水坡比为1∶3，背水坡比为1∶2.5（江苏段为1∶3）。

邳苍分洪道右堤建有2段防洪墙，分别位于蒋史汪村、蝎子山村，共长1.2km，墙顶高程分别为56.30～56.94m和53.22m，断面为直角梯形，顶宽0.5m，坡比为1∶0.5；右堤桩号37＋140～37＋640处，设有黏土斜墙截渗墙，墙顶宽1m，底宽3m，截渗墙底以下设黏土齿墙至相对不透水层。

邳苍分洪道防汛道路基本畅通。右堤桩号27＋043～40＋970段为地方修建的滨河路，长 13.93km，堤顶宽度 11m，沥青混凝土路面。在其他堤段还修建了 64.05km 泥结碎石路面、25.05km 混凝土路面，尚有 45.04km 堤顶为土路面。

1.5 沂沭泗河的治理

1.5.1 "导沂整沭"和"导沭整沂"规划与实施

1.5.1.1 规划情况

在治淮初期 1947 年始至 1953 年，华东水利部领导对于沂沭汶泗的规划和治理，按照"苏鲁两省兼顾，治泗必先治沂，治沂必先治沭"和"沂沭分治"的原则，于苏鲁两省分别制定并实施了"导沂整沭"和"导沭整沂"规划，着重整治河道，开辟入海通道，扩大排洪能力，以减轻水患。山东省"导沭整沂"规划包括切开马陵山，开辟新沭河，导沭经沙于临洪口入海，兴建大官庄沭河大坝、人民胜利堰以控制导沭分流；整修加固山东境内沂沭河堤防，开挖分沂入沭水道，疏浚沂河淤浅段等。江苏省"导沂整沭"规划包括嶂山切岭，开辟新沂河，导沂沭泗洪水于灌河口入海，修建骆马湖初期控制工程，培修加固江苏省境内沂沭河堤防等。

1.5.1.2 实施情况

山东省"导沭整沂"工程主要包括：导沭经沙入海开辟新沭河，兴建沭河大坝、胜利堰等建筑物，开挖分沂入沭水道，整修加固沂沭河堤防。"导沭"工程：开挖新沭河，从大官庄向东开挖一条长 14.2km 的引河，分沭河洪水入沙河，经临洪口入海，全长 80km，大官庄分洪流量为 2800m³/s，加沙河区间洪水共 3800m³/s；经胜利堰下泄老沭河流量为 1700m³/s，加分沂入沭水道来水 1000m³/s、老沭河区间洪水 300m³/s，共 3000m³/s。"整沂"工程：包括开挖分沂入沭水道、疏浚沂河浅滩及培修加固堤防，治理标准是沂河临沂站设计洪水流量为 6000m³/s，分沂入沭分洪 1000m³/s，江风口分洪道分洪 1500m³/s，下余 3500m³/s 由李庄以下沂河下泄。

江苏省导沂整沭工程主要包括：自华沂开始开辟新沂河，全长 183km，华沂至骆马湖段设计流量为 3000m³/s，嶂山至灌河口为 3500m³/s；修建华沂束水坝，控制老沂河下泄流量 500m³/s，修建骆马湖初期控制工程，修筑加固沂、沭河堤防。

1.5.2 1954 年沂沭汶泗洪水处理意见

1.5.2.1 规划情况

1953 年底沂沭汶泗规划及治理开始由原治淮委员会统一领导，1954 年原治淮委员会编制了《沂沭汶泗流域洪水处理初步意见》，规划提出了南四湖和沂沭运地区的洪水处理方案；修建南四湖洪水控制工程（一级湖方案），建设滨湖排涝工程；修建龙门、傅旺庄、东里店及石岗等水库；修建江风口分洪闸和老沂河华沂分洪闸，扩大分沂入沭和新沂河，加固江风口以下沂河堤防和新沭河。

1.5.2.2 实施情况

1954—1957 年，沂沭泗治理完成的工程主要包括：整治了南四湖的万福河、复新河、大沙河、杨屯河及惠河等，疏浚了伊家河；按分洪流量 1500m³/s 扩挖分沂入沭水道；兴建了江风口分洪闸、李庄拦河坝、华沂节制闸和黄墩湖小闸，整治了沭河的一些排水河道；疏浚了新沂河南偏泓，培修加固沂河、新沂河、中运河和骆马湖堤防。

1.5.3 1957 年沂沭泗流域规划报告

1.5.3.1 规划情况

1957 年 3 月，原治淮委员会同苏鲁两省编制了《沂沭泗流域规划报告（初稿）》。7 月，沂沭泗地区发生特大洪水，灾情严重，水利部技术委员会针对规划中的问题，组织原治淮委员会及苏鲁两省对规划进行修订，于 1957 年 12 月提出《沂沭泗流域规划初步修正成果及 1962 年以前工程安排意见（草案）》。规划以防止水灾、发展灌溉为主，规划标准为：南四湖和中运河为 100 年一遇防洪标准，沂沭河为 50 年一遇防洪标准，骆马湖、新沂河为 300 年一遇防洪标准，次要河流达到 50 年一遇防洪标准。主要内容为：在沂蒙山区开展水土保持，在山区修建水库；修建南四湖（二级湖方案）、骆马湖平原综合利用水库；扩大和巩固韩庄运河、中运河、新沂河、新沭河行洪能力；治理平原区河道，调整水系；发展农业灌溉。

1.5.3.2 实施情况

1958 年原治淮委员会被撤销，规划所列工程由各省分别负责。

山东省修建的工程包括：在沂沭泗上游山丘区修建了会宝岭、日照、唐村、许家崖、田庄、小仕阳、陡山、尼山、岩马、跋山、沙沟、岸堤、马河、西苇、青峰岭等 15 座大型水库和 32 座中型水库，并增修塘坝，灌溉面积 200 万亩。南四湖按堤顶高程 38.79m 修建了湖西大堤，修筑了二级坝枢纽，把南四湖分成上、下级湖，兴建了韩庄闸、伊家河闸，疏浚了惠河、万福河、洙水河、赵王河，开挖洙赵新河和东鱼河调整水系；修筑邳苍分洪道堤防，修筑加固沂河李庄以下、沭河堤防。还修建了引黄灌溉工程。

江苏省修建的工程包括：在山丘区修建了安峰山、石梁河、小塔山等 3 座大型水库、10 座中型水库，水库塘坝增灌面积约 100 万亩，完成邳苍分洪道工程；建成了宿迁闸、六塘河闸、嶂山闸和骆马湖宿迁控制线，骆马湖建成常年蓄水水库，黄墩湖辟为临时滞洪区；中运河西堤退建，设计运河镇水位 26.33m，行洪能力扩大到5000m³/s；新沂河按行洪 6000m³/s 加高培厚堤防，新沭河堤防按行洪能力 3800m³/s 加固；实施了跨流域调水工程，开辟了淮沭新河。航运规划大运河庙山子以下至淮安段已实施，其余未实施。水土保持规划未实施。

1.5.4 1971 年治淮战略性骨干工程规划

1.5.4.1 规划情况

1969 年国务院成立治淮规划领导小组，领导和组织流域规划工作。治淮规划领导小组于 1971 年提出《关于贯彻执行毛主席"一定要把淮河修好"的情况报告》及其附件《治淮战略性骨干工程说明》。规划的标准是南四湖可防御 1957 年洪水，沂、沭河可防御 50～100 年一遇洪水，骆马湖、新沂河可防御 100 年一遇洪水。规划的总体部署是"沂沭泗河洪水东调南下工程"，主要内容包括增建山区水库，扩大南四湖、沂沭河洪水出路，治理南四湖和骆马湖，提高韩庄运河、中运河和新沂河的行洪能力。

1.5.4.2 实施情况

山东省完成的主要工程：防洪工程，建成了大官庄新沭河泄洪闸，按 6000m³/s 设计、7000m³/s 校核标准扩挖了新沭河闸下游 6.4km 新沭河的石方段；建成分沂入沭入口的彭道口分洪闸，按 4000m³/s 标准完成了分沂入沭上段 8.5km 的加深拓宽；增建二级坝三、四闸，开挖了三闸下游西股引河中段 9.4km 和二闸下游东股引河 23.3km；按微山湖水位 33.29m 时设计泄量 2050m³/s 扩建韩庄闸；扩挖了韩庄闸下 9km 的大部分河槽；同时还实施了病险水库的加固工程。排涝工程，治理南四湖地区 11 条排水河道，并在滨湖洼地实行机电排灌；在分沂入沭和新沭河以北，治理了黄白排水沟、牛腿沟等排水沟渠。灌溉工程，设计水库灌区 374 万亩，到 1980 年有效灌溉面积达 165 万亩。南四湖机电排灌面积达 300 万亩，其中水稻 100 万亩；湖西的东鱼河、新老万福河、洙赵新河上均建闸分级拦蓄，灌溉 55 万亩；湖东诸河发展灌溉 18 万亩。

江苏省完成的主要工程：防洪工程方面，按 6000m³/s 设计、7000m³/s 校核，开挖石梁河水库至太平庄段新沭河中泓，并加固两岸堤防及建太平庄闸等，1980 年堤防加固停缓建；完成了新沂河两岸堤防加固，沭阳以下可行洪 6000m³/s，强迫行洪 7000m³/s；完成淮沭新河土方工程；另外，还加固了石梁河、小塔山水库。除涝工程，在南四湖，与山东省共同全面治理了复新河，疏浚河道 54km、筑堤 108km。开挖了顺堤河和苏北堤河，顺堤河从姚楼河（山东境内称东边河）开始，下至蔺家坝下入不牢河，长 72km；苏北堤河自大沙河至郑集河，先后与杨屯河、沿河、鹿口河、郑集河平交，各河之间自成排、引系统。在新沭河以北治理了朱稽河和范河，采用上截、中改、下调尾的治理方式，将上游山水引入小塔山水库、青口河及新沭河，中游将朱稽河和范河改入朱稽副河，下游疏浚调尾和建挡潮闸；在新沭河南建成临洪西站，抽排乌龙河流域的涝水，并把鲁兰河截入新沭河，临洪东站开工后停缓建。在新沂河以北的直接入海水道上均建了挡潮闸等工程。灌溉航运工程，续建京杭运河，以利航运和江水北调。先后兴建了泗阳、刘老涧、皂河、刘山、解台及郑集 6 个扬水站，可抽江水 300m³/s 入骆马湖，经中运河、不牢河送水 100m³/s 入微山湖。在中运河、不牢河上修建了 6 处船闸。在老沭河上修建了塔山闸，蓄水灌溉，设计过闸流量 3000m³/s。

1981—1990 年，除南四湖部分工程和新沂河加固工程外，东调南下工程停缓建，多数工程处于"半拉子"状况，中运河扩大工程尚未动工。

1.5.5 1991 年沂沭泗河洪水东调南下工程近期规划

1.5.5.1 规划情况

1990 年水利部淮河水利委员会完成了《淮河流域修订规划纲要（送审稿）》。1991 年江淮发生大洪水，国务院治淮治太会议作出了《关于进一步治理淮河和太湖的决定》，确定治淮 19 项骨干工程建设任务，明确"续建沂沭泗河洪水东调南下工程，'八五'期间达到 20 年一遇的防洪标准，'九五'期间达到 50 年一遇的防洪标准"。根据治淮治太会议精神，1992 年水利部淮河水利委员会完成了《淮河流域综合规划纲要（1991 年修订）》，确定沂沭泗河防洪标准为沂沭河防御 50 年一遇洪水；南四湖湖西大堤及湖东特大矿区段防御 1957 年洪水，其他堤防防御 50 年一遇洪水；骆马湖和新沂河防御 100 年一遇洪水。沂沭泗河近期防洪工程先按 20 年一遇洪水标准实施。

东调工程包括沂沭河中下游、邳苍分洪道、分沂入沭水道堤防加固，分沂入沭调尾，人民胜利堰闸新建，石梁河水库泄洪闸扩建等。

南下工程包括南四湖湖内的清障，扩大湖腰，开挖西股引河上段，续建湖内庄台，加固湖西大堤，修建加固湖东堤，扩大韩庄运河、中运河，建设中运河临时控制工程，新沂河的除险等。

1.5.5.2 实施情况

1991 年东调南下工程复工。东调南下工程分别包括：

1. 东调工程

按设计流量 2500m³/s 兴建人民胜利堰闸；按分洪流量 2500m³/s 扩建分沂入沭水道，并将尾部改由人民胜利堰闸上入沭河（亦称调尾工程）；新沭河按新沭河闸泄洪 5000m³/s 规模扩大和除险；加固和扩建石梁河水库泄洪闸；沂河祊河口—刘家道口—江风口—骆马湖按 12000m³/s、10000m³/s、7000m³/s 标准对堤防进行培修加固；沭河汤河口—大官庄—塔山闸—口头段按行洪 5750m³/s、2500m³/s、3000m³/s 除险加固；邳苍分洪道按东迦河以上行洪 3000m³/s、以下 4500m³/s 加固堤防；加固江风口闸。

2. 南下工程

加固南四湖湖西堤和修建湖东堤，开挖湖内浅槽。湖西大堤大沙河至蔺家坝段按防御 1957 年洪水的标准加固（上级湖洪水水位 36.99m，下级湖 36.49m），大沙河以上段除老运河—梁济运河段约 3km 按 1957 年洪水标准加固，其余均按 20 年一遇防洪标准加固；山东境内按微山湖水位 33.29m 时韩庄出口泄量 1900m³/s（含伊家河 200m³/s、老运河 250m³/s）、微山湖水位 35.79m 时韩庄出口排洪 4000m³/s（含伊家河 400m³/s、老运河 500m³/s）规模扩大韩庄运河，修建了老运河闸，开挖了韩庄闸上喇叭口。按运河镇水位 26.33m 行洪 5500m³/s 的规模扩大中运河，修建了中运河临时水资源控制设施。新沂河按行洪 7000m³/s 除险加固，并兴建了海口控制工程。南四湖湖东堤、部分湖西堤、西股引河上段开挖和湖腰扩大工程未实施。

1991 年以来，沂沭泗流域还进行了病险水库和病险水闸除险加固、湖西平原河道疏浚、农田灌溉、拓宽航道等一系列治理工程，使沂沭泗流域的防洪、除涝、灌溉、航运标准有了较大提高。

1.5.6 2003 年沂沭泗河洪水东调南下续建工程实施规划

1.5.6.1 规划情况

2002 年国务院办公厅批转水利部《关于加强淮河流域 2001—2010 年防洪建设的若干意见》（国办发〔2002〕6 号），2003 年水利部和相关省召开省部联席会议，对沂沭泗河洪水东调南下续建工程进行了统筹安排。根据部省联席会议纪要和水利部前期工作安排，水利部淮河水利委员会编制了《沂沭泗河洪水东调南下续建工程实施规划》。

规划主要包括：沂河东汶河口至祊河口河段、沭河浔河口至汤河口河段按 20 年一遇防洪标准治理，沂河祊河口以下河段、沭河汤河口以下河段、分沂入沭、新沭河、邳苍分洪道、韩庄运河、中运河、新沂河按 50 年一遇防洪标准治理。南四湖总体防洪标准为 50 年一遇，治理范围为湖内及环湖堤防，湖西堤按防御 1957 年洪水加固，湖东堤大型矿区和城镇段堤防按防御 1957 年洪水标准，其他堤段按防御 50 年一遇洪水标准修建加固，在湖东部分洼地设置滞洪区。骆马湖防洪标准为 50 年一遇。主要支流除涝标准为 3～5 年一遇，防洪标准为 20 年一遇。包括刘家道口枢纽、南四湖湖东堤、韩中骆堤防、新沂河整治、新沭河治理、沂沭邳治理、分沂入沭扩大、南四湖湖内及南四湖湖西大堤加固等 9 个单项。

东调工程：沂河东汶河口—蒙河口—祊河口—刘家道口—江风口及江风口—苗圩分别按行洪流量 9000m³/s、10000m³/s、16000m³/s、12000m³/s、8000m³/s 对堤防进行加高加固，局部疏通河槽；扩大分沂入沭水道，使其排洪能力达到 4000m³/s；扩大新沭河，使太平庄闸上下河道的行洪能力分别达到 6000m³/s 和 6400m³/s，兴建三洋港挡潮闸，设计流量 6400m³/s；沭河浔河口—高榆河口—汤河口—大官庄及大官庄—口头分别按 5000m³/s、5800m³/s、8150m³/s 及 2500～3000m³/s 对堤防进行加高加固；修建刘家道口闸，设计流量 12000m³/s；扩建江风口分洪闸，设计流量 4000m³/s。

南下工程：在南阳镇附近和二级坝上、下扩挖 4 条浅槽，湖西堤按防御 1957 年洪水标准加固；修建湖东堤，大型矿区和城镇段堤防按防御 1957 年洪水标准，其他堤段按防御 50 年一遇洪水修建加固；设置湖东滞洪区；按行洪流量 4600～5400m³/s 扩大韩庄运河，续建韩庄闸上喇叭口工程，按行洪流量 5600～6700m³/s 扩大中运河；按行洪流量 7500～7800m³/s 扩大新沂河。

1.5.6.2 实施情况

自 2005 年开始，沂沭泗河洪水东调南下续建工程陆续开工建设，至 2016 年各单项工程相继通过竣工验收，基本完成设计任务，实现规划目标。同期，流域还进行了病险水库和病险水闸除险加固、涝洼地及支流治理、城市防洪及航道等一系列治理工程，使沂沭泗流域的防洪、除涝、灌溉、航运标准有了较大提高。

1.5.7 2013 年《淮河流域综合规划（2012—2030 年）》

根据《国务院办公厅转发水利部关于开展流域综合规划修编工作意见的通知》（国办发〔2007〕44 号）和水利部的总体部署，水利部淮河水利委员会组织流域各省开展了新一轮流域综合规划修编工作，2013 年国务院批复了《淮河流域综合规划（2012—2030 年）》。

规划安排沂沭泗河水系在既有东调南下工程格局的基础上，进一步巩固完善防洪湖泊和骨干河道防洪工程体系，扩大南下工程的行洪规模。近期按 20 年一遇防洪标准加固沂沭泗河上游堤防，完善南四湖防洪体系，进一步巩固和完善其他防洪湖泊和骨干河道防洪工程体系。远期安排将南四湖、韩庄运河、中运河、骆马湖、新沂河的防洪标准逐步提高到 100 年一遇，其他骨干河道防洪标准为 50 年一遇，重要支流防洪标准达到 20~50 年一遇。100 年一遇设计水位南四湖上级湖（南阳）36.99m，下级湖（微山）为 36.49m，骆马湖 100 年一遇设计水位 24.83m，相应提高韩庄运河、中运河和新沂河的排洪能力，中运河苏鲁省界行洪规模 5600m³/s、运河镇行洪规模 7200m³/s，新沂河沭阳行洪规模 8600m³/s。

1.5.8 2019 年沂沭河上游治理

根据 2019 年 5 月国家发展和改革委员会发改农经〔2019〕791 号《关于沂河、沭河上游堤防加固工程可行性研究报告的批复》：沂河上游堤防加固工程跋山水库—东汶河口段按 20 年一遇标准治理。跋山水库—胜利河口—姚店子河口—苏村西河—东汶河口段对用流量分别为 3240m³/s、4540m³/s、4940m³/s、5500m³/s。堤防级别 4 级，堤顶高程为设计洪水位加超高 1.5m，堤顶宽 6m，迎水坡比 1:3，背水坡比 1:2.5。沭河上游堤防加固工程青峰岭水库—浔河口按 20 年一遇标准治理。其中右岸洛河口—柳清河口、左岸袁公河口—鹤河口按 50 年一遇标准治理，青峰岭水库—袁公河口—浔河口按 20 年一遇设计流量为 2000m³/s、4000m³/s，50 年一遇设计流量为 2600m³/s、5000m³/s，浔河口设计起始水位为 88.12m，堤顶高程按设计洪水位加超高 1.5m，堤顶宽 6m，迎、背水坡比 1:3。堤防级别 20 年一遇的为 4 级，50 年一遇的为 2 级。

沂沭泗河险工治理概况

2.1　沂沭泗河险工概况

沂沭泗水利管理局直管河道堤防存在的险工险段较多，分布于沂河、新沂河、沭河、南四湖等河段。因不同河段的地形地貌、水文气象条件差异较大，所表现的险工类型有所不同。

沂河水系由沂河、骆马湖和新沂河三部分组成。沂河发源于沂蒙山沂源县西部，于下邳入泗后入淮，然后入海，是一条古老的天然河道，两岸多为土质陡坡，易冲刷和坍塌。在沂河上游段，河道流量较大，临沂站曾数次达到 $10000\text{m}^3/\text{s}$ 以上的流量。在大流量的冲刷下，河道形成了以塌岸为主的险工，如南良水塌岸险工、庄安塌岸险工等。针对该情况，沂河险工段多采用浆砌石护坡、抛石护坡、丁坝等方式，对河岸进行加固。早在 1998 年，对石坝险工、胡塘险工等进行了护岸、盖重处理。2000 年到 2008 年期间，对庄安险工、后房庄险工等多处险工段进行了石护处理，大大改善了沂河两岸因冲刷导致的崩岸险情。

新沂河是位于沂河水系下游的季节性河道，仅在汛期承担排洪任务，新沂河险工的主要成因在于一些堤防堆筑在沙基或软土上，堤身又系沙土构筑，汛期行洪时堤基、堤身渗水严重；另外，下游背水滩地低洼，常年积水，堤防抗滑稳定性较差。针对该情况，新沂河在 1998 年至 2013 年多次对各险工段进行了机械垂直插塑处理，对大小陆湖险工和沙湾险工等都曾进行过治理。

骆马湖是调节沂沭泗洪水的大型水库，位于沂河与中运河交汇处，湖区东南部分水深度较大，北部沂河入湖口处泥沙淤积，生长着芦苇、蒲草等。骆马湖湖底高程 19.83m，正常蓄水位 22.83m，设计洪水位 24.83m，相应库容为 14.8 亿 m^3，校核洪水位 25.83m，相应库容为 18.0 亿 m^3。骆马湖堤防由一线堤防和二线堤防及东堤、北堤、西堤组成，堤防总长 96.3km，主要建筑物有嶂山闸、宿迁闸、洋河滩闸、黄墩湖滞洪闸及皂河闸站等。骆马湖堤防主要险工类型以渗水为主，东调南下续建工程中曾对刘庄险工等进行浆砌石护岸、机械垂直铺膜防渗、充填灌浆等处理，加强了骆马湖堤防的防渗能力。

相比于沂河水系，沭河水系的水文地质条件完全不同。沭河河槽是天然河床，河道弯曲多变，峰高流急，流势不稳。堤防土质多系沙壤土，堤身堤基渗水及水土流失情况严重，两岸堤防高程与堤身断面标准不足。由于河道内滥采乱吸黄砂，河床加深，护险工程基础悬空倒塌，护岸损坏严重，原有护险石料均是风化岩石料，破损严重，已不能防风浪及洪水袭击。由此可见，沭河水系中的沙壤土质和采砂现象是形成其险工的重要原因，其险工类型以塌岸为主，部分地段有渗水和管涌危险。1998年始，沭河水系大面积采用浆砌石护坡进行治理，部分地段结合壅水坝、干砌石护坡等进行加固，以达到改善其岸坡稳定性的目的。

泗运河水系与其他两个水系的情况差别较大，泗运河水系包括南四湖、韩庄运河、中运河、伊家河和邳苍分洪道五个部分。

南四湖位于淮河流域北部，堤防由湖西大堤和湖东堤两部分组成。湖西大堤堤防保护范围内分布众多大中型煤矿。湖西大堤沿湖煤矿穿堤进湖采煤，造成了长约9.75km的采煤沉陷段，包括姚桥、徐庄和孔庄三个沉陷段。地下采煤将出现采空区，该区域后期可能出现地表塌陷沉降情况，破坏堤身密实结构，局部会出现横向、纵向裂缝，甚至会形成渗流通道，易形成渗水、滑坡、坍塌等防洪隐患。湖腰段堤身主要为可塑状黏土、粉质黏土和重粉质壤土，其天然干密度较低，孔隙比较大，堤身压实度不均匀，导致土体存在裂隙，这也是形成南四湖险工的一大成因。自1995年来，湖西大堤采煤沉陷段多次进行复堤加固，采用黏土充填灌浆、垂直铺膜防渗等方式处理，保证沉陷段堤防安全。

韩庄运河、中运河是京杭大运河的一段，河道在山东省境内称为韩庄运河，在江苏省境内称为中运河。为了防洪、调水和航运的需求，自1957年至2007年，河道多次实施了扩挖工程，提高了防洪和输水的能力。河床沿线出露以第四系上更新统黏土为主，部分地段黏土中夹砂礓，是沿线产生渗水问题的一大原因。如中运河上张楼险工段曾发生管涌险情，后用多头深层水泥搅拌桩截渗，取得了不错的效果。

邳苍分洪道是1958年人们采用"筑堤束水、漫滩行洪"方式人工开辟的分洪河道，除分泄沂河洪水外，同时承泄区间来水。分洪道内存在旧河堤、旧庄台、旧圩堤和高出地面的道路没有清除，阻碍了行洪，如依东险工、柳林险工等险工段处均进行过阻水物的清除，大大降低了防洪风险。河道部分堤段坐落于沙基之上或堤身为沙土填筑而成，行洪时堤基、堤身渗水严重。邳苍分洪道堤防曾采用堤身灌浆、多头深层水泥搅拌桩截渗等技术进行防渗处理，如杜家险工段等沙土堤防进行治理后，极大改善了沙土堤身的防渗性能，提高了土体的强度。

2.2　主要险工治理情况

经过近70年的险工险段治理，沂沭泗局结合自身工程特点，实施了卓有成效的工程治理，取得了良好的效果和社会效益。险工治理总体情况见表2-1所列。

表 2-1 沂沭泗河险工情况表

序号	险工名称	险工类别	险工险段基本情况
			一、沂河
1	骆家险工	塌岸	2010 年前后，东调南下续建工程对骆家险工进行了护坡维修，2012 年维修养护工程对该段险工进行了护坡维护，2013 年进行了抛石维护
2	倪楼险工	塌岸	1957 年沂河临沂站洪峰流量达 15400m³/s，该处堤防决口上口宽 220m，下口宽 180m，造成严重损失。1998 年对 7+050～7+650 段进行基础抛石维修、浆砌石坡面维修；2012 年对 7+460～7+860 段进行浆砌石护坡治理；2015 年对 7+460～7+860 段进行干砌预制砼块护坡；现状滩地宽度 20m 左右
3	石坝险工	塌岸	1998 年底对原石护岸基础的淘空、坍塌处进行了处理，2009 年利用维修养护工程对下游 8+120、8+150 丁坝进行了拆除重建，护岸进行了翻修，并对丁坝、护岸岸脚进行了抛石加固处理
4	授贤险工	塌岸	2008 年沂沭邳工程实施，对该段进行了沙堤截渗和复堤等施工。沂河右堤沙堤截渗范围为 9+900～20+300，截渗采用多头深层水泥搅拌桩施工，包含授贤险工全段；沂河右堤复堤范围为 10+700～23+130，包含授贤险工全段，其中授贤段复堤高度为 0.5～0.75m
5	胡塘险工	塌岸	1998 年底，对该段进行了护岸、盖重处理；2008 年沂沭邳工程实施，对该段进行了沙堤截渗、复堤和护坡接高处理。沂河右堤砂堤截渗范围为 9+900～20+300，截渗采用多头深层水泥搅拌桩施工，包含胡塘险工全段；沂河右堤复堤范围为 10+700～23+130，包含胡塘险工全段，其中胡塘段复堤高度为 0.5～1.2m；沂河右堤护坡接高（新做）范围为 11+700～20+400，接高高度为 2～3m，包含胡塘险工全段
6	张老坝险工	塌岸	2000 年，对该段做了拦水坝、护坡处理；沂沭邳工程实施后，对该段进行了砂堤截渗、复堤和护坡接高等施工。沂河右堤砂堤截渗范围为 9+900～20+300，截渗采用多头深层水泥搅拌桩施工，包含张老坝险工全段；沂河右堤复堤范围为 10+700～23+130，包含张老坝险工全段，其中张老坝险工段复堤高度为 0.5～1.2m；沂河右堤护坡接高（新做）范围为 11+700～20+400，护坡接高高度为 2～3m，包含张老坝险工全段 2012 年邳州局利用维修养护经费对沂河右堤张老坝丁坝、护岸（堤防桩号 19+600～20+300）进行抛石固基。2 号坝上游护岸长度 160m，抛石长度与护岸长度相同，为 160m
7	后房庄险工	塌岸、管涌、渗水	2006 年对沂河右岸房庄 23+600～23+647、23+861～23+946 段老石护进行了毁坏坡面维修、基础悬空部分根石加固

序号	险工名称	险工类别	险工险段基本情况
8	北新汪险工	塌岸、渗水	此处滩地土质为沙土，抗冲刷性差，且险工段主流靠右岸，滩地最窄处距堤防20m，2006年、2009年、2016年分别自上而下对该处进行了治理，采用上部浆砌石砌块、下部模袋的形式
9	西蔡险工	塌岸	该处险工位于沂河右岸土山拦河坝下，滩地土质为砂质，遇水极易坍塌，上游利用维修养护经费治理过3次并利用特大防洪费治理过1期，总长度1851m（丁坝与混凝土预制块有重叠），2012年治理丁坝575m，2012年特大防洪费混凝土预制块治理580m，2014年模袋混凝土护坡治理350m，2016年模袋混凝土护坡治理346m
10	苗圩险工	渗水	2010年前后，东调南下续建工程已对入湖口段进行了河道扩挖处理
11	芦上至西滩头险工	管涌、渗水	2010年利用维修养护经费对西滩头8＋120～8＋520段进行堤防护坡，治理措施：砌块护坡，护砌长度400m；2011年利用维修养护经费对西滩头7＋720～8＋120段进行堤防护坡，治理措施：砌块护坡，护砌长度400m
12	庄安险工	塌岸	2007年维修养护工程对沂河左堤10＋100～11＋100段护岸和其间10＋600、11＋000两个丁坝进行了浆砌石护坡维护。2008年沂沭邳工程中，对该段实施了砂堤截渗处理，沂河左堤砂堤截渗范围为10＋640～14＋710，截渗采用多头深层水泥搅拌桩施工 2015年对该段险工内维修养护包括沂河左堤9＋700～10＋100段护砌模袋混凝土护岸，长度为400m
13	郭家险工	塌岸	2008年沂沭邳工程中，该段实施了砂堤截渗处理和浆砌石护坡接高等处理。沂河左堤砂堤截渗范围为10＋640～14＋710，截渗采用多头深层水泥搅拌桩施工，包含郭家险工全段。沂河左堤护坡接高范围为12＋000～14＋710，接高高度为2～3m，包含郭家险工全段
14	桑庄至高大寺险工	塌岸	1991年，治理险工970m，完成土石方5300余方；1997年对16＋474～17＋155段，全长681.9m的险工进行治理，完成土石方24000余方；2009年东调南下续建工程对该段进行模袋砼护坡处理
15	马头北水门至桑庄险工	塌岸	该段河道迎流顶冲，上游无滩地，主流靠岸，岸坡陡立。1957年，此段曾发生过漫溢，损失较为惨重。近几年比较大的治理：1991年对15＋275～16＋245段采用干砌石护坡、抛石稳定边坡进行治理；1997年对17＋107～17＋257段采用浆砌石站墙进行加固治理；1999年对15＋129～15＋429段进行抛石护脚300m、老石护维修225方；2001年对14＋957～15＋129段进行上部浆砌石护岸、下部砼模袋治理；2009年东调南下续建工程对该段进行模袋砼护坡处理

（续表）

序号	险工名称	险工类别	险工险段基本情况
16	吴家险工	塌岸	2010 年前后，东调南下续建工程已对该段进行浆砌石护岸处理、截渗和复堤。护砌均采用 M10 浆砌块石砌筑，厚 0.3m，下设碎石，厚 0.1m。截渗墙布置在堤顶靠近迎水侧、距迎水坡堤肩 1m 处，墙中心线基本平行于大堤中心线，墙顶高程高出设计洪水位 0.5m 且不低于现状堤顶高程下 1m，截渗墙底高程穿过透水层进入相对不透水层 1m。背水侧复堤并种植草皮、布设排水沟
17	西爱国至吕港口险工	管涌、渗水	西爱国至吕港口险工位于山东省临沂市郯城县西爱国至吕港口村，相应堤防桩号为 19＋600～22＋600，长度 3000m。马头拦河闸高水位蓄水，堤外地面低于堤内滩地，堤基长期浸泡，堤基渗水严重，易发生管涌险情。2011 年、2012 年、2013 年对该处石护进行了多次除险加固，并列为汛期防汛重点监控对象
18	戴沟险工	管涌、渗水	2010 年前后，东调南下续建工程已对该段进行了防渗处理
19	半城险工	塌岸、管涌、渗水	2010 年前后，东调南下续建工程已对该段进行了防渗处理
20	南良水险工	塌岸	该险工段位于沂河中上游左岸，主流靠岸，岸坡土质为沙壤土，发生中小型洪水时即会坍塌，下游利用维修养护经费治理过 2 期，治理长度 610m，治理方式：干砌混凝土预制块护坡和模袋预制块护坡
21	立朝险工	塌岸	该险工段属游荡型河段，堤身为砂质，汛期极易出险。对该险工的治理已有 5 次，在 20 世纪五六十年代国家投资治理 3 次，采用干砌石护坡，共 822m。1998 年、2000 年采用浆砌石护岸治理，累计完成土石方 3.2 万方，使用经费 242.3 万元
22	集西至花园险段	塌岸	该段为老堤，堤防标准不够，堤身单薄，高程不足
23	肖庄险工	塌岸	该险工段地处刘家道口节制闸闸下、江风口分洪闸、李庄拦河闸中间上游，属沂河河道设计流量的渐变区，位置重要，且刘家道口节制闸汛期调度频繁，造成该险工段河岸严重坍塌，致使险工恶化
			二、新沂河
24	侍岭险工	塌岸、管涌、渗水	已进行防冲护岸、抛石固基处理。2013 年特大防汛补助费项目新沂河右堤侍岭险工水毁修复项目对其进行了加固处理（机械抛石 6618 m³，人工抛石/压顶 912m³）。2017 年，对同堤段做浆砌石护坡

序号	险工名称	险工类别	险工险段基本情况
25	七雄险工	管涌、渗水	1999 年对 51＋000～57＋000 堤身进行了机械垂直插塑处理。2000 年底对 50＋100～51＋100 段迎水堤脚坍塌部位做了挡土墙护岸，2002 年底对 51＋100～51＋800 段进行了同样的处理。2008 年对剩余 500m 进行了治理。2003 年 7 月，55＋500～61＋000 范围内堤顶多处出现间断性纵向裂缝 972m，裂缝宽 0.1～5cm，距背水堤肩仅 2～3m，7 月中旬采用开挖、回填、夯实的方法对较为严重的裂缝进行了处理；51＋300 处背水堤脚出现 2m² 的管涌群，该段于 2004 年 4 月做灌浆处理。2007—2008 年新沂河整治工程进行了复堤加固。2011 年新沂河整治工程增补完善工程对章顶 51＋300、53＋000 两处渗流段进行贴坡反滤处理
26	大小陆湖险工	管涌、渗水	灌南段：大陆湖东调南下二期续建工程：1974 年、1990 年、1991 年、2003 年、2005 年、2012 年、2013 年堤基渗水。1997 年做土工膜垂直铺塑防渗处理，深度为滩地以下 10～12m。2008 年新沂河整治工程在迎水面铺盖做盖重处理，2011 年 5 月新沂河整治工程对 81＋400～81＋600 背水侧做干砌石贴坡反滤处理，未经大洪水考验 沭阳段：1991 年，对 75＋910～76＋050、76＋280～76＋540、76＋950～77＋050 三段共计 500m 背水滩地进行土方盖重处理。1997 年做土工膜垂直铺塑防渗处理，深度为滩地以下 10～12m，未穿透透水层到隔水层。2008 年新沂河整治工程在迎水面铺盖做黏土盖重处理，2011 年 5 月新沂河整治工程对 81＋400～81＋600 做干砌石贴坡反滤处理
27	腰庄险工	管涌、渗水	2000 年堤顶做过封闭桩防渗处理。2008 年汛前完成东调南下续建新沂河整治工程除险加固，但未经大洪水考验。2011 年 4 月至 5 月新沂河整治对 94＋200～95＋850 段做机械垂直插塑，铺膜自堤后堆土区南侧向下，铺膜自堤后堆土区南侧向下，顶高程 8.42m，底高程 −1.73m，穿过沙层，至相对不透水层或弱透水层 0.5～1m，铺膜深度 10.15m
28	沙湾险工	塌岸	东调南下新沂河整治工程对 K22＋700～K25＋500 段在外堤脚 10m 处做有排渗暗沟
29	韩山险工	管涌、渗水	1998 年 3 月—2000 年 6 月对该段进行了机械垂直插塑。2007—2008 年新沂河整治工程对该段进行了复堤加固。
30	章顶险工	塌岸	章顶险工处冲刷河岸速度很快，滩面宽度仅剩 30 余米，严重危及大堤安全。按堤防管理要求，滩面宽度已严重不足；经堤身抗滑及渗流稳定分析，现状滩面亦属临界状态。2000 年安排处理了 1043m 后，随着上游段的治理，下游段坍塌不断发展，2001 年汛期最大坍塌 1.5m，平均坍塌 1m 左右。从工程的整体效益考虑，于 2002 年对下游段进行治理

（续表）

序号	险工名称	险工类别	险工险段基本情况
三、骆马湖			
31	刘庄险工	渗水	东调南下续建工程已对该段进行浆砌石护岸处理，并对堤身进行防渗处理。根据初步设计文件，堤防护砌采用浆砌石护坡，总长15.44km，护坡顶高程采用25.66m，护坡底高程为21.66m或平滩面。护坡采用30cm厚浆砌块石，下设碎石、黄砂垫层各10cm。11＋500～13＋000段及14＋500～14＋800段机械垂直铺膜防渗，长1.8km，膜顶高程平大堤堤顶，膜底高程插入相对不透水层0.5～1m，插深6～7m；14＋800～16＋600段充填灌浆防渗，长1.8km，沿堤身采用梅花形布置3排孔，纵向孔距3m，横向孔距1m，设计孔深4.5～6.9m
32	东堤堤防险工	渗水	堤身断面单薄，堤防堆土土质软硬不均，局部杂较多砂礓，堤身内有裂隙、孔洞、孔隙等，具有一定的透水性，堤身两侧未设置轻坎和后戗台，堤外无滩地分布，大堤直接临水，11＋500～16＋600段汛期堤身背水坡脚普遍有渗水、窖潮现象。现场钻孔注水试验表明，堤身渗透性等级为强透水或中等透水，漏水严重。位于堤顶的26个钻孔中，漏水的有14个，其中严重漏水甚至不回水的有6个，在局部的堤脚处有渗水现象。2005年对该险工段11＋500～13＋000段及14＋500～14＋800段做了机械垂直铺膜设计，并对14＋800～16＋600段进行了充填灌浆设计
33	皂河镇北段堤防险工	渗水	堤防防洪墙顶高程在27.23m左右，沿线有两处缺口，为过堤通道，设有活动木闸门。墙后堤顶高程25.93～26.33m，顶宽5m，堤后较近处存在大小不规则的6个深塘，塘底最低高程为18.30m，与堤顶相差8m左右。墙前迎水面有缓坡平台，宽2～7m，平台及迎水面有块石护坡但无齿坎。2005年对险工段（0＋000～1＋460）进行了防洪墙接高、加宽设计、堤防复堤、填塘设计、堤防防渗设计、迎水面块石护坡翻砌及接长、堤后截水沟设计来对该堤防进行除险加固
四、沭河、新沭河、老沭河			
34	柳庄险工	塌岸	对于该险工，在20世纪五六十年代国家投资治理时采用干砌石护。2008年采用6条抛石丁跺进行治理。2009年对原有6条丁坝进行维修，并新增4条抛石丁坝。受2018年第18号台风"温比亚"影响，滩地坍塌130m
35	新安镇险工	塌岸	东调南下续建工程已对该段进行了浆砌石护岸处理。护坡采用M10浆砌块石结构，护坡厚度为0.3m，下设碎石垫层厚0.1m
36	苏营险工	渗水	2010年前后，东调南下续建工程已对入湖口段进行了浆砌石护岸处理。护坡采用M10浆砌块石结构，护坡厚度为0.3m，下设碎石垫层厚0.1m；岸坡设PVC排水孔，护坡底镇脚采用素砼结构

序号	险工名称	险工类别	险工险段基本情况
37	响马林险工	塌岸、管涌、渗水	2009年对右堤36＋200～36＋380、长度180m进行了抛石和石护坡处理，坝面、基础土方回填400m³、浆砌石护岸拆除重新砌筑720m³、根石加固3483m³、根石平整400m³。东调南下续建工程已在沭河修建三处壅水坝，起到减缓沭河水力坡降、降低流速、稳定王庄闸至口头段河床、保护大堤、保护建筑物及堤两岸人民生产和生活安全的作用。2010年利用维修养护经费对该处险工进行补抛处理
38	老虎溜险工	塌岸	该段堤防于1998年进行了护岸整修。东调南下续建工程已在沭河修建三处壅水坝，起到减缓沭河水力坡降、降低流速、稳定王庄至口头段河床、保护大堤、保护建筑物及堤两岸人民生产和生活安全的目的。2007年进行根石加固根石平整处理，根石加固3291m³，根石平整1328m²；2008年已进行局部抛石护岸处理，对该险工段根石进行加固；对根石外露、残缺不全及高低不平段进行根石整平，根石加固263m³，根石平整220m²，浆砌石护岸修复215.67m³，按上宽1m、抛石顶高12m、边坡比1∶1.5抛石固基，根石加固。对原石护坡损坏部分进行清理修复，对原基础已经损毁部分全部拆除重建
39	陈堰险工	塌岸、堤顶漫溢	东调南下续建工程已在沭河修建三处壅水坝，起到减缓沭河水力坡降、降低流速、稳定王庄至口头段河床、保护大堤、保护建筑物及堤两岸人民生产和生活安全的作用。2007利用维修养护经费将该段根石加固；对根石外露、残缺不全及高低不平段进行根石整平，根石加固2157.3m³；根石平整1014m²；2009年对右堤46＋070～46＋214.46＋350～46＋505、长404m险工段根石加固6079m³、根石平整400m³；2010年对右堤46＋690～46＋805、长115m、坡长19m，46＋805～46＋910、长105m、坡长32m，46＋910～47＋090、长180m、坡长14.5m，砌石损毁严重、局部岸坡坍塌的部分，进行拆建，拆建总长度400m，护岸顶高程与原有护岸顶高程一致，护岸顶部做（0.6×0.8）m的浆砌石封顶，底部做（0.8＋1.2）/2×0.6m的浆砌石镇脚，中间做0.3m厚的浆砌石护岸，下设0.1m厚碎石垫层，护岸边坡比1∶2；对46＋690～47＋090、长400m、左堤上河险工段100m浆砌石护岸进行拆建。拆除现有浆砌石护岸，并对该段塌岸严重的岸坡进行土方回填
40	宋家险工	塌岸	老石护（50＋580～50＋630）为20世纪五六十年代修建，后2009年重新维修并进行了抛石固基，因长期运行及行洪影响，基础出现了悬空及被掏空的现象。50＋710～51＋580段为丁坝群，中间段（50＋630～50＋710段）约80m未治理，该段河道主流靠岸，河道比降较大，坐弯顶冲，且滩地为沙壤土，因行洪时洪水淘刷岸坡，岸坡坍塌严重，极易发生险情

（续表）

序号	险工名称	险工类别	险工险段基本情况
41	焦道河湾险工	塌岸	该段河道弯曲，淘刷下切严重，原护砌基脚多处裸露，护坡淘空、倒塌，部分堤防段面单薄，防洪能力不足。1997年曾对该险工段进行除险加固
42	黄泥崖险工（南张庄）	塌岸	该段主流靠岸、座弯顶冲、河口窄、流速大，河槽冲刷严重。1991年对43+065～43+715段采用打桩抛石固基、干砌石护坡进行治理；1993年对43+715～43+780段采用打桩抛石固基、干砌石护坡进行治理；1998年对43+065～43+715段进行人工抛石固基，并结合透水淤沙坝等综合治理；2008年对43+755～43+975段采用浆砌石基础、浆砌石护坡进行了治理
43	后张庄险工	塌岸	2016年7月，河东局对张庄橡胶坝实施防洪影响处理工程进行了护砌，处理措施为砌块护岸，护砌长度100m（1+650～1+750）
44	后东庄险工	塌岸	该河段属凹岸常年贴流区，座弯顶冲，主流方向与河岸几乎成90°夹角，河底高程58.33m，岸顶高程62.23m，岸高2.5m，堤顶高程69.23m，此处河道宽为700m，滩地宽50m左右。20年一遇洪水流量为5800m³/s，滩地、河底均为砂质，极不稳定，险工段主流常年靠近右岸，水流对河岸冲刷剧烈，致使该处堤段严重塌岸险工，每次中小型洪水后工程变形很大，标准洪水对堤防工程的安全构成严重威胁。在2007年7月，该河岸出现严重坍塌，坍塌长度为200m左右，最大处坍塌宽度为30m，塌岸垂直2～3m。2019年、2020年分别进行了除险加固
五、南四湖			
45	姚桥矿采煤沉陷段险工	渗水、滑坡、坍塌、裂缝、决口	2009年，完成对66+410～67+910段预加固，完成对68+150～70+700段内滩地加固；2010年，对桩号67+160～67+910段750m堤防采用黏土充填灌浆方案进行了处理。2012年，对桩号68+318～69+947段1629m堤防采用开挖回填、黏土充填灌浆处理方案进行了处理。2017年，对桩号69+450～70+350段900m堤防进行了预加固
46	徐庄矿采煤沉陷段险工	渗水、滑坡、坍塌、裂缝、决口	1999年，对桩号75+911～77+461段1370m堤防、滩地和大屯闸应急除险加固；2006年对大屯闸交通桥及内滩地进行加固处理；2010年，对桩号74+711～75+911段1200m堤防堤身及背水戗台进行了预加固；2018年对桩号75+700～76+370进行了充填灌浆
47	孔庄矿采煤沉陷段险工	渗水、滑坡、坍塌、裂缝、决口	2012年，对桩号82+000～82+700段700m堤防采用开挖回填、封堵裂缝口方案进行了治理；2015—2018年，对桩号80+734～81+731段997m堤防进行了预加固；2018年7月对80+734～81+731段进行了充填灌浆

（续表）

序号	险工名称	险工类别	险工险段基本情况
六、中运河			
48	百户—大谢湖段险工	渗水	2007 年，韩中骆工程在该段河道实施了河道扩挖工程，在堤顶实施了二灰结石路面铺设。省界至大王庙段河道总长 11.7km，全部实施开挖，开挖土方量为 392.48 万 m³，开挖排泥场全部置于堤防迎水面用于加固堤防，该险工段迎水面弃土宽度约 70m
49	徐塘险工	渗水	2007 年，韩中骆工程在该段河道实施了河道扩挖工程。中运河大王庙至二湾，河道总长 41.4km，河道开挖总长 39.17km。根据选定的干河开挖河线，实际开挖长度为 40.258km。河道开挖土方量为 1769.35 万 m³。保麦子堰工程为 5.67 万 m³。滩面鱼塘圩埂清除土方为 82 万 m³
50	运河镇险工	渗水	邳州市运河镇险工段历来是中运河防洪的心腹之患。为确保城镇段防洪安全，采取了以下特殊加固措施。西起煤港围墙，东至六保河涵洞，全长 4.7km。通过垂做垂直铺塑或高喷灌浆垂直防渗为帷幕加固堤防；迎水坡建挡浪墙，墙顶高程 28.5m；块石护坡 1426m，护砌高程 22～27m；维修防汛路面 3070m，新增防汛路面 1630m。加固工程自 1998 年 12 月开工，1999 年 9 月全部竣工
51	朝阳险工	渗水	2007 年对该段堤防进行了插塑灌浆施工
52	张楼险工	渗水	2010 年采取了背水反滤的应急处理措施和施工全线填沙盖重处理，2011 年进行截渗处理
53	杜庄险工	管涌、渗水	已对宿迁闸至幸福电灌站险工段进行戗台加固、后戗土方处理
七、邳苍分洪道			
54	依东险工	渗水	2008 年沂沭邳工程在邳州市所辖邳苍分洪道实施了滩面清障和排涝场等施工。共计清除阻水堤圩 60.7 万 m³，清除旧台庄 70.2 万 m³，建设周场排涝场一座，用于排除分洪道内农田积水
55	杜家险工	渗水	2005 年 10 月，中运河行洪流量 2000m³/s，受运河高水位顶托，邳苍分洪道上滩流量 500m³/s。该处背水堤脚发生管涌，临时采取背水坡清基反滤的方法进行应急处理。该段堤防堆筑在河道上，堤身系沙土构筑且单薄，抗冲性差，背水有连续深塘，易渗水、滑坡。2008 年 7 月，该处又发生多处管涌险情，临时采取了背水坡反滤处理。2010 年 5 月对该段迎水面堤脚沿线进行了截渗处理
56	柳林险工	塌岸、渗水	坡面护坡大部分坍塌滑动下陷，1997 年初已做了灌浆及截渗处理

沂沭泗河险工成因及机理分析

3.1　险工概念

　　堤防工程是指堤防及其堤岸防护工程、交叉连接建筑物和管理设施等的统称。险段是指堤身单薄、土质不好、施工质量差或隐患较多而易发生险情的薄弱堤段和堤距过窄、易于卡阻洪水或出现冰凌的堤段，或历史上多次发生险情的堤段；险工是指可能出险或已经出险的堤防工程。

3.2　险工类型

3.2.1　一般流域险工类型

　　河道险工类型的分类根据流域内所处的自然地理环境、水文条件、历史原因和人类活动等因素的影响而有所不同。如辽河流域沈阳段以下的属于平原河流，地势平坦，土质疏松，河道弯曲，由于河道自身的调整作用，加之人文活动和其他因素的影响，河道多处成险，严重威胁防洪安全。从成险类型分，河岸式险工占多数，这类险工一般发生在弯道处，由于横向环流的作用，凸岸呈侵入式淤积，凹岸河岸坍塌逼近大堤形成险工，但也有少部分发生在顺直河段；其次为砂基砂堤类险工，这类险工由于筑堤材料或堤基为砂质，渗透系数大，发生洪水时往往出现渗水现象，极易发生管涌渗透破坏；穿堤建筑物险工排在第 3 位，由于地震的影响，加之年代较久，有些建筑物发生接触渗漏，有些结构承载能力降低，对大堤安全形成潜在的威胁。而河岸险工是数量最多、发展最迅速的一类险工，其特征是河岸在水流作用下不断坍塌，逐渐向两岸护坡和堤防逼近，进而威胁护坡和堤防安全，河岸险工大致分为 3 种类型。

3.2.1.1　弯道险工

　　在弯道边岸一侧会随凹岸的蚀退、凸岸的淤进，不断形成一系列弧形自然堤岸，弧形自然堤岸会随凹岸向下游蚀退、向上游蚀退成侧向蚀退，其结果是弯道凹岸不断被淘刷，凸岸不断淤积，使弯道曲率变大，河道加长，整个弯道呈向下游蠕动的趋势，河道越来越弯曲。但若遇到河岸难冲的土质，弯道发展受到限制，便会形成长期较稳定的弯道。这种河型多存在于河床两侧均由易冲刷土质组成的河道。如沂河流域上的骆家险工，该段河道弯曲，迎流顶冲，险工位于凹岸，主流逼近；临水滩地狭窄，局部无滩，深泓紧逼堤防。高水位大流量行洪时，易造成岸坡坍塌。

3.2.1.2 直段险工

从平面形态看，顺直型河段比较顺直，河槽两侧分布有犬牙交错的边滩和深槽，上下深槽之间常存在较短的过渡段，称为浅滩。判断顺直型河段的主要指标是曲折系数。据沂河顺直型河段的资料显示，其曲折系数均小于 1.15，河相系数在 1.39～7.8 之间，变化范围较大，但对同一河流则变化较小。迎水滩地窄小，主河槽由西北方向直冲此岸后折向西南方向流去，中泓逼近堤脚，坐弯迎溜。因此，主流直冲河岸堤脚，河床加深，护岸基础架空翻滚，河岸形成陡立。背水堤后深塘洼地。堤身受雨水、洪水袭击，土壤饱和、大面积坍塌。目前对该险工段进行了河岸石护加固，增设了迎水坡护坡，抗冲作用明显增强。

3.2.1.3 裁弯段险工

河道裁弯以后，改变了自身原有的自然流势，新河在一个时期内尚处于形成发展阶段。在这一期间，容易出现潜在的险工即裁弯险工。

又如黄河下游流域所产生的险工，该地区所产生的险工主要是由根石走失所造成的坝岸险工。1946 年人民治黄以来，黄河下游通过大量河道整治工程的建设及调水调沙、河道清障等措施，减少了水流宽浅散乱、主溜摆动频繁、横河、斜河及畸形河势等堤防安全威胁，有效防止了堤防决口和洪水泛滥，保护了沿黄群众人民生命财产安全。但黄河下游仍然还存在着许多险工险情，而在近年来调水调沙后黄河下游没有较大洪水的前提下，根石走失是险工坝岸出险的主要原因。而造成根石走失的原因也与黄河下游的水流点和地质条件有很大的关系。原因如下：

其一，黄河下游险工坝岸建成后，由于坝前水面宽度减少，主槽变窄，单宽流量加大，水流集中冲刷力增强，形成坝前冲刷坑。当冲刷坑的深度超过工程根石的埋置深度时，极易发生根石走失现象。

其二，在弯道环流作用下，凹岸水流在离心力作用下，对工程冲刷力加强，造成根石走失。

其三，工程基础坐落在沉积泥砂上，这种坝基地质结构极不利于坝岸的稳固。当这种沉积泥沙基础受到水流冲刷时，土层会失去稳定作用，造成坝岸突然坍塌，形成坝岸墩蛰等险情。

3.2.2 沂沭泗河险工类型

在沂沭泗河中，沂河和沭河是沂沭泗水系中的两条大型山洪河道，流经山东、江苏两省的 14 个县（市、区），流域面积 21070km²。河道上游为沂蒙山区，重峦叠嶂，河行谷中；下游是冲积平原，河道平缓，虽然断面大，但是排洪能力低，滩地抗冲能力极差。上游河床比降较陡，支流多且河道长度短，集水面积大，形成了沂沭河洪水源短流急、峰高量大、暴涨暴落的特点。每当汛期山洪暴发，水挟带泥沙呼啸而下，在弯曲的河道内左右冲刷，造成滩地坍塌，形成许多座弯顶冲的塌岸险工，直接威胁堤防及周边村落的安全。而泗运河水系与前两个水系有所不同。其中南四湖段保护范围内分布众多大中型煤矿。湖西大堤沿湖煤矿穿堤进湖采煤，造成长约9.75km的采煤沉陷段，这将引起地表塌陷沉降，破坏堤身密实结构，局部会出现横向、纵向裂缝，甚至会形成渗流通道，易形成渗水、滑坡、坍塌等防洪隐患，形成采煤沉陷险工。而韩庄运河、中运河和邳苍分洪道分别属于运河的一部分和泄洪道，河道部分堤段坐落于砂基之上或堤身为沙土填筑而成，行洪时堤基、堤身渗水严重，在河道两岸形成了大大小小的大堤险工。

3.2.2.1　堤岸坍塌类险工

堤岸坍塌类险工是指堤岸受水流的冲刷从而发生崩岸、河岸坍塌现象，以致危及堤防安全，也包括因河势变化导致的水流顶冲堤岸造成的险工。堤岸坍塌主要有崩塌、滑脱两种表现形式。其中崩塌又分为条崩和窝崩，条崩指由于水流将堤岸坡脚冲淘刷深，岸坡变得很陡，上层土体失稳而崩塌的险情，崩塌的土体多呈条形，其长度、宽度、体积比弧形坍塌小；窝崩是在平面上和横断面上均为弧形阶梯式的土体崩塌险情，其长度、宽度、体积远大于条崩。崩岸是堤防临水面滩岸土体崩落的重要险情。这一险情具有发生突然、发展迅速、后果严重的特点，如不及时治理，将会危及堤防安全。如沂河水系的骆家险工、石坝险工、张老坝险工等都是很典型的坍塌类险工。

3.2.2.2　堤岸渗水类险工

堤岸渗水类险工是指由于筑堤材料或者堤基为沙质，因此这类的堤岸渗透系数大，当因洪水来临或长期受水流浸泡冲刷而导致堤岸产生渗水现象的险工。渗水俗称"散浸""散渗"等。其主要表现特征是：在汛期或持续高水位的情况下，江湖水通过堤身向堤内渗透。由于堤身土料选择不当、堤身断面单薄或施工质量等方面的原因，渗透到堤内的水较多，浸润线相应抬高，使得堤背水坡出逸点以下土体湿润或发软，有水渗出，此现象称为渗水。渗水是堤防常见的险情之一，如果发展严重，超出安全渗流限度时，则会导致土体发生渗透变形，形成脱坡、滑坡、管涌、流土，甚至是陷坑或漏洞等险情。沂沭泗河中如新沂河水系的七雄险工、大小陆湖险工、刘庄险工的管涌渗水，沭河水系的苏营险工，中运河的朝阳险工和龙化险工都是典型的堤岸渗水类险工。

3.2.2.3　采煤沉陷段险工

采煤沉陷段险工是指堤下因采煤导致的堤体结构形变量与河堤限制要求的上限值接近时，对河堤引起的影响不会表现得过于明显，这时河堤的正常防洪能力仍然能达到要求。这种影响首先通过堤基传到堤体，导致其产生移动与变形，一旦该变形量超过堤防承受能力，堤顶将会发生沉陷，形成采煤沉陷段险工。采煤沉陷段险工在南四湖地区极为典型，如姚桥矿采煤沉陷段险工、徐庄采煤沉陷段险工等。

3.2.2.4　滑坡沉陷段险工

滑坡沉陷段险工是指水流冲刷坡脚时，使岸坡的高度或角度增加，上部的岸壁因重力作用而坍滑沉陷形成的险工。过去的沂沭泗河堤防工程大部分为群众性工程，堤身比较单薄，排水设备、固填土料的质量难以保证。特别是回填土料为淤泥质黏土的，这部分土料长期处在浸水饱和状态，强度弱而自重大，其下滑力较大。当退水时，由于淤泥质黏土的渗透力，而退水后原堤防临水侧的阻滑压力在减小，一旦堤身强度不够就易引起岸坡滑落沉陷，引起险工发生。沂沭泗河的滑坡沉陷类险工也具有典型性，如沭河水系的陈堰险工、沂河水系的南良水险工等。

3.2.2.5 穿堤建筑类险工

穿堤建筑物险工一般是因地基发生不均匀沉陷，导致建筑物局部断裂或损坏闸底板洞身翼墙等而形成的。或因建筑物位移或倾斜导致建筑物砌体与回填土分离，形成上下游漏水通道，当建筑物上下游出现水位差时，渗流就会冲刷堤防和建筑物。而建筑物坐落在透水性较强的地基河渠输水或建筑物上下游出现水位差时，地基会发生渗流或管涌，从而导致堤岸发生沉陷。而沂沭泗河的穿堤建筑物险工，大多是由于流域内部分穿堤涵闸数量多、年久失修、防洪质量下降，汛期洪水来临时承受不了防洪压力而形成的险工。此外，因河床下切、出口较高、易垮塌（沂河已出现），加之堤防多次加宽加高，洞身只是接长，高水位时易产生渗流，造成险情。这类险工也大多发生在南四湖地区，加之采煤而导致的地基沉陷，加剧了穿堤建筑物被毁坏的程度，典型的险工如孔庄矿采煤沉陷段险工。

3.3 沂沭泗河险工成因

险工的成因较为复杂，与河段的河床演变、堤基、筑堤材料等息息相关。就沂沭泗河而言，险工形成的原因主要有暴雨洪水、工程地质、河道形态及河势变化、工程施工与抢险修筑等。

3.3.1 暴雨洪水

沂沭泗流域地处北温带季风气候区，四季分明。春季蒙古高压北撤，太平洋湿热气团开始活跃，气温开始转暖，风大，蒸发量大，湿度小，空气干燥；夏季受东南湿热气团控制，易形成降水；秋季北方冷高压增强，气温逐渐下降，降水减少；冬季盛行北风，寒冷干燥，降水较少。地理位置和气候特征等因素的影响，流域内一般春季干旱多风少雨，夏季湿热多雨，冬寒少雨。多年平均降水量 804.6mm，降水在年内分配极不均匀，主要集中在 6—9 月份，占全年降水量的 74.2%，沂沭河流域汛期降水一般从 6 月下旬开始至 9 月上旬结束，主汛期 80 天左右，降水主要集中在几场暴雨，暴雨主要由黄淮气旋及台风切变而成。一般年份 7～9 次，最少 2～5 次，最多 10 次以上。7 月份的降水量占汛期总降水量的 41.1%，这说明 7 月份是沂沭河流域暴雨频发期，也是主汛期，雨量十分集中。流域内一次暴雨历时一般为 20～30h，而主要降水集中在 12～14h 以内，主要降水时段内降水量占整个降水过程降水量的 85% 以上。

以沂河、沭河为例，通过整理收集以 10 年为单位，统计出沂河沭河流域地区自公元 1368 年（明洪武元年）到 1950 年的近 600 年中，共发生洪涝灾害 102 次（不同地区在同一年的洪涝灾害按一次计算，且一年有多次洪涝发生的按一次计算）。平均每6年发生一次洪涝灾害。以10年为单位间隔分析各时段洪涝灾害发生的频次，如图3-1所示，从图中可以看出在沂沭河流域的洪涝灾害发生频繁且频率变化幅度大，但总体来看受气候影响沂沭泗流域属于洪涝灾害高发地区，极易造成流域内河道险工。

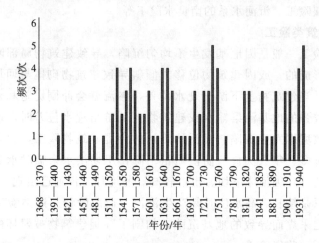

图3-1 沂沭河流域洪涝灾害频次图

由于受地形制约，沂沭泗河部分地区坡度较大，源短流急，汇流历时很短，从起涨到洪峰上游各站一般仅几小时，中下游各站一般10～20h，一次洪水过程一般1到4天。洪水陡涨陡落的特点十分明显，相邻两次洪峰不容易重叠。沂沭河下游河道属于冲积平原河流，但洪水具有山洪河道特性，水位暴涨暴落，水位、水流量变幅大。例如：临沂水文站1974年8月14日洪水，沂河流域平均降水量156.2mm，从12日20时降雨开始到14日3时临沂水文站出现洪峰流量10600m³/s，只有31h，13日早上从79m³/s起涨，到14日凌晨出现洪峰流量10600m³/s仅21h，整个洪水过程时长为4天。

洪水来临时，河道内的水位陡涨，将形成巨大的急流，水流直接冲淘刷深堤岸，将堤岸上的泥沙颗粒带走，从而危及堤防。在河流的弯道，主流逼近凹岸，在水流侵袭、冲刷和弯道环流的作用下，河岸滩地逐渐被淘刷，使岸坡的高度或角度增加，而使上部的岸壁因重力作用而坍滑。如遇强风，水面波高浪大，波峰来临时，冲击坡面；波谷来临时，形成负压抽吸坡面，会造成河岸土体崩落。这些都是造成滑坡沉陷段险工和塌岸险工的主要原因。与此同时，坍岸使该处岸线凹入，其下游岸线显得比较凸出，对水流有挑溜作用，在凸出点以下可能出现旋流区，引起岸线坍塌。

而当汛期过后，河道内的水位陡落，河堤经洪水浸泡饱和后，抗剪力减弱；当水位急剧下降时，又失去水的顶托力，已渗入堤体内的水又反向流入河内，使坡面易于滑落；饱和的土壤重量增大更加促使边坡滑脱或坍塌。

3.3.2 工程地质

沂沭泗流域处于沂沭断裂带中，位于地震基本烈度Ⅶ度区内，受其控制和影响，地质结构复杂，岩性多样。因此由工程地质所产生的险工原因可以按河道主河槽、滩地、堤防险工的原因分别展开论述：

3.3.2.1 主河槽

沂沭泗流域的主河槽为天然河道，属于山洪性河道，洪水源短、流急、峰高、量大、暴涨、暴落、持续时间短。其中沂河祊河口—省界河道比降为 1∶2000～1∶2500，沭河汤河口—大官庄河道比降为 1∶3000 左右，老沭河河道比降为 1∶1700 左右，加上沂沭河属于弯曲游荡型河道，加剧了河床凹处冲刷、凸处淤积情况。沂沭河中下游河床多为砂质河床，滩地为壤土或沙壤土，并有沙砾夹层。据统计资料计算：沂河祊河口—省界河相系数为 5.69，沭河汤河口—大官庄河相系数为 6.36，老沭河窑上—省界河相系数为 4.55。该位置的洪水特点及河道形式、土质特性使得河床极易被冲刷，形成险工。

3.3.2.2 滩地

由于沂沭泗河上游为沂蒙山区，重峦叠嶂，河行谷中；下游是冲积平原，河道平缓，虽然断面大，但是排洪能力低，河床边界稳定性差，滩地抗冲能力极差。河滩地随河道形式而变化，急弯内侧滩地较宽，外侧狭窄，河岸十分陡峻。河床平均比降为 1/1400。河流地质作用沉积物以砂质为主，河流地质作用以冲刷为主，部分堤段冲刷严重，形成崩岸。

3.3.2.3 堤防

沂沭泗河大堤普遍存在以下几种渗漏情况：

（1）堤内外表层有透水性强的砾质粗砂、砂砾石等强透水层分布，造成河水直接通过强透水层渗漏到堤外，这是河水渗漏的主要形式。如早期的授贤险工，修筑沂河堤防时由于当地缺少壤土、黏土等筑堤材料，堤身采用"土包沙"结构和迎水坡面做石护、挑流短丁坝相结合构筑，汛期堤后经常发生渗水现象，形成河道险工。

（2）堤内外表层为相对隔水的黏土、壤土层，下伏透水性强的砾质粗砂、砂砾石等强透水层，由于河道内大量挖砂，已将表层相对隔水的黏土、壤土层挖穿，使相对隔水层失去作用，河水与堤外地下水联系畅通，使河水渗漏量加大，而且汛期时堤外民井中有涌水现象。这种案例发生在早期的大小陆湖险工中，1965 年在从偏泓取土复堤时，发现大小陆湖段南偏泓地表黏土覆盖层被挖穿，使下卧粉细砂层与沂南小河河底相连通，此后每遇新沂河行洪，堤后青坎及沂南小河河坡就出现冒泉、冒砂现象。1974 年行洪 6900m³/s 时，堤外渗水更趋严重。

（3）堤防下伏有风成砂丘，也是河水渗漏的主要途径之一。

（4）堤防局部下伏有奥陶系下统北庵庄组灰岩，受沂沭断裂带及其分支断裂的影响，存在集中渗漏问题。

（5）堤防局部地段下伏有古河道，是明显的渗漏通道。

3.3.3 河道形态及河势变化

3.3.3.1 河道形态的影响

沂河和沭河是沂沭泗水系中的两条大型山洪河道，流经山东、江苏两省的 14 个县

（市、区），河道上游为沂蒙山区，重峦叠嶂，河行谷中；下游是冲积平原，河道平缓，虽然断面大，但是排洪能力低，滩地抗冲能力极差。从河流形态来分，沂沭泗河上游属于蜿蜒型河段，弯道水流在重力和离心力的作用下所形成的表层少沙水流流向凹岸，底层多沙水流流向凸岸，这种横向水流与纵向水流结合在一起，形成螺旋前进的水流，造成凹岸冲刷。上游河床比降较陡、支流多且河道长度短、集水面积大，形成了沂沭河洪水源短流急、峰高量大、暴涨暴落的特点。每当汛期山洪暴发，洪水挟带泥沙呼啸而下，在弯曲的河道内左右冲刷，造成滩地坍塌，形成许多座弯顶冲的塌岸险工。位于新沂河的侍岭险工是一个典型的例子，新沂河中泓在此拐向南岸形成急弯。该段地形比降大，约1∶2400。流速快，行洪平均流速为3m/s左右。且为砂质河床，滩面3.6～7.5m以下即为深厚砂层，抗冲能力极低。由于该处坐弯迎溜，主流逼岸，特别是在中等洪水流量下，顶冲淘刷，造成深泓陡立，坍岸严重。

中下游属于游荡型河段，河床组成为易冲、易淤的松散细颗粒河段，河床宽窄相同，宽段河床宽浅，沙滩遍布，汊道纵横交织，无稳定深槽，水流湍急，主流东碰西撞摇摆不定，河床变化迅速，水流顶冲堤段险工险情严重。例如郯城县庙山乡立朝村西立朝险工段（桩号为35+950～37+650），位于沂河中游，属于游荡型河段，该段河势右高左低，河道分左、右偏泓，河心洲巨大，高程几乎与滩地平，右岸河底比左岸高出1～2m，因河心洲分流使左岸险工段常年贴流，险工段位于河道凹岸，座弯顶冲，主流方向与河岸线成40°，对岸坡沙土冲刷严重，形成塌岸险工。

除此之外，中下游河滩地较宽，河内灌乔植物生长茂密繁盛，虽经多年清障，多数被清除，但有的地方清障不彻底，甚至还有夏清春栽的情况，这些高秆作物连年生长、屡清不绝，不仅阻水，而且导致中泓弯曲，险工加剧，严重影响行洪。同时，由于河道拦河坝、漫水桥阻水，局部河道淤积严重，特别是拦河坝上游，一般淤高约1m，有的区段淤高甚至近3m，严重缩小了过水面积，抬高河道行洪水位，降低了河道防洪标准。与此同时沂沭泗河属山区多沙河道，比降大，且河床多为粗沙，由于河道弯曲，主流位置不稳定，左右摆动多变，凹岸滩地迎流处受水流顶冲，塌岸严重，造成滩地减少，形成险工险段，危及大堤及村庄安全。

3.3.3.2 河势变化

沂沭泗河流域下游河道在20世纪60—20世纪90年代处于冲淤平衡状态。近十几年来，河道的来水来沙发生了很大变化，加之20世纪90年代以来河道内人为活动的影响，造成了原有的河相关系发生了较大的变化，大部分河段主槽逐渐向窄深方向发展，河道的不断演变导致新的险工形成。

（1）如图3-2沂河临沂站典型年实测主河槽断面图所示，河槽剖面形状大致呈“U”字，断面多呈冲淤交替，总体趋势表现为下切。1974—1993年靠左岸处河床少量淤积，靠右岸整体呈下切趋势；1993—2012年主河槽整体呈下切趋势，平均下切1.42m，最大下切深度约2.12m，且深泓向右偏移了约100m，应是采砂所致。

（2）如图3-3沂河堪上站典型年实测主河槽断面图所示，河槽剖面形状大致呈不对称“V”字，深槽靠近右岸。从演变趋势来看，1974—1993年该断面形态无明显冲淤变化；1993—2012年主河槽整体呈下切趋势，伴随有深泓的来回摆动，平均下切

3.56m，最大下切深度约 7.2m。

（3）如图 3-4 沭河重沟站典型年实测主河槽断面图所示，河槽剖面形状大致呈不对称"V"字，深槽靠近左岸。1974—1993 年靠右岸处河床少量淤积，靠左岸整体呈下切趋势；1993—2012 年靠左岸整体呈下切趋势，平均下切 1.58m，最大下切深度约 2.5m，且深泓向左偏移了约 80m，之后断面多呈冲淤交替状态，伴随有深泓摆动。

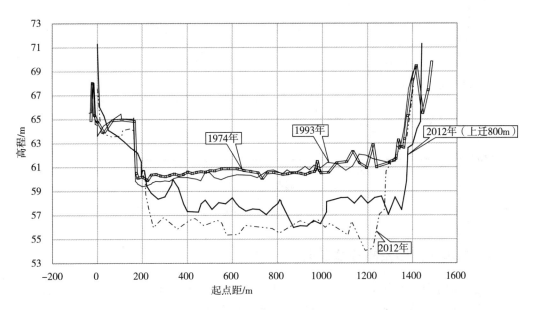

图 3-2　沂河临沂站典型年实测主河槽断面图

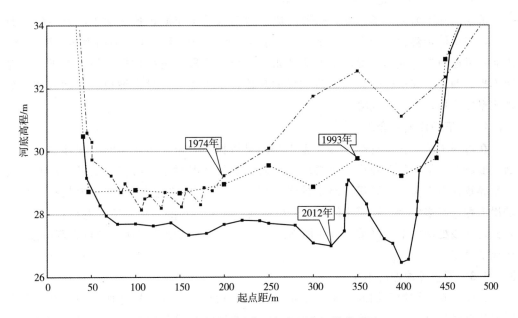

图 3-3　沂河埝上站典型年实测主河槽断面图

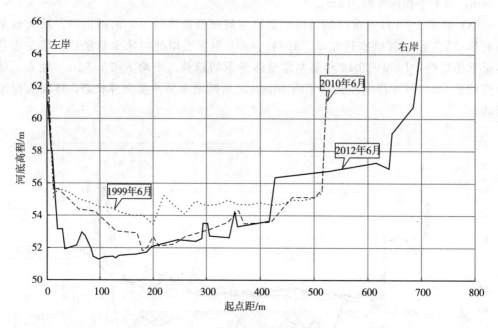

图 3-4　沭河重沟站典型年实测主河槽断面图

3.3.4　工程布局和抢险修筑原因

在连年的水流冲刷下，河道走势会不断变化，原有的险工施工布局已经不能满足现有的河道形态，因此随时间推移会造成一系列的险工。

3.3.4.1　河道走势变化导致工程布局不合理

沂沭泗河下游泥沙量丰富，随着河道下游河床的逐年淤积抬高和水沙条件的不断变化，河道的走势也不断发生变化，部分原有工程布局已不适应当前河道走势的变化，因而不可避免地造成部分堤段受冲刷严重，而部分堤段又失去作用，加之由于部分堤距不当，两堤岸间形成较强的回流和横向环流，水流流速超过岸坡块石起动流速，则加剧岸坡土体走失，形成险工。

3.3.4.2　石护断面不合理

在沂河上游，很多石护上部大多堆积的是散抛石，由于历年不断抛根加固，从断面上形成上宽下窄的布局和头重脚轻的现象，这种情况对整个石护稳定极为不利，很容易导致根石走失。如后房庄险工的老石护坡，建于 20 世纪 70 年代，为浆砌块乱石护岸工程。经多年运行和河床的逐年淤积抬高，加上洪水的冲刷，工程老化损坏严重，除此之外该处河底下切严重，毁坏加剧。现石护坡基础已全部坍塌，护坡大部分悬空，形成了险工。

3.3.4.3　石护外坡凹凸不平

以前，在汛期抛石期间，水下石护坡度全靠物探，造成石护外坡凸凹不平，大大减弱其自身的稳固性，紊乱水流进程，水流冲刷程度会因此增大，促使河底淘刷，影响石护稳定。

3.3.4.4 抛石排整粗糙和块石大小重量不够

抛石排整的严密程度和石块大小也是影响抛石走失的原因（这主要是对散抛乱石护根而言的）。现行的抛石排整方式都是大头朝内，小头朝外，这种排整方式从理论讲虽然牢固、整齐，但同时糙率增大，增加了石护的阻水能力，因而抛石走失的概率也相对增大。部分险工护岸工程使用的石料体积和重量不足，岸前的流速大于抛石起动流速时，自身稳定性就难以维持，块石就会在石护坡面上被一块一块揭走，导致抛石严重走失。

3.3.4.5 石护坡度不足

在发生抛石走失后，石护坡度变陡，尤其是在堤岸的迎水面部位更加明显，加之当今抛石方法和抛石工具的局限性，抛石难以到位，致使上部抛石较多，而下部抛石较少，呈现"头重脚轻根底浅"的状态，自身的稳定性显著减弱。

3.3.4.6 石护基础不均衡

石护基础不均衡也是造成抛石走失的一个重要原因。由于各堤岸形成过程不同，同一岸坡的不同部位抛石基础不均衡，各部位抗冲刷能力存在差异，在相同水流条件下，基础薄弱的部位首先被冲毁，造成局部坍塌。

3.3.5 历史遗留问题

淮河是一条多灾多难的河流，中华人民共和国成立后，1950年10月，原中央人民政府政务院做出《关于治理淮河的决定》，淮河成为中华人民共和国第一条全面系统治理的大河。建国初期，国家的水利工程建设百废待兴，沂沭泗河作为淮河的重要组成部分，进行了大量河道水利工程的建设。而过去的工程建设普遍采用传统的施工方法、施工工艺，以人工为主，很少有现代化施工的气息。当然，受施工条件、工程性质、经费等多种因素的影响，这种传统的施工方法仍有许多优点，有其存在的价值。但是经过时间的推移，这些堤防工程受水流的作用都有一些不同程度的损坏，尤其在水流弯道处，迎流顶冲，极易造成岸坡坍塌。

1955年至1957年3月，水利部淮河水利委员会同鲁、苏两省编制了《沂沭泗地区流域规划报告（初稿）》。规划中明确指出需要对于沂沭泗河上过去修建的一些达不到防洪标准的堤防工程进行除险加固。而险工的修复工程一般安排在汛前、汛后施工，时间紧、任务重，尤其是汛前，大多为应急工程，更是要抢时间、抢进度。因此所施工的质量相比于正常的状况会有所下降。

除此之外，在当时情况下，相关专业的人才极其紧缺，且沂沭泗河两岸险工众多。对于一些小的险工，由于工程规模小，施工项目部的施工管理人员一般较少，不可能人人到位，往往是不分工作性质，一人身兼数职，因此会顾此失彼，严重影响了各项工作的正常开展。随着施工项目管理制度的改革、完善，资本金制度、项目经理制、合同制度的实行，工程施工中管理、技术、财会等人才极缺现象越来越突出，尤其是作为工程施工管理核心与主体的项目经理极为缺乏。最后的结果就是导致施工质量下降，一些小险工慢慢延伸为大的险工，对两岸居民的正常生活造成严重威胁。

综上所述，河岸土质天然的不均一性是险工形成和发展的内因，不同标准水流长期反复冲刷作用是险工形成和发展的外因，人类活动影响和改变着河流的演变及发展。险工险段是河流尤其是平原游荡型河道演变发展的必然结果，险工险段的发展又强烈地影响着河流的演变和发展。整治险工险段历来都是河道整治工程及防洪抢险的重点。

3.4 险工治理机理分析

3.4.1 防冲刷机理分析

3.4.1.1 堤岸冲刷破坏机理

水流的冲刷作用是造成堤岸冲刷破坏的直接原因。堤岸的冲刷破坏是在河岸土体的抗冲力和水流冲力的相互作用下形成的。水流的顶冲作用特别是纵向水流的冲刷作用对堤岸破坏的发生起着关键作用。

1. 纵向水流起着重要的输沙作用

输沙主要包括以推移质和悬移质的方式进行输送。就沂沭泗河冲积河道而言，水流中携带的推移质与悬移质的数量之比仅为1‰左右，甚至更小，因此在河道演变中悬移质起着更为重要的作用。根据水流挟沙力表达式 $S^* = K \ (U/ghw)^m$，纵向水流流速越大，水流携带的悬移质中床沙质的含量 S 越大。当水流中悬移质的床沙质含量 S 低于水流挟沙力 S^* 时，水流就会冲刷河床和岸坡。并且纵向水流越近岸，近岸流速越大，近岸单宽流量越大，近岸水流输沙能力也就越大，对近岸河床和河岸的冲刷力也就越强，当冲刷到一定程度，河岸因变高、变陡、失稳而发生崩岸。同时，对均质河床而言，由于推移质输沙率 gb 与 U^4 成正比，当纵向水流流速增大时，推移质输沙率 gb 就会更显著地增加，水流以推移质方式输送泥沙的强度也会加大。纵向水流将崩坍土体带向下游，使原破坏处再度发生滑坡，破坏强度随之增大。

2. 水流中小尺度涡体对河岸泥沙的输移作用

纵向水流流速越大，河岸边壁处黏滞切应力也越大，水流中的大小尺度涡体对河岸泥沙的输移作用也越大。

黏滞切应力由相邻两流层同时因时均流速不同而存在相对运动所产生，即

$$\bar{\gamma} = \frac{d\mu\delta}{dy} \tag{3-1}$$

对于明渠流，其垂线平均流速沿横向分布的特点表明，河岸边壁处时均流速梯度较大，黏滞切应力也越大，对河岸的作用也越强。

天然河道水流的流型多属阻力平方区紊流。在纵向水流输送崩坍土体而做功的过程中，水流中的大小尺度涡体起着重要的传递、消耗能量和输送泥沙的作用。由紊流

力学可知,能量分布主要在主流区,能量损失则主要在边界附近。能量的输送主要靠大涡体,能量的耗损主要是靠小涡体。近岸紊流具有强烈的扩散性,紊流能量的消耗率很高。紊流的脉动现象对时均运动有很大的影响。紊流由于脉动,单重量的液体具有紊动动能 E。

$$E = \frac{\overline{U_X^2} + \overline{U_Y^2} + \overline{U_Z^2}}{2g} \qquad (3-2)$$

它来源于水流时均能量,它向紊动动能的转化是不可逆的,即紊动动能不可能重新转化为时均能量,只能通过涡体的运行、振荡、分裂来转化为热能而消耗于水中。

近岸紊流属于剪切紊流,河岸边壁处是高流速梯度和高剪应力强度区,再加上壁面糙度干扰的影响也较强,这些地方容易产生小尺度涡体并有利于其发展。当水流强度较小,小尺度涡体对河岸的随机扰动作用可能使土质不好的边壁区首先在一定范围内产生冲刷坑,若水流强度逐渐变大或随着时间的延长,边壁小冲刷坑会逐渐变大,当近岸涡体发展到一定程度后,涡体所受非对称表面张力将迫使这些涡体脱离边界层水流而在全流区做掺泥运动,与紊流扩散作用紧密联系,各向同性,并遵循一定的规律,在掺泥运动过程中,由于输沙不平衡而导致河岸冲刷。

更值得注意的是,当边壁出现大凸大凹后,就为河道水流提供了产生各向异性的大尺度和中尺度的紊源。大尺度紊动与四周水流具有一定的相对流速,在紊动掺混过程中发生质量扩散、动量扩散及动能扩散,大涡体分散为小涡体,与边壁发生能量交换,即紊动能量由于流速分布的不均匀性而使涡束发生变形和转向,随着涡束的拉伸变形,大尺度涡体从时均流动中吸取能量,并向中尺度涡体传递,然后中尺度涡体再向小尺度涡体传递,或直接由大尺度涡体向小尺度涡体传递。最后在某一小尺度的旋涡运动中,机械能变为热能而耗散。在掺混扩散作用过程中,大尺度涡体的紊动导致了一定形式的泥沙运动,并对阵发性的大量泥沙的运移起着强大的作用,这种高强度输沙作用与小尺度涡体的紊动相比,可以大到一至几个数量级,这样就为河岸发生冲刷破坏提供了理论依据。而河道水流中特殊的河势、河相、过水断面形状、成型淤积体、水工建筑物等,都可能成为大尺度紊源。

3. 副流的作用

在对堤岸的冲刷破坏中,除纵向水流起着主要的冲刷输沙作用外,副流(主要为顺轴副流和主轴副流)的作用也不可忽略。如顺轴副流通过构成弯道环流冲刷河床及堤岸。顺轴副流指绕河流纵向水平轴线运动的螺旋水流。

在弯道横向环流的作用下,表层较清的水体流向凹岸,使凹岸受到冲刷,从凹岸转向河底的水流,挟带泥沙,按螺旋流底流方向到偏下游的凸岸落淤。弯道顶冲附近凹岸坡脚受到严重冲刷而使凹岸坡角变陡,对堤岸进行破坏。

主轴副流通过构成回流冲刷河床及河岸,主轴副流是一批绕垂直于河流平面的铅垂轴做旋转运动的闭合水流。当水流绕过丁坝、防浪堤等建筑物时,自分离点开始的水流边界内,常出现绕铅垂旋转运动的水流即主轴环流。主轴环流容易使河床形成局部冲刷坑,当近岸河床冲刷坑达到一定程度后,势必会影响堤岸的稳定。

3.4.1.2 堤岸冲刷的防护

沂沭泗河流域蜿蜒曲折，特别是在河道上游水流坡降落差大，两岸的堤防极易受合力偶冲刷而形成险工。沂沭泗河堤岸防护工程的设计应统筹兼顾，合理布局，并宜采用工程措施与生物措施相结合的防护方法。

对于堤岸防冲刷的防护工程可以根据风浪、水流、潮汐、船行波作用、地质、地形情况、施工条件、运用要求等因素，划分为平顺护岸、坝式护岸、墙式护岸以及其他护岸形式，其适用条件分述如下。

1. 平顺护岸

平顺护岸也称为坡式护岸，是将构筑物材料直接铺设在滩岸临水坡面上，防止水流时对堤岸的侵蚀、冲刷。护岸后岸线比较平顺。这种护岸形式对河床边界条件改变小，对近岸水流结构的影响较小，不影响航运。长江中下游河道在水深流急险要岸段、主要城市市区、港口码头广泛采用平顺护岸。

平顺护岸以枯水位为界线，枯水位以上的称为护坡工程，枯水位以下的称为护脚工程。护脚工程长年潜没水中，经常受水流的冲击、淘刷，要适应岸坡、床面的变形而做适当调整。护脚部分是护岸工程的基础、防护的重点，长江中下游护岸工程十分注重"护脚为先"的原则。护脚工程也是用料量大的部分。护脚工程的结构形式应根据岸坡情况、水流条件和材料来源选择，较常用的有抛石、石笼、沉排、土工织物枕、模袋混凝土块体、混凝铰链排、钢筋混凝土块体等。

平顺护岸工程实施后，基本上没有改变近岸水流的流速场，因而纵横向输沙条件在开始阶段并未改变。由于岸坡受到保护，横向变形得到控制，水流只能从坡脚外未保护的河床上得到泥沙补给，于是坡脚外河槽普遍刷深。在河道弯曲曲率不大时，断面形态调整不大。但是当弯曲率较大时，由于护岸坡脚的冲刷和对岸边滩的淤积，断面流速会调整，断面形态可能向窄深发展。平顺护岸不存在由于局部水流结构产生的局部冲刷性。

2. 坝式护岸

依托堤身、滩岸修建丁坝、顺坝的护岸形式称为坝式护岸。坝式护岸主要作用是导引水流离岸，防止水流、风浪、潮汐直接侵蚀、冲刷滩岸，保护堤防安全。坝式护岸是一种间断性的、有重点的护岸形式，有干扰水流的作用，在一定条件下，常为一些宽河道河堤、海堤防护所采用。黄河下游因泥沙淤积、河床宽浅，主流游荡摆动频繁，常出现水流横向、斜向顶冲堤防从而造成威胁的情况，因此，较普遍地采用丁坝、垛（短丁坝、矶头）以及坝间平顺护岸的防护布局来保护堤防安全。长江在河口段江面宽阔、水浅流缓，也常采用丁坝、顺坝保滩促淤，达到保护堤防安全的目的。

坝式护岸按平面布置划分，有丁坝、顺坝、丁坝与顺坝相结合等。坝式护岸按结构材料与水流、潮流流向关系可分为透水、不透水坝；淹没、非淹没坝；上挑、正挑、下挑坝等。

丁坝对水流有一定的干扰作用，一定要合理布局。丁坝宜成组采用，形成丁坝群，有利于挑托水流，但不宜采用长坝挑流。丁坝坝头要在规划的治导线上，顺坝要沿治导线布置。丁坝长度需根据坝岸、滩岸与治导线的距离确定,丁坝间距与坝长、水流流向变化有关,一般还应充分发挥每道丁坝的掩护作用,具体可通过公式计算并结合工程运用经验确定。黄河下游丁坝间距宜为坝长的1~2倍;长江下游潮汐河口区为坝长的1.5~3倍;我国海岸堤防滩丁坝一般为坝长的2~3倍;欧洲一些河流丁坝间距为坝长的2~3倍。

河流建非淹没不透水丁坝一般宜采用下挑式,坝轴线与水流方向的夹角一般为30°~60°,以使水流平顺,坝前冲刷坑小。在潮汐河段修建丁坝,为适应两个相反方向交替水流,宜修建坝轴线垂直于水流方向的正挑式丁坝。经常处于水下的潜丁坝,宜采用上挑式,有利于促成坝间淤积。不透水丁坝坝型、结构的选择需根据水流条件、地质地形及丁坝的工作条件确定,一般常采用的结构形式有抛石丁坝、土心石壳丁坝、沉排丁坝等。

不透水的淹没、非淹没丁坝坝面应设计成自坝根斜向河心的纵坡,在坝面漫水时,自河心向坝根逐步漫水,减少因对水流干扰造成的干流紊乱。我国钱塘江海堤丁坝坝面纵坡坡度采用1%~3%;美国密西西比河丁坝坝面纵坡坡度采用2%;日本一些河流潜坝坝顶纵坡坡度采用1%~10%。

3. 墙式护岸

墙式护岸也称为重力式护岸,顺堤岸设置,具有断面小、占地少的优点,但要求地基能满足需要的承载能力。此类护岸常用于河道狭窄、堤外无滩、受水流淘刷严重的重要崩岸堤段。如城镇、重要工业区堤防等。

墙式护岸的临水侧采用立式、陡坡式、台阶式等;背水侧可采用直立式、斜坡式、折线式、扶壁式、卸荷台式等。墙式护岸一般宜在较好的地基上采用,如地基承载力不能满足要求时,需对地基进行加固处理,还可在墙体结构上采取适当的措施,减少墙体荷载。墙式护岸基础深不宜小于1m,并按防冲要求采取护基、护脚措施,特别是在水流冲刷严重的堤段更要加强护基、护脚。

4. 其他护岸形式

其他护岸形式有坡式护岸、坡式与墙式相结合的结合式护岸、桩坝、枊槎坝护岸、生物工程护岸等。

桩式护岸可采用单桩紧密排列或采用板桩筑成不透水结构,也可采用间隔桩系以横梁连接,或挂尼龙网、铅丝网或采用竹、柳编篱构成屏蔽式的透水桩坝。桩式护岸为防止水流淘刷基础,常采用块石护基。

桩式护岸通常采用木桩、钢桩、预制钢筋混凝桩。桩的长度、直径、入土深度、桩距、材料、结构等需根据水深、流速、泥沙、地质等基本情况通过计算,或根据已建工程运用经验分析确定。

我国海堤工程过去采用桩式护岸较多,如钱塘江堤采用木桩或石桩护岸已有悠久的历史。美国密西西比河中游还保留不少木桩堆石坝,黄河下游过去也采用过木桩坝。近年来修筑的钢筋混凝桩坝效果很好,我国沿海地区桩坝促淤工程效果均佳。

枊槎坝由枊槎支架及档水面两部分组成。一般适用于在水深小于4m,流速小于3m/s的卵石、砂卵石河床上采用。枊槎相互连接形成挡水面,可抛石或土石筑成透水或不透水的杩槎丁坝、顺坝、"T"形坝。

杩槎坝可就地取材，造价低廉，易建易拆，可修建成永久性或临时性工程。四川岷江修筑都江堰时就采用了杩槎坝截流、导流。

凡有条件采用植树、植草等生物防护措施的堤、滩可设置防浪林台、防浪林带、草皮护坡等。生物防护工程措施投资小、易实施，对消波、促淤、固土保堤作用显著。1967 年南京水科院对洪泽湖大堤防浪林台模型的试验报告表明：50m 宽的防浪林台种植株径 8cm、树冠直径 1.2m 左右的灌木林，株距 1.5m 呈三角形布置，其消波系数可达 70%。我国沿海广泛种植芦竹、杞柳椰、红树林等，消波、保淤、促堤效益都很好。因此，对于河、湖，在不影响其行洪、蓄洪的堤下应广泛种植防浪林台、林带。海滨堤岸滩地更应尽量采用生物防护措施。

生物防护也需根据水势、水位（潮位）、水流流速、风况及当地气候、土壤条件制订规划，按"因地制宜、适地适树、合理布局"的原则实施、

上述护岸工程的分类不是绝对的，是按其主体部分进行的分类。各类护岸形式可以交叉采用，如坝式护岸坝根部分或坝体本身的护坡部分可采用坡式，也可采用墙式等。

护岸工程采用的形式与水流条件、河道特性关系非常密切，地质条件也是河流最重要的特征之一。河道范围内的地质条件决定着河曲的大小与曲率，影响着其可能或必须采用的稳定工程的形式和范围。由于护岸措施的工程效果不可能被精确估计，所以在沂沭泗河险工段布置护岸工程时，需借鉴该流域上的成功经验，对于不同的河段可采用不同的护岸形式。

3.4.2 防坍塌机理分析

3.4.2.1 堤岸坍塌的机理

堤岸崩塌发生与否主要是由堤岸崩体下滑力（矩）与阻滑力（矩）的平衡关系决定的，当下滑力（矩）大于阻滑力（矩）时，岸滩崩体失稳发生崩塌。堤岸崩体受力状况与堤岸土体内的应力变化有很大的关系，崩体应力场受到外部条件的影响而发生变化。河床冲刷下切后，岸滩冲刷部分失去支撑作用，岸滩内应力场也将发生变化。依据土力学挡土墙的破坏原理来分析河床冲刷下切后的堤岸崩塌机理，结合土力学理论给出堤岸表面以下土体的应力分布，如图 3-5 所示。河床冲刷过程中，堤岸崩体内应力变化经历了弹性变形状态到塑性破坏的极限平衡状态，河床冲刷初期，由于河流岸滩土体一侧的泥沙逐渐被冲走，其坡度变陡，岸滩土体水平压力减小，此阶段处于弹性变形状态，如图 3-5（a）所示。若河床进一步被冲刷，岸滩土体将发展为塑性极限平衡状态，如图 3-5（b）所示，此时堤岸顶部会出现拉应力，并出现与岸线平行的张性裂隙，张性裂隙深度 H' 可由极限平衡状态下水平侧向压力分布求得，即

$$y = H' = \frac{2c}{\rho g}\tan\left(45° + \frac{\theta}{2}\right)$$

（3-3）

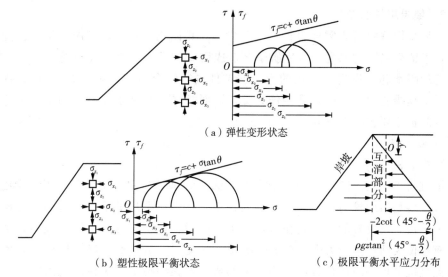

（a）弹性变形状态

（b）塑性极限平衡状态　　　　（c）极限平衡水平应力分布

图 3-5　河床冲刷下切后堤岸崩塌力学机制示意图

式中和图中，σ——岸滩土体应力；

σ_z——岸滩土体自重应力；

σ_x——岸滩土体水平侧向压力；

τ——土体切应力；

τ_f——土体抗剪强度；

c——土体黏聚力；

θ——土体内摩擦角；

ρ——土体密度。

对于这类二元结构的堤岸而言，一方面，堤岸因顶部土壤的收缩及张拉应力的作用而产生裂缝；另一方面，河床冲刷下切会促使岸滩崩体内的应力发生变化，使岸滩顶部产生张性裂隙。表面张性裂隙将会使得堤岸的稳定性降低，当河床冲刷达到一定深度时，堤岸土体下部将逐渐失去支撑，使得崩体沿着破坏面滑落而形成崩塌。堤岸崩塌一般沿河岸呈条形，横向崩塌宽度较小，发生崩塌的过程较简单和短暂，破坏面为平面。挫落崩塌发生后，新出露的岸壁直立，仍可发生新的崩塌。堤岸崩体沿破坏面进入河道的方式主要有旋转倒入河内的倒塌，如图 3-6（a）所示，平滑入河的滑塌，如图 3-6（b）所示。

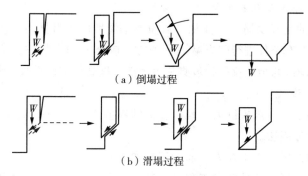

（a）倒塌过程

（b）滑塌过程

图 3-6　崩体倒塌示意图

3.4.2.2 堤岸坍塌的防护

对于堤岸坍塌的治理需要贯彻"及早发现，预防为主；查明情况，综合治理；力求根治，不留后患"的原则，因为崩岸会造成巨大的危害，因此要以防治为主，结合边坡失稳的因素和堤岸坍塌形成的内外部条件进行综合治理。对于堤岸坍塌的防护，采用单一工程措施治理往往不是最佳方案，因而常采用几种工程措施相结合进行综合整治。其防护主要包括以下方法。

1. 加固工程

（1）抗滑桩加固

抗滑桩自 20 世纪 60 年代开始被使用以来，在加固工程中得到了广泛的应用，所谓抗滑桩主要是借助桩与周围岩土的共同作用，把岸坡滑塌的推力传递到稳定地层的一种抗滑结构。抗滑桩的优点是在滑坡体上挖孔设桩，不会受施工影响破坏其整体稳定，具有桩位灵活、抗滑力强、施工简便安全等优点，是整治堤岸坍塌比较有效的措施。缺点是抗滑桩一般造价较高。为了节约成本，人们也更为关注对抗滑桩的结构形式、适用条件、设计理论和施工方法等的研究。

（2）预应力锚索加固

预应力锚索加固，是在岸坡崩体上设置若干排锚索，锚固于滑动面以下的稳定地层中，地面用梁或墩作为反力装置给滑体施加一预应力来稳定护坡。经研究，采用锚索加固方案加固边坡比单独采用抗滑桩可节省投资约 50% 的费用。而这样做的缺点是锚索措施比较适合于岩质边坡或土体黏聚力较强边坡的加固，所以一般只在临时工程中使用单独锚索加固。

（3）预应力锚索抗滑桩加固

预应力锚索抗滑桩，是将桩和锚索联合用于抗滑的支挡结构。预应力锚索抗拉性能好；桩基嵌固抗滑效果好，支挡面积大，但悬臂能力差。预应力锚索抗滑桩加固是一种优化组合，不仅可以结合两者的优点，还可以节约成本。现在预应力锚索加固技术已广泛应用于边坡治理工程。

2. 排水工程

排水工程包括地表排水和地下排水工程，是提高堤坡强度、增强崩体自身抗滑能力的极为有效的工程措施（如截水隧洞、排水渗沟、排水沟等）。整治堤岸坍塌时一般会在崩体外侧修建环形截水沟，将地表水引至天然沟谷。

3. 削方减载与填土反压护坡脚

削方减载的目的是减少崩体的体积，从而减小堤坡的下滑推力，使堤坡形成规则的稳定坡面。只要是在有条件进行削方减载的地方，应充分加大削方减载的力度。只要地形条件许可，削方减载与填土反压护坡脚是最经济、提高稳定性系数最大的工程措施。

4. 其他防护方法

（1）绕避：用于一些规模巨大、难以整治的堤坡。

（2）岩土强度加固法。

（3）抗滑明洞：用于人工挖方引起的工程崩岸。

（4）柔性防护工程：柔性防护工程是一种经济有效的安全防护工程。

3.4.3 防渗机理分析

对于沂沭泗河流域而言，堤防是防洪的最后一道防线，堤防一旦决口失事，必将造成严重后果。在过去的险工形成过程中，渗流破坏现象非常普遍，历史上沂沭泗河流域堤防决口绝大多数与堤防渗流破坏有关。

3.4.3.1 堤岸渗透破坏机理

沂沭泗河堤防工程堤身以砂性土体结构为主，堤基以第四纪河流相沉积为主，分为河湖相或河湖沼泽相沉积。根据地层埋藏分布条件，可将堤基上层结构概括为单透水层地基和双透水层地基两种类型，根据外堤的宽窄及堤后渊塘分布又可组合成不同类型。地下水有孔隙潜水和孔隙承压水，与地表水体水力联系密切。两岸靠河堤防，地下水与河水涨落几乎同步。由于地基强透水层的存在，堤内1km的广阔地带都受到较高渗透压力作用。因此，堤防在汛期高水位运行情况下，在堤基和堤身部位均可发生渗流，由渗流引起的堤基或堤身的渗透破坏称为堤防渗流侵蚀。汛期大多数险情在发生灾变前都属于渗流问题或渗透变形问题。堤防渗流侵蚀的最高表现形式就是溃堤。渗流侵蚀的类型，或者说渗流破坏的形式，主要有散浸、流土、漏洞、鼓包、管涌、接触冲刷和接触流土。

1. 堤身渗流作用

沂沭泗河堤防绝大多数是土质堤防，由于土是一种多孔介质，因此在水的作用下发生渗流实属正常现象。但是从防洪度汛的角度来看，汛期对渗流出逸高度进行控制亦实属必要，因为渗流出逸位置偏高会危及堤防安全，给防洪带来很大压力。

堤坡散浸冲刷发生散浸的原因主要是超警戒水位持续时间长、堤防断面尺寸不足、堤身填土含砂量大且临水坡又无防渗墙或其他控制渗流的工程措施、填土质量差（既夹杂物又夯实不够），或由于历年加修，堤内存在新老结合面、堤身有裂缝或内有隐患（如生物洞穴、暗沟、树根、易腐烂物）等。在渗流逸出部位，如果土质松散则极易产生冲刷，称为堤坡散浸冲刷。实际上，散浸冲刷属于土体在渗流作用下的稳定问题，按照土力学定义，结合发生部位，又可称之为堤坡流土。散浸冲刷是堤身渗透破坏的主要形式之一，严重散浸将诱发堤身漏洞和堤身管涌以及脱坡（滑坡）的发生，因此不可掉以轻心。

由于漏洞中的集中水流对土体冲刷力很强，因此，堤身漏洞水流冲刷对堤防危害性极大。漏洞多由散浸集中发展而成，产生漏洞的主要原因从堤防本身来看是堤身质量差、土料含砂量高、有机质多，也有的是由生物洞穴、烂树根、旧涵洞、棺木等隐患引起的。漏洞的出现缩短了渗径，加大了出口渗透比降，增加了渗透破坏的可能性。漏洞中集中渗流的冲刷作用还会使漏洞延伸和洞径增大，最终贯穿堤身，导致堤防溃决。

生物潜蚀洞渗流冲刷生物潜蚀是由栖息于堤身内的生物活动引起的。生物潜蚀发生在堤身内部一定深度范围，主要是某些生物为栖身生存而筑的巢穴，如鼠洞、蛇洞、獾穴、白蚁穴等。在汛期高水位情况下，生物蚀洞成为堤身渗流的良好通道，从而易引发堤防跌窝、漏洞、堤身管涌，易酿成重大险情。

接触冲刷是当堤身发生集中渗流且冲刷力大于土体的抗渗强度时，在集中渗流处产生的接触冲刷破坏。造成集中渗流的主要原因有：堤身以及穿堤建筑物与堤身间出现横向贯穿裂；新老堤身结合面未清基或清基不彻底；堤防分段建设的结合部填筑密度低等。由于接触冲刷发展速度往往比较快，因此对堤防的威胁很大，应认真防范。特别是对于穿堤建筑物与堤防结合部位的接触冲刷和接触流土更应注意防范。1998 年大洪水中，部分较大险情即由此所致。穿堤建筑物的渗流破坏多是沿基土或侧向、顶部填土与建筑物接触面等薄弱部位或存在隐患的部位产生，先是接触部位颗粒从渗流出口被带走（即接触流土）进而形成渗流通道，接触冲刷进一步加剧，最终引起堤防溃决。

2. 堤基渗流作用

由于随着汛期水位的升高、背水侧堤基的渗透出逸比降增大，一旦超过堤基的抗渗临界比降，就会产生渗透破坏。渗透破坏首先在堤基的薄弱环节出现，如坑塘和表土层较薄处。对近似均质的透水堤基，渗透破坏首先发生在堤脚处，由流土逐渐发展成管涌。随着水位升高，在没有发现或未及时处理的情况下险情就会进一步扩大，最终可能导致灾难性后果。

流土一般堤防堤基的表土层很少是砂砾层，因此，地基的渗透破坏一般均为土力学中的流土破坏，流土首先发生于渗流出口，不可能在土体内部发生，当渗透力克服了重力的作用，土体就会产生流土破坏。

鼓包的发生必须具备两个条件：一是堤基为双层地基（下层为透水地基，上层为弱透水地基）；二是河道水位较高、有较大的承压水头。沂沭泗河堤防在汛期具备上述条件，所以鼓包在所难免。鼓包破坏了地基原有土体结构，在堤基或堤身内形成了新的薄弱带（空洞、裂缝），最有可能在来年汛期高水位下发展成致灾性渗流通道，亦会发展成为重大管涌险情，从而给堤防安全造成隐患。

管涌在沂沭泗河平原地区以堤基管涌发生最普遍、危害最严重，该地区堤基为第四纪积物，除湖区堤防有弱透水地基外，大多为透水地基，而且大部分堤基未做专门处理。对单一结构砂性堤基，洪水期背水堤脚附近的出逸比降大于砂层的允许出逸比时就会出现砂沸管涌现象。而对表层为弱透水层、下部为透水层的双层结构堤基，洪水期在弱透水的表土层底面将产生较高的承压水头，若承压水头超过表土层的抵抗力，表土层就会被顶穿，其下砂层颗粒被水流带出就形成了管涌，如果抢险不及时或措施不当就会导致溃堤。

3.4.3.2 渗透破坏的防护

为了确保沂沭泗河流域两岸安全，使国家和人民生命财产不受损失或者将灾害损失降到最低程度，必须采取行之有效的措施，遏止重大堤防险情发生。对堤防渗流破坏，特别是致灾性渗流破坏，要坚持预防为主、及时治理的原则，首先要查明隐患，判别可能产生的险情，其次是根据问题的严重程度因地制宜、不失时机地采取有针对性的治理措施。堤防渗漏具有隐蔽性、突发性特点，初期渗漏对堤防的破坏是逐渐发生的，当渗透破坏到达一定程度时就会加速发展，形成管涌、脱坡而严重危及堤防安全。所以，关于堤防渗流侵蚀的防治重在早发现隐患——生物洞穴、软弱夹层、裂缝及其他薄弱环节，查明隐患部位，然后选择最佳方案进行治理。

堤防渗流侵蚀的治理应从两方面入手：一是提高堤身和堤基本身抵抗渗透破坏的能力，如采取提高堤身度，消除堤身堤基隐患，放边坡、贴坡排水，透水后戗或盖重等措施；二是降低渗透的破坏能力，即降低渗流出口的比降和堤身的浸润线，这方面应遵循"前堵后排、反滤料保护渗流出口"的渗流控制原则，并根据工程地质条件、出险情况和堤防的重要程度选择合理的渗流控制措施。"前堵"就是在临水侧采取防（截）渗措施，如防渗铺盖、防渗斜墙和垂直防渗帷幕（墙）等；"后排"即在背水侧采取导渗和排水减压措施，如导渗沟、排水褥垫、排水减压沟、压井等。

1. 堤身防渗

预防和治理堤身渗流侵蚀是巩固堤防、确保堤防安全的重要组成部分，应根据堤身渗流发生部位、产生的原因、危害程度等不同，有针对性地采取相应措施予以防治。堤身防渗应把握好3个环节：一是利用非汛期便于实施的有利条件查明隐患，及时治理；二是汛期高度戒备，从严巡堤查险，把隐患消灭在萌芽状态；三是研究和制订各种抢险预案，一旦出险立即按预案组织人力物力抢险，避免因"临时抱佛脚"而造成被动不利的局面。

散浸的防治原则是"前堵后排"。"前堵"即在堤防临水侧用透水性小的黏性土料做外帮，降低堤内浸润线；"后排"即在堤防背水坡做一些反滤排水设施，让已经渗出的水有控制地流出，不让土粒流失，增加堤坡的稳定性。散浸防治关键在于早发现、早处理，不使其险情扩大。通常采用加大盖重（增加渗径）、设置反层等防护性措施。为使背水侧堤坡在散漫条件下保证其漫透稳定性，一是放边坡，使背水侧堤坡及地基表面逸出段的渗流比降小于允许比降，这一措施往往由于边坡过缓而工程量过大，因此不经济；二是采用贴坡排水、水平排水、透水后戗、暗管排水等疏导性措施，使堤防浸润线不暴露在堤坡外，这种方法比较经济，并且操作性较强。

为保证穿堤建筑物的渗透稳定性，使之不产生渗透破坏，穿堤建筑物渗透破坏的防治主要应从减少渗透比降和增强接触冲刷允许比降两个方面考虑，亦即通过工程措施减少渗流强度和增强抗渗强度。减少渗流强度通常采用设置刺墙和止水环等以延长渗径的办法来解决。只要能保证足够而有效的渗径，就可达到减少渗流强度的目的。为保证渗径长度，在设计中首先应根据上下游水头差和基土或填土性质，合理地选择渗径系数，为保证渗径长度的有效性，首先要保证止水的可靠性，对穿堤建筑物而言，止水的可靠性十分重要，止水一失效，有效渗径长度就得不到保证。有效渗径长度和填土与建筑物接触面填土密实程度有关，应对建筑物回填土提出严格质量要求，并严格按照质量要求进行施工控制。在渗径长度控制上，还应考虑建筑物底面和两侧长度的协调性，如底部渗径长度过长，而两侧渗径过短、互不协调，其结果会使易发生渗流破坏的两侧产生渗流破坏。提高抗渗强度主要从提高抗渗比降入手。通常采用的办法是在出口设排水反滤。在穿堤建筑物出口加排水反滤，底部比较好处理，但在建筑物两侧和顶部做排水和反滤则比较困难，需要在实践中进一步摸索总结方法。

由生物潜蚀引起的渗流侵蚀发生在堤身部位。某些生物为栖身生存而筑的巢穴在汛期高水位下易产生集中渗流，可诱发跌窝、散浸、漏洞、流土、管涌等情况，从而造成重大险情。关于生物侵蚀的防治，首先是开展调查，摸清情况；其次是因害设防，对症下药；再次，采取找、标、灭杀、诱杀、灌浆堵洞等办法进行除险加固，消除堤防隐患。在生物潜蚀中，隐蔽性强、致险率高、对堤防危害最大的是白蚁对堤身的侵蚀。关于白蚁的防治，建议采用水利部推广的"找、标、杀，找、标、灌，找、杀（防）"措施，该措施在沂沭泗河流域上取得了良好效果，这项措施与挖巢灌毒水和设毒墙（层）相比，具有投资少、见效快、不污染环境、不开挖堤身、简单易行、操作系统化的优点，尤其是治理蚁害彻底持久，是目前国内防治堤坝白蚁最为理想的技术措施。

2. 堤基防渗

堤基渗透破坏是堤防基础破坏的主要形式之一。堤基防渗治理必须遵循正确的指导思想与原则，在明确渗流现状与产生原因的基础上，因地制宜地采取适当的治理措施。在堤基渗透破坏中，最常见、最普遍、致险率最高的是堤基管涌。堤基管涌除险加固，首先应采取填塘平坑措施，对反滤不合要求的水井果断封填。要进一步消除管涌险情，还须采取"临水截渗、背水压盖或减压"的方法进行整治。"临水截渗"包括外滩铺盖（外滩较宽且比较稳定时）和临水侧堤脚附近垂直防渗措施；"背水压盖或减压"是指背水侧压盖或减压井措施。根据堤防整险经验，对于表层为土层的透水堤基，垂直防渗适于透水层较薄、隔水层较浅的情况，但必须为封闭式防渗方式；对透水层很厚的堤基，宜采用背水侧压盖的方法治理堤基管涌，而悬挂式防渗墙的效果很差，不宜采用；半封闭式防渗墙有一定防渗效果，但效果一般；减压井几乎适用于所有地基情况，但减压井的淤堵问题目前未得到很好解决，加之成本较高，影响了其广泛使用。研究人员关于这方面的研究已经开始，相信减压井将在治理堤基渗透破坏中发挥其应有的作用。

沂沭泗河险工治理技术

堤防工程是指堤防及其堤岸防护工程、交叉连接建筑物和管理设施等的统称。修筑堤防工程的目的是防御洪水泛滥，保护沿岸城镇乡村、居民生命财产和工农业生产。堤防工程在约束洪水后，将洪水限制在行洪的河道中，使同等流量的水深增加，行洪的流速增大，这样有利于控制水流方向、流经范围和泄洪排沙，但河水深度的增加、流速的加快，会给堤防带来较大的水压力和冲刷力，严重威胁堤防安全，使堤防工程出现险工险段。因此，为确保河道堤防工程的安全，对堤防工程中的险工险段及时予以除险加固，是事关人民生命财产安全、国泰民安的大事。

4.1　护岸防冲工程措施

河岸受水流、潮汐、风浪作用可能发生冲刷破坏、影响堤防安全时，应采取防护措施。护岸工程的设计应统筹兼顾、合理布局，并宜采用工程措施与生物措施相结合的方式进行防护。根据《堤防工程设计规范》（GB 50286—2013），护岸工程可分为，坡式护岸、坝式护岸、墙式护岸以及其他形式护岸4类。

坡式护岸可分为上部护坡和下部护脚。上部护坡的结构形式应根据河岸地质条件和地下水活动情况，采用干砌石、浆砌石、混凝土预制块、现浇混凝土板、模袋混凝土等，经技术经济比较选定。下部护脚部分的结构形式应根据岸坡地形地质情况、水流条件和材料来源，采用抛石、石笼、柴枕、柴排、土工织物枕、软体排、模袋混凝土排、铰链混凝土排、钢筋混凝土块体、混合形式等，经技术经济比较选定。

坝式护岸布置可选用丁坝、顺坝及丁坝、顺坝相结合的勾头丁坝等形式。对河道狭窄、堤防临水侧无滩易受水流冲刷、保护对象重要、受地形条件或已建建筑物限制的河岸，宜采用墙式护岸。墙式护岸的结构形式可采用直立式、陡坡式、折线式等。墙体结构材料可采用钢筋混凝土、混凝土、浆砌石、石笼等，断面尺寸及墙基嵌入河岸坡脚的深度，应根据具体情况及河岸整体稳定性计算分析确定。

此外，还可采用桩式护岸维护陡岸的稳定、保护坡脚不受强烈水流的淘刷、促淤保堤。桩式护岸的材料可采用木桩、钢桩、预制钢筋混凝土桩、大孔径钢筋混凝土桩等。具有卵石、砂卵石河床的中、小型河流在水浅流缓处，可采用杩槎坝。杩槎坝可采用木、竹、钢、钢筋混凝土杆件做枬槎支架，可选择块石或土、沙、石等作为填筑料，构成透水或不透水的枬槎坝。有条件的河岸应采取植树、植草等生物防护措施，可设置防浪林台、防浪林带、草皮护坡等。在发生强烈崩岸、形成大尺度崩窝等影响堤防和有关设施安全的情况下，对崩窝的整治可采用促淤保滩或锁口回填还坡还滩的工程措施。

本节着重介绍了沂沭泗局在护岸防冲中所应用的工程措施，常见的有抛石护岸、砌石护岸、打桩抛石固基和透水淤砂坝、模袋砼护岸、生态混凝土护岸等，另外，本节介绍了墙式护岸中的重力墙护岸以及其他形式护岸中的种草植树。

4.1.1 抛石护岸

4.1.1.1 原理及基本要求

在我国多数江河湖海的堤防护岸工程中，最普遍采用的结构形式是抛石护岸，这也是一种常见的治理河岸崩塌的方法，在沂沭泗河的险工治理上多有应用。抛石护岸具有就地取材、施工简易、施工程序简单、可直接覆盖在河床冲刷面、防护效果明显、可以分期施工、可逐年加固等优点，如图 4-1 所示。

抛石护岸对于抛石的级配和粒径大小均有一定要求。一般要求级配曲线光滑良好，使小于 W_{15} 的石料不超过较大石块间孔隙体积，细长石料的尺寸不超过最小尺寸的 3 倍，以及少圆滑石料等，以便取得较好的稳定性。抛石级配重量的最大值、最小值和平均值之间的比例上、下限，可以参考如下数值：$W_{100}/W_{50}=2\sim5$，$W_{85}/W_{50}=1.7\sim3.3$，$W_{15}/W_{50}=0.1\sim0.4$，$W_{85}/W_{15}=4\sim12$。

图 4-1　抛石护岸（侍岭险工 K14＋500、老虎溜险工 K42＋400）

工程实践证明，抛石的尺寸，一般可采用 $D\geqslant0.15\sim0.2\mathrm{m}$；护面厚度不小于 $1.5D_{50}$，通常取 $1.8\sim2.0D_{50}$，其基本要求是不被水流或波浪冲动表面石块，也不能冲动面层下部的垫层材料。虽然抛石护岸能有效增强堤岸稳定性，但抛石层内仍有流速及紊流的淘刷，同时还有岸坡地下水渗流的冲蚀，因此需要在抛石下设置垫层、滤层或土工织物，以保持垫石层下泥土的稳定性，例如，抛石层厚度为 0.6m，砌石可为 0.4m，其下垫层和土工织物厚度为 0.1～0.15m。至于水的坡度陡缓主要取决于土质；从抛石的休止角 35°～42°之间设计；抛石护坡不适用于边坡比小于 1：1.3 的。根据河湾水流特征和抛石护岸试验，抛石范围必须向河床延伸一段距离，应越过靠近凹岸的主流和淘刷最深的位置，一般为河宽的 1/10～1/5 或 2 倍水深的距离，水下抛石的稳定坡面比一般为 1：1.5 左右。

4.1.1.2 工程实例 1——骆家险工

1. 险工概况

沂河骆家险工（右堤桩号 0+000～2+000），位于邳州市铁富镇骆家村，险工长度 2000m。位置图如图 4-2 所示。

该段为老险工段，河道弯曲，主泓逼至此岸，迎水顶冲，基础常年被水冲刷，坍塌严重，每年汛期将之作为重点险工来防守。该段河道弯曲，迎流顶冲，险工位于凹岸，主流逼近；临水滩地狭窄，局部无滩，深泓紧逼堤防。高水位大流量行洪时，易造成岸坡坍塌。

该段河底高程 28.31～31.01m，临水滩地宽 0～60m，滩面高程 33.61～35.01m，堤顶高程 40.31m 左右，堤后地面高程 37.51m 左右。

1998 年曾对 1+500～1+670 段进行了石护基础加固处理。1999 年进一步对 0+920～1+200 段采用翻修挡土墙、抛石护岸及浆砌基础相结合的处理方式进行了除险加固。

图 4-2 沂河骆家险工位置图

2. 1998 年治理方案

根据险工性质及现场地形条件，本次工程采用石护基础加固形式，施工段桩号为 1+500～1+670，治理长度为 170m，抛石顶高程为 31m，顶宽 2m，坡比 1：1.5。

3. 1999 年治理方案

根据险工性质及现场地形条件，本次工程采用翻修挡土墙、抛石护岸及浆砌基础相结合的处理方式。共分三段进行治理：第一段为浆砌石土墙护岸翻修，桩号为 0+720～0+820，长度 100m；第二段在原护岸前做抛石护基，桩号为 0+900～1+000，长度 100m；第三段在原护岸前增做浆砌石基础，桩号为 1+040～1+200，长度 180m。具体情况如下。

（1）对于桩号 0＋720～0＋820 段，原浆砌石挡土墙已破损，将其翻修，长度 100m，墙顶高程为 34m、顶宽 0.6m、底宽 1m、平均高度 2.5m。

（2）对于桩号 0＋900～1＋000 段，做抛石护基长度 100m，抛石顶高程为 29.8m、顶宽 1.5m、坡比 1∶1.5。

（3）对于桩号 1＋040～1＋220 段，原护岸基础已掏空坍塌，做 100♯浆砌石基础，长度 180m。基础顶高程为 29.8m，顶宽 0.6m、底宽 1m、高度 1.5m。

4.1.1.3 工程实例 2——侍岭险工

1. 险工概况

新沂河侍岭险工（右堤桩号 12＋250～15＋700）位于宿豫区侍岭镇，险工长度为 3450m。该段河底高程 11.31～11.81m，临水滩地宽 22m 左右，滩面高程 15.81～16.31m。侍岭险工位置示意图如图 4-3 所示。

新沂河中泓在此拐向南岸形成急弯。该段地形比降大，约 1/2400。流速快，行洪平均流速 3m/s，且为砂质河床，滩面 3.6～7.5m 以下即为深厚砂层，抗冲能力极低。由于该处坐弯迎溜，主流逼岸，特别在中等洪水流量下，顶冲淘刷，造成深泓陡立，坍岸严重。1990 年滩地坍塌 21m，1991 年坍塌为 18m，1993 年行洪时间较短，并已动员大量民力，使用抛石笼、挂树梢及柴枕堕石等防冲办法，虽使淘刷情况有所缓解，但一天一夜仍冲塌 18m。1994 年、1996 年曾两次上报该段防冲护岸设计，经水利部淮河水利委员会批复，分别做了 800m 及 500m，相应桩号是 14＋098～14＋898、13＋998～14＋098 及 14＋898～15＋298；1998 年，在一期工程设计中，又上报了 13＋850～13＋998 段、长度为 148m，该段经水利部淮河水利委员会批复，并已施工完成：在堤防消险加固（堤办项目）工程中又接长 15＋298 以东段 400m 长护岸。经过数次洪水考验，完全达到了防冲护岸的设计目的，已护的 1848m 段情况良好，但 13＋998 以上未护段仍有坍塌情况发生。2005 年，该段再次进行护坡治理。

图 4-3 侍岭险工位置示意图

2.2005 年治理方案

（1）干砌块石护坡设计

块石护坡上限高程根据该区砂层分布情况和滩面高程确定，高程为 15～16.3m，护坡下限高程根据设计枯水位定为 8.5m。干砌块石护坡坡比 1:3，厚度 0.3m，下设沙、石垫层各 0.1m。护坡底部设浆砌石齿坎，顶设浆砌石封顶，每隔 30m 设一道纵向浆砌石格埂。齿坎尺寸为高×宽＝0.7m×0.5m，封顶、格埂尺寸均为高×宽＝0.5m×0.4m。

（2）土工布护底抛石防护设计

抛石粒径的确定：抛石粒径的大小以能抗御水流冲击，块石下砂颗粒不被淘刷、吸走为原则。根据断面平均流速及当地多次成功的经验，选取平均粒径为 0.2～0.3m 的石料抛护，要求实抛块石大小搭配均匀。

抛石厚度及崩滚层确定：抛石厚度应以河床岸坡经抛石后不被继续淘刷侵蚀为原则。根据其他河流的经验及本段河槽的坡度，对缓于 1:2 的河坡，则厚度不等，以水下稳定抛石坡度 1:2 控制。为保护河岸上部工程的安全，在河底设置崩滚层。根据该段水流和床沙组成情况，本次崩滚层设计标准为宽 3m、厚 1m，块石粒径控制在 0.3m 左右。为保证干砌块石和抛石衔接良好，抛石上限高程平浆砌石齿坎顶部，下限高程至泓底。为防止水流将抛石下部沙粒淘刷、吸出，造成抛石崩塌、滚落，影响防护效果，抛投块石下垫土工布护底，土工布从浆砌石齿坎顶部开始，顺坡沉放至崩滚层外 2m，土工布上端压在浆砌块石齿坎内侧至底部。考虑土工布沉放抗拉，土工布规格为 400g/m² 针刺无纺布。

3. 2014 年、2017 年治理方案

侍岭险工于 2014 年和 2017 年分别进行了维修养护处理，且治理方案相同，如下。

（1）堤顶维修养护：堤肩维护土方，及时补充因雨淋、沉降、行车等原因造成的土方损失，进行培土并夯实修复，保证堤肩平整、坚实，无高秆杂草、杂物。

（2）堤坡维修养护：主要针对堤坡雨淋沟维修养护，对雨后可能发生的堤坡雨淋沟及时进行回填、夯实，使堤坡平顺，堤身完整。

4.1.1.4　工程实例 3——陈堰险工

1. 险工概况

如图 4-4 所示，沭河陈堰险工段位于新沂市邵店镇陈堰村北入新沂河河口的总沭河右堤桩号 44＋100～47＋000，险工段长 2900m。该段迎水面无滩地，河道弯曲，坐弯迎溜，高水位行洪时流势不稳，水流来回顶托，左右冲撞，河岸倒塌严重。乡村群众擅自在河道内滥吸乱采黄砂，致使河床加深，河岸石护工程基础翻滚倒塌，石护架空形成陡立。加之堤身高程和断面不足，土质系沙壤土，碾压不实，两河高水位时，洪水可能漫溢堤顶。堤防土质为沙壤土，抗冲刷能力差，极易被冲塌。目前护坡、护岸毁坏严重，石护基础底部被水流淘空，齿坎及部分石护翻滚倒塌，最严重处有 100m 长。

1997 年对右堤桩号 46＋700～47＋000 进行抛石护岸，并对右堤桩号 46＋900～47＋000 处石护进行护砌；1999 年对右堤桩号 45＋900～46＋200 段进行抛石固基治理；2007 年东调南下续建工程在总沭河右堤桩号 44＋100 处修建了口头壅水坝，起到减缓沭河水力坡降、降低流速，稳定王庄至口头段河床，保护大堤、建筑物及堤两岸人民生产、生活安全的目的。

图 4-4　陈堰险工位置示意图

2.1997 年治理方案

（1）右堤桩号 46＋700～47＋000 段抛石护岸，顶宽 1m，坡比为 1：1.5，顶高程与原齿坎平齐，即 9m。

（2）右堤桩号 46＋900～47＋＋000 段原石护毁坏严重，需拆除护砌。从高程 9m 护至 16m，10cm 厚碎石垫层，30cm 厚浆砌块石，1：2 边坡。

3.1999 年治理方案

根据该险工性质及实际水毁情况，本次工程治理目的是恢复被毁的原抛固基工程。顶宽 1m，1：1.3 坡，采用每块 20～40kg 重块石。

4.2007 年治理方案

口头雍水坝位于总沭河右堤桩号 44＋100 处，距新沂河北偏泓 700m，坝底高程 3.5m，坝顶高程 10m，坝高 6.5m，坝总长 140m，分 5 节，每节 28m。为了增加坝体的抗滑稳定，坝基开挖成 7°的仰坡。

上下游翼墙及岸墙采用钢筋混凝土空箱式、扶臂式翼墙和重力式。岸墙与坝体相结合，采用扶臂式。上游翼墙分为 3 节，第 1 节为钢筋砼空箱式翼墙，呈圆弧状布置，底板高程 3.5m，宽 17.4m，圆弧半径 30m，圆心角 66.32°，箱内填土高程 11.1m；第 2 节为钢筋砼扶臂式翼墙，呈直线状布置，底板高程 8m，宽 8.2m；第 3 节为 M10 浆砌石重力式翼墙与岸坡连接，呈直线状布置，底板高程 13m，宽 3m。上游翼墙墙后填土高程为 17m，墙顶高程 17m。下游翼墙分为 4 节，第 1 节为钢筋砼空箱式翼墙，呈直线状布置，与水流方向呈 8°夹角，底板高程 3.5m，宽 17.4m，箱内填土高程 10.1m；第 2 节为钢筋砼空箱式翼墙，呈圆弧状布置，底板高程 3.5m，宽 17.4m，圆弧半径 30m，圆心角 54.32°，箱内填土高程 10.1m；第 3 节为钢筋砼扶臂式翼墙，呈直线状布置，底板高程 8m，宽 8.2m；第 4 节为 M10 浆砌石重力式翼墙与岸坡连接，呈直线状布置，底板高程 13m，宽 3m。下游翼墙墙后填土高程为 17m，墙顶高程 17m。

上游河床护砌为浆砌石护砌，顶高程 3.5m，分为 2 节，每节长 15m，共 30m，厚 0.3m，下设石子垫层 0.15m；坝前设钢筋混凝土铺盖，铺盖厚 0.5m，长 20m；坝后设钢筋混凝土消力池，分为3节，每节长11m，共33m，第1节首端厚2m，末端厚0.8m，后两节消力池设排水孔，规格为8φ200；池末端设消力坎，坎高1m，厚0.5m，消力池下设反滤层，自上而下分别为大石子、小石子、黄砂各0.15m，土工布一层；下游设浆砌石海漫，首端高程3.5m，末端高程2.5m，分为5节，前4节每节长13.75m，第5节长6m，共55m，厚0.3m，下设石垫层0.15m。海漫末端设一道钢筋砼地下连续墙，墙厚0.7m，墙底高程11.5m。海漫后设抛石防冲槽，深2.5m，上口宽12m，底宽4m。

4.1.2　砌石护岸

通过人工铺砌石块和利用碎石块以网筋包装成石笼，或沉排进行护坡，能更好地利用开采的大小石料。砌筑的块石主要包括干砌块石、浆砌块石。

4.1.2.1　原理及基本要求

1. 干砌块石

由于干砌块石具有可就地取材、节约"三材"、施工技术简单、工程造价低廉等特点，因此经常用于堤坝的迎水面坡和河道护岸。人工铺砌块石护坡与抛石护坡相比，存在水上施工的限制，表面比较平整，受流水冲击较小，但比抛石坡面的波浪爬高要大50%左右。干砌块石的方法多种多样，如单层铺砌护坡，排放大石块使其表面平整，以小石块挤塞缝隙；基土坡面上设有垫层；大小石块齿状排放在不设置垫层的压实黏土坡面上。

人工铺砌的单层块石大小，可采用抛石大小计算公式确定，并根据石块的方整度、互相咬合挤紧间隙的大小等牢固情况，将计算结果再减少15%～30%。但平均面层的厚度不得小于0.2m，块石下面沙性土坡上的垫层，也不得被缝隙间的水流冲动。

为了确保干砌块石护坡工程的质量，在施工中应遵循以下技术要求：①干砌石过程中应采取相应保护措施，不得损坏堤坝的坡面，碎石粒径2～4cm垫层，随砌石随填，厚度10cm；②施工位置准确，砌石厚度均匀一致，砌护尺寸符合设计要求；③要逐层排整，做到里外石块的咬茬厚度均匀一致，大石在外、小石在内，不准有凸肚凹坑，坡面平顺，不得有突出无靠的孤石或易滑动的游石。

2. 浆砌块石

浆砌块石护坡是利用水泥砂浆或沥青胶黏物灌入石块缝隙，将石块黏结成形而成的护面整体结构，其抗冲刷能力更强，也可充分利用开采的大小石块进行铺砌。如图4-5所示，由于灌浆的程度不同，其牢固性及面层透水性很难定量评价，因此设计中必将保守一些。当作不透水考虑时，就应留冒水孔，并在孔底部附近做好垫层以排除沿坡面的积水。

在干砌块石护坡上，以水泥砂浆抹缝的施工方法有以下几种：①以较干的灰浆抹平所有的缝隙，露出块石表面；②以较稀的灰浆灌注所有的缝隙，这样连接的石块比较牢固；③手工填塞灰浆逐一进行勾缝，这样连接比较牢固、美观，但费工时。

由于浆砌块石的施工方法和灌浆量不同，因此其稳定性多数按经验进行考虑。例如在波浪冲击作用下的浆砌块石大小与干砌块石相比，当灰浆填满全部表面缝隙的30%时，块石可以减少10%；当灰浆填满全部表面缝隙的60%时，块石可以减少

图 4-5　浆砌块石护坡（后张庄险工 35+780～35+900）

40%。但护面层块石的厚度最小不得小于 0.2m。

浆砌块石工程应符合以下技术要求：①浆砌块石厚度及碎石垫层厚度符合设计要求，工程砌筑采用坐浆的方法进行施工，砂浆强度应符合设计要求；②砂浆拌和应用机械拌和，砂浆应随时拌和、随时砌筑，因故停歇过久，砂浆达到初凝时应当作废料处理；③面石勾缝，所有水泥砂浆应采用较小的水灰比，勾缝前剔缝，缝的深度为 20～30mm，清水洗净，不得有泥土、灰尘杂物，缝内砂浆要分次填充、压实，然后抹光、勾齐，洒水养护不少于 7 天。

4.1.2.2　工程实例 1——后张庄险工

1. 险工概况

沭河河东汤河后张庄老石护修复工程位于山东省临沂市河东区汤河镇后张庄村，汤河入沭河口上游（汤河回水段），相应堤防桩号为汤河右堤桩号 0+550～0+800，长度 250m；汤河左堤桩号 0+800～1+000，长度 200m。后张庄险工位置如图 4-6 所示。

汤河属于沭河一级支流，源出沂南县杨家坡乡左泉村北，全长 56km，流域面积 486km²，源头高程 130m，入沭河口高程 60m，河道平均坡降 1.25‰。一旦发生暴雨，河内洪水量大、流急，对岸边冲刷严重，特别在坐弯顶冲处，极易形成塌岸险工。

图 4-6　后张庄险工位置示意图

　　汤河后张庄属于历史老险工，以前平均每年坍塌约3m，北段滩地宽仅剩约8m，致使主流越来越靠岸，顶冲情况更加严重，滩地坍塌的速度逐步加快。右堤修建了石护岸工程后，稳固了河势并起到了保滩护堤的作用，但历经多年运行洪水也对工程造成了较大的破坏，目前基础已经全部被掏空，坡面出现毁坏及部分坡面整体下移的现象；左堤石护紧靠张庄桥，水流流速较大，顶冲现象十分严重，2004年该桥曾被洪水冲断，受顶冲及急流的影响，该处石护基础出现了悬空及被掏空的现象，石护坡也有部分损坏。

　　2.2005年治理方案

　　1）汤河右堤布局相应堤防桩号：右堤桩号0+550～0+800段

　　（1）堤防右堤桩号0+800～0+750段，毁坏较轻，基础毁坏。对基础采用抛石护基进行处理，区间内0+754断面的抛石高程为59.7m，坡比采用1：1.3，抛石顶采用浆砌乱石砌筑，宽1m，厚度为0.35m，防止人为破坏。修筑顶宽30cm，高50cm，内外边坡比1：1的土子堰保护封顶及坡面。

　　（2）堤防右堤桩号0+750～0+700段，护坡下部坡长5m毁坏，基础损坏。对基础采用抛石护基进行处理，取区间内右堤0+715断面的抛石高程为59.65m，坡比采用1：1.3，抛石顶采用浆砌乱石砌筑，宽1m，厚度为0.35m，防止人为破坏。对损坏坡面采用浆砌石进行修复，其中浆砌块石镶面厚度为0.2m，浆砌乱石填腹厚度为0.15m，下面铺设砂石反滤层，厚度为0.2m。修筑顶宽30cm，高50cm，内外边坡比1：1的土子堰保护封顶及坡面。

　　（3）堤防右堤桩号0+700～0+650段，坡面整体下滑，与封顶交界处出现裂缝，裂缝宽10cm左右，坡面整体变形毁坏，基础坍塌。对基础采用抛石护基进行处理，取区间内0+680断面的抛石高程为59.61m，坡比采用1：1.3，抛石顶采用浆砌乱石砌筑，宽1m，厚度为0.35m，防止人为破坏。对于坡面，拆除原有损坏的坡面进行修复，维修坡面长度为6.3m，坡面采用浆砌石砌筑，其中浆砌块石镶面厚度为0.2m，浆砌乱石填腹厚度为0.15m，下面铺设砂石反滤层，厚度为0.2m。修筑顶宽30cm，高50cm，内外边坡比1：1的土子堰保护封顶及坡面。

　　（4）堤防右堤桩号0+650～0+600段，坡面坡长5m毁坏，基础坍塌。对基础采用抛石护基进行处理，取区间内右堤0+635断面的抛石高程为59.55m，坡比采用1：1.3，抛石顶采用浆砌乱石砌筑，宽1m，厚度为0.35m，防止人为破坏。对于坡面，维修坡面下部的损坏4m，长度50m，坡面采用浆砌石进行修复，其中浆砌块石镶面厚度为0.2m，浆砌乱石填腹厚度为0.15m，下面铺设砂石反滤层，厚度为0.2m。

　　（5）堤防右堤桩号0+550～0+600段，坡面出现脱坡，基础坍塌，封顶由于自然、人为等原因毁坏。对基础采用抛石护基进行处理，取区间内右堤0+600断面的抛石高程为59.51m，坡比采用1：1.3，抛石顶采用浆砌乱石砌筑，宽1m，厚度为0.35m，防止人为破坏。对于坡面，拆除原有损坏的坡面进行修复，维修坡面长度为6.3m，坡面采用浆砌石砌筑，其中浆砌块石镶面厚度为0.2m，浆砌乱石填腹厚度为0.15m，下面铺设砂石反滤层，厚度为0.2m。对于损坏封顶采用M7.5浆砌乱石进行修复，上面采用M10砂浆进行抹面，基础宽0.8m、深0.5m。另外裹头处暴露，需对其进行抛石处理。后张庄险工横断面图如图 4－7 所示。

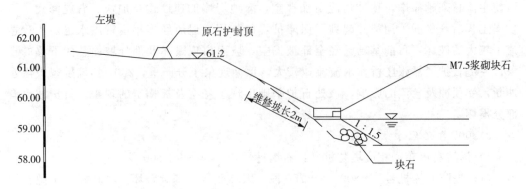

图 4－7　后张庄险工横断面图（桩号 0＋882）

2）汤河左堤布局：左堤桩号 0＋800～1＋000 段

（1）坡面维修：堤防左堤桩号为 0＋875～0＋888 段，护坡下部 2m 损坏，长度为 13m，维修毁坏石护坡 26m²，采用浆砌块石镶面及乱石填腹进行维修，其中浆砌块石镶面厚度为 0.2m，浆砌乱石填腹厚度为 0.15m，下面铺设砂石反滤层，厚度为 0.2m。

（2）抛石护基：堤防左堤桩号 0＋800～1＋000 段，该处正处于汤河后张庄桥下，主流靠岸，顶冲护岸，基础常年在水下受急流冲刷，因此出现毁坏、悬空、松动现象。为防止加剧护岸工程的破坏，对基础进行抛石护基，如图 4－7 所示：抛石至 59.5m 高程处，抛石边坡为 1：1.5，为防止人为破坏，在抛石顶增设厚 35cm、顶宽 1m 的浆砌乱石平台。

（3）坡面勾缝：桩号为左堤 0＋950～1＋000 段，由于常年受河水冲刷，经多年运行，坡面勾缝出现脱落。采用 M7.5 砂浆对其进行勾缝处理。

（4）培筑子埝：为保护封顶及坡面，修筑顶宽 30cm、高 50cm、内外边坡比为 1：1 的土子堰，相应堤防左堤桩号 0＋800～1＋000。

4.1.2.3　工程实例 2——胡塘险工

1. 险工概况

沂河胡塘险工段（右堤桩号 14＋000～17＋410）位于邳州市白埠乡胡塘村东至李家村北之间，险工段长度为 3410m。位置图如图 4－8 所示。

该段堤顶超设计水位 2.5m，顶宽 6m，内外边坡比为 1：3。由于河道弯曲，坐弯迎溜，主流直冲河岸堤防，河岸倒塌严重，原有滩地 80m 左右，冲塌后只剩下 20m 左右，有的已倒塌接近堤脚。同时，堤身系沙土构筑，外包沙壤土保护层 0.5m，由于雨水洪水冲刷，雨淋冲沟较多，水土流失严重。

1997 年曾对该险工段进行了河岸治理和堤坡治理，1998 年则在迎水滩地做浆砌石护岸和抛石护岸、堤后背水滩地做黏土盖重，2008 年再次对该险工段实施了多头小直径深层搅拌桩截渗墙，以提高砂堤防渗能力，确保堤防渗流安全。

2. 1997 年治理方案

根据胡塘险工段的险工性质及现场地形条件，本次治理工程共分为河岸治理和堤

图 4 - 8 沂河胡塘险工段位置图

坡治理两部分。

（1）河岸治理：将倒塌严重的 410m 险工段（桩号 14＋000～14＋410）做浆砌石护岸，护岸顶高程平原滩面 30.5m，底高程为 27.5m，坡比为 1：2.5。护岸厚 30cm，下设碎石垫层 10cm，护岸以下设宽×高＝80cm×100cm 浆砌块石齿坎，护岸顶及两侧做宽×高＝50cm×60cm 浆砌块石封顶压边，并在护岸底部设排水设施。每隔 30m 设沉陷缝一道。

（2）堤坡治理：600m 险工段（桩号 14＋000～14＋600）做浆砌块石护坡。护坡顶高程超设计水位 0.5m，即 32.73m，底高程平原滩面 31m，坡比为 1：3，护坡厚 30cm，下设碎石垫层 10cm，护坡以下设宽×高＝60cm×80cm 浆砌块石齿坎，护坡顶及两侧做宽×高＝50cm×60cm 浆砌块石封顶压边，并在护坡底部设排水设施。每隔 30m 设沉陷缝一道。

3.1998 年治理方案

根据胡塘险工段险工性质及现场地形条件，本次采用护岸与堤后盖重相结合的工程处理方式，即在迎水滩地做浆砌石护岸和抛石护岸，在堤后背水滩地做黏土盖重。

（1）护岸设计

迎水面分两段治理，第一段为浆砌块石护岸（桩号 14＋750～14＋990），长度为 240m；第二段为水中抛石护岸（桩号 14＋990～15＋070），长度为 80m。堤后背水滩地做填土盖重（桩号 14＋750～15＋070），长度为 320m。

为防止该险工段迎水护堤滩地进一步坍塌，对桩号 14＋075～24＋990 段进行浆砌石护岸处理。根据水流方向和滩地前沿冲刷情况，布置一条施工导线。为使水流流态平稳，冲刷力减弱，且使开挖土方量较小，导线尽量接近河口，与水流流向一致。在 14＋875 和 14＋935 处转折，桩号 14＋935～14＋940 段做横向距离为 12m 的裹头，至 14＋990 处浆砌石护岸结束。护砌顶高程大致与滩地高程一致，即 28m，基础顶高程为 25.4m，护坡坡比为 1：2，护坡封顶采用宽×高＝30cm×30cm 齿坎相结合，护岸两侧采用宽×高＝40cm×50cm 封边，设计护岸厚度为 30cm，下设 10cm 碎石垫层，基础顶宽 60cm，底宽

80cm，高 80cm。

在桩号为 14+990～15+070 的险工段滩地较前段（上游）水中增设抛石透水坝，坝上抛石面加做干砌石封面，坝顶高程 26.7m，顶宽 1m，坡比为 1：1.5。

（2）堤后盖重

对长度为 320m 的背水坡渗水严重段（桩号 14+750～15+070）采用堤后盖重及排渗棱体导渗的办法处理。在背水堤脚顺堤方向设置 1×0.5m 深槽，长 320m，槽内放置用导渗效果良好的土工布包裹碎石的排渗体。同时横向每隔 30m 设置一条宽×深＝1m×0.5m 的排渗体，每条长 30m，共 12 条，结构与顺堤的排水体相同。在背水滩地用黏土盖重，平均厚度在 1.2m，顺堤向 320m，垂直堤向 30m。

4. 2008 年治理方案

根据沂河砂堤工程实际情况，本次工程选用多头小直径深层搅拌桩截渗墙方案作为沂河砂堤防渗处理方案。

沂河堤防设计堤顶宽 6～8m，截渗墙布置在堤顶靠近迎水侧距迎水坡堤肩 1m 处，墙中心线基本平行于大堤中心线，墙顶高程高出设计洪水位 0.5m 且不低于现状堤顶高程下 1m，截渗墙底高程穿过透水层，进入相对不透水层 10m。

胡塘段险工截渗墙墙顶高程为 34.5～33.2m，墙底高程为 28.4～23.7m，平均墙高为 9.1m。

4.1.2.4 工程实例 3——后东庄险工

1. 险工概况

后东庄险工，位于沭河右岸河东区汤河镇后东庄村东，如图 4-9 所示。相应堤防桩号为右岸 35+780～36+100，长度为 320m。该河段属凹岸常年贴流区，坐弯顶冲，主流方向与河岸几乎成 90°夹角，河底高程 58.33m，岸顶高程 62.23m，岸高 2.5m，堤顶高程 69.23m，此处河道宽为 700m，滩地宽 50m 左右。20 年一遇洪水流量为 5800m³/s，滩地、河底均为砂质，极不稳定，险工段主流常年靠近右岸，水流对河岸冲刷剧烈，致使该处堤段造成严重塌岸险工，每次中小洪水都使得工程变形很大，标准洪水对堤防工程的安全构成严重威胁。在 2007 年 7 月，该段河岸出现严重坍塌，坍塌长度为 200m 左右，最大处坍塌宽度为 30m，塌岸垂直 2～3m。因该处无法抵御洪水的袭击，故进行了除险加固。

图 4-9　后东庄位置示意图

2.2007年治理方案

本次治理，修建浆砌石护岸320m；拆除并恢复抛石坝垛5条；修建抛石丁坝1条。

其中浆砌石护岸如图4-10所示：基础采用钢筋石笼基础，基础外抛筑坡比为1∶1.3的乱石进行固基，抛至水面以上后做30cm的浆砌乱石台帽，保护基础顶，坡面采用M9.5浆砌块乱石结构，砌石厚度35cm，其中面层为20cm厚浆砌块石镶面，其底层为15cm厚浆砌乱石填腹，其下部铺设土工布一层，由于该处滩地土质为砂质，因此整坡后不需再铺设粗砂垫层。

另外，对该处原有的5条抛石坝垛需参照原标准重新进行修复，相应桩号分别为：36+050、36+020、35+990、35+960、35+930；由于该处座弯顶冲严重，为保护石护岸，改善水流流态，需在36+100处做抛石丁坝1条，长度为8m。

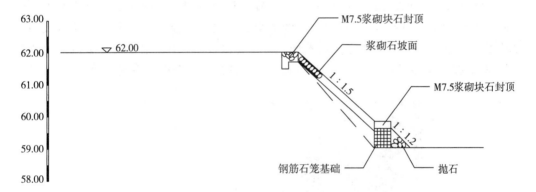

图4-10 浆砌石护岸示意图（桩号35+880）

4.1.3 打桩抛石固基和透水淤砂坝

打桩抛石固基和透水淤砂坝是沂沭泗河独有的险工治理措施，主要用于特殊险工的处理。打桩抛石固基适用于工程地质条件较差的堤防岸坡，如果进行直接抛石固基处理，护岸的强度往往不能满足要求，在河道冲刷、堤基沉陷的影响下，抛石护岸会逐渐被剥蚀、损毁，因此，沂沭泗河选用了打桩抛石固基的方式，不仅能够满足防护要求，还可以大大延长护岸工程的运行期，如图4-11所示。

图4-11 打桩抛石固基（铺里塌岸1+260）

4.1.3.1 原理及基本要求

1. 透水淤砂坝的结构

钢筋混凝土管桩透水丁坝是由互不相连的若干根钢筋混凝土管桩构成的，每根管桩由数节混凝土相连，两节管接头处用钢筋和硫黄胶泥黏接牢固，形成一个整体。钢筋混凝土管桩透水丁坝的主要作用是控导水流、稳定河槽、缓流落淤、造滩保堤。这种坝型结构较简单，工期短、造价低，是一种可在海河流域应用的新型河工建筑物。

2. 透水淤砂坝的功能

透水淤砂坝由干砌石坝体构成，因坝体可消能透水，不至于在大水漫坝后水头冲掏坝后，导致垮坝。如图 4-12 所示。此坝既能起挑流作用，以坝控制主流，加速河道的调整过程，又可消能，使水流中的泥砂减速后形成坝间淤积，从而达到缓解险情、逐步消除险工的目的。坝体可采用打排桩在内部填块石和直接砌坝的方法。此种坝适用于河道较顺直，河面宽阔，断面大，并且河道对岸淤积严重的河段。布置挑水坝群时应先选定好治理导线，根据弯道中心线的半径（曲率半径）$r=(4\sim8)B$（式中 B 为河宽度），再确定挑水坝群布置的范围长度 $L=(1\sim3)B$，坝轴线与岸边夹角选在 35°～50°，按治理导线布坝长度，坝与坝之间一般空 3～5 个坝长为宜。

图 4-12　透水淤砂坝（黄泥崖险工 43+500）

该技术设计易于掌握，施工简便易行，省工、省料，便于维修和管理，工程和经济效果明显。

4.1.3.2 工程实例1——黄泥崖险工

1. 险工概况

沭河南张庄险工位于郯城县高峰头镇南张庄村东，老沭河右岸，相应堤防桩号为右堤43+065～43+975，长度910m。南张庄老石护应急修复工程地处马陵山卡口下游，由于地势复杂，河道比降大，水流急，在弯道环流作用下，主流在河床内左右摆动。水流流经此处时，受对岸南蔺石护岸的影响，顶冲到右岸，致使此处主流靠岸，坐弯顶冲、水流紊乱、流态复杂、河槽下切严重、险情环生，如图4-13所示。

1991年对右堤43+065～43+715段采用打桩抛石固基、干砌石护坡进行治理；1993年对右堤43+715～43+780段采用打桩抛石固基、干砌石护坡进行治理；1998年对右堤43+065～43+715段进行人工抛石固基，并结合透水淤砂坝等进行综合治理；2008年对右堤43+755～43+975段采用浆砌石基础、浆砌石护坡进行治理。

图4-13 黄泥崖险工位置示意图

2. 1991年险工治理方案

采用的综合治理方案包括以下工程内容：打桩抛石固基180m，115m石护坡（包括30m的上下游连接段），短透水淤砂坝3条，200m滩地挡水子埝等4部分。

（1）打桩抛石固基（长180m，右堤桩号43+535～43+715）

根据以往工程经验，木桩采用柳木或槐木，直径为15～20cm，木桩长3～4m，打入河底1～1.5m。采用双排桩布置，平面上里梅花形，排与排间距1.5m，桩与桩间距0.4m，第一排桩打在基础外0.5m，第二排打在2m处，采用第二排桩的目的是加固第一排桩，防止第一排桩因过高而不稳定和因侧压力大而遭剪切破坏。抛石采用人工传运，大块石靠近木桩排位置，成层抛摆，尽量使其稳定，避免乱抛现象发生，抛石上层基本成平面，以便于浆砌基础，此处水位为33m，为了便于上部浆砌，第一排抛石平面高程控制在33m，第二排抛石平面高程控制在32m左右。

（2）护坡（护坡长 115m，右堤桩号 43＋535～43＋650）

根据实测情况，此处滩地高程为 37m，原石护岸封顶高程为 36.5m，基础顶面高程为 33.5m。为防止滩地积水乱流，护坡封顶高程确定为 37m。基础顶部高程随原来护坡基础顶高程，即 33.5m，边坡采用 1：1.5，以便于施工和护坡稳定。基础采用 80♯浆砌石，断面宽×高＝1m×1m，护坡采用干砌与框架相结合的结构形式，沿坡长 1m 采用 50♯浆砌块石，每 10m 设一条 50♯浆砌块石框架，断面宽×高＝0.5m×0.5m。封顶采用 50♯浆砌块石，断面宽×高＝0.5m×0.8m。中间采用干砌石护坡，厚 0.3m，护坡底部采用 15cm 的碎石垫层。整个护坡长 115m，设水溜子 2 条，其中 1 条为台阶式，宽 1.5m，以便于群众生产交通，另一条宽 0.5m，均采用 80♯浆砌粗料石。

（3）透水淤砂坝

根据险工段的水流情况，确定结合透水淤砂坝进行综合治理，以解决主流靠岸的淘刷现象，起到淤砂固基的作用。根据沭河所做工程的经验，其主要参数确定如下：坝轴线与接岸的交角为 45°，其有效坝长按整治河段宽度的 3‰～5‰计，此处河宽为 500m，则有效坝长取 15m，其总坝长 21.2m，坝间距一般按有效坝长的 3～4 倍计算，取 60m，根据此处水位观察情况，取坝高为 2m，顶部高程为 32.5m，顶宽取 1.5m，其结构用排桩抛石坝，因为此结构通过了工程实例实践检验，其效果最佳，整个工程设 3 条，具体桩号为右堤 43＋510、右堤 43＋570、右堤 43＋630。

（4）滩地挡水子埝（长 200m，右堤桩号 43＋825～43＋725）

根据以往石护岸工程水毁情况，分析其原因主要是由于滩地积水没有按照设计在水溜子中流出，从而形成漫溢，尤其是干砌石护坡致使封顶架空，直至坍塌。因此为了使滩地集中排水，让积水有规则地从水溜子中排出，需筑子埝 200m，子埝顶高程为 37.5m，顶宽为 0.5m，边坡比为 1：1。

3. 1993 年险工治理方案

采用综合治理方案，包括以下工程内容：打桩抛石固基 90m，石护 65m，短透水淤沙坝 2 条 3 部分。

（1）打桩抛石固基（长 90m，右堤桩号 43＋690～43＋780）

根据以往工程经验，特别是 1991 年 4 月黄泥崖石护工程施工经验，木桩采用槐木，直径为 15～20cm，木桩长 4m，打入河底 1.5～2m，采用双排布置，平面上是梅花形，排与排间距 1m，桩与桩间距 0.4m，第一排桩打在基础外，紧靠基础，第二排打在 1m 处。抛石采用人工传运，大块石靠近木桩排位置，成层抛摆，尽量使其稳定，避免乱抛现象发生。抛城石平面高程控制在 33.3m，高出枯水位 0.1m，以便于清基与进行基础砌筑。抛石固基长 90m，包括 1991 年旧石护未做固基部分的 25m，该段基础已出现裂缝，部分倾斜。

（2）护坡（长 65m，右堤桩号 43＋715～43＋780）

根据实测情况，此处滩地高程为 38.2m，土壤为粉砂，原石护岸基顶高程为 33.5m，目前水位 33.2m，为便于施工并保证施工质量，石护基础顶面高程为 33.5m，封顶高程由 2500m³/s 流量（水位 37.53m）确定为 37.5m，边坡比采用 1：1.5，以便于施工和边坡稳定。基础采用于砌块石，断面宽×高＝1.5m×1.5m；护坡采用干砌和框架相结合的结构形式，沿坡长 1m 采用 50♯浆砌块石；每 10m 设一条 50♯浆砌块石框架，断面宽×高＝0.5m×0.5m，裹头采用50♯浆砌块石，断面宽×高＝0.8m×0.5m；封顶采用50♯浆砌块石，断面宽×高＝0.5m×0.8m；中间采用干砌石护坡，厚0.3m，扩坡底部采用15cm厚的石子，10cm厚的粗砂反滤层，整个护坡长65m，根据地形排水需要，设水溜子1条，宽1.5m，采用80♯浆砌粗料石。

（3）透水淤砂坝

根据险工段的水流情况，加之石护坡接头处有较大有转角，确定结合透水淤砂坝进行综合治理，以解决主流靠岸的淘刷现象，起到淤砂固基及缓解下游石护险工段险情的作用。根据1991年黄泥崖石护工程的经验，按其主要参数确定如下：坝轴线与接岸的交角为45°，其有效坝长接整治河发宽度的3‰计，取45m。根据此处水位观察情况及对原淤砂坝的观察，取坝高为2.5m，顶部高程为33.3m，顶宽取1.5m，其结构为排桩抛石坝，因此此结构通过工程实例实践验证，其效果最佳，整个工程设2条，具体桩号为右堤43＋675，右堤43＋720，需做加固处理。

4.1998年险工治理方案

根据此处现有的实际情况和地理位置，采用人工抛石固基，并结合透水淤砂坝进行综合治理。

综合治理方案包括以下工程内容。

（1）抛石固基部分（长180m，右堤桩号43＋535～43＋715）

根据以往工程经验，确定抛石平台宽1.2m，顶高程低于基础顶高程0.2m，即为34.3m，抛石外边坡比1：1.3，抛石采用人工递传，成层抛摆，尽量使其稳定，外边坡和平台用人工摆齐、整平。

（2）透水淤沙坝

原有淤沙坝已运行多年，通过观测，确实起到了淤砂固基的作用，但因年久失修，工程现已破损不堪，失去综合治理的作用，本次工程决定对原透水淤砂坝进行维修，并且再做一条淤砂坝，结构采用顶宽1m，边坡比1：1.3，取坝高1.5m，顶部高程为31.3m，长度21.2m。

（3）石护零星维修部分

根据实测情况，此处石护毁坏多属零星毁坏，本次工程一并进行修复，以增强工程整体性，合计共修复封顶长度62.5m，尺寸为宽×高＝0.5m×0.8m，修复石护坡160m²，采用干砌块石结构，厚30cm，下设200cm砂石反滤层。

5.2008年险工治理方案

考虑到除险效果、施工技术条件、经费等综合因素，本次险工除险加固基础用浆砌石基础，坡面浆砌石护坡，即先在下面用大块乱石做浆砌石基础，再在基础上做浆砌石护坡。基础顶高程为29.3m，宽1m，深1.5m。浆砌石护坡坡比1：1.5，顶高程为32.5m，护坡结构为15cm浆砌块石镶面，20cm浆砌乱石填腹，下设土工布反滤层。

1）基础冲刷深度

经计算，块石粒径为0.3m，块石体积为0.014m³，确定砌石护坡厚为0.35m。根据河道基本条件，推算出2500m³/s处冲刷深度为1.11m，同时考虑基础安全埋深，取基础深为1.5m。

2）基础底高程、顶高程的确定

考虑河底高程纵坡降为 1/2000～1/3000，根据下游石护基础顶高程确定其基础顶高程为 29.3m。通过计算得知冲刷深度为 1.5m，从而得基底高程为 27.8m。校核基础底高程、基础顶高程及河道冲刷之间的关系，均满足要求。

3）反滤

浆砌石下面铺设土工织物反滤层，作为河岸土层的反滤层。按照国标 GB 50296—98，应满足以下反滤准则，经计算，用于该工程浆砌石护岸的反滤层针刺非织造土工织物选用克重为 $300g/m^2$ 的聚丙烯短纤针刺织物，幅宽 4m。

4）护岸结构形式

（1）坡面

坡面坡比为 1：1.5，采用 M7.5 浆砌块石结构，砌石厚度为 35cm，其中面层为 15cm 厚浆砌块石镶面，底层为 20cm 厚浆砌乱石填腹，下铺设土工布一层。为防止坡面不均匀沉降，造成坡面损坏，每隔 30m 设一条伸缩缝，伸缩缝宽为 2cm，灌注沥青。

（2）基础

基础采用 M7.5 浆砌乱石砌筑，M10 砂浆抹面。基础顶高程同下游石护高程为 29.3m，基础宽 1m，深 1.5m。基础石料选用红块石。

（3）封顶

封顶采用 M7.5 浆砌乱石结构，M10 砂浆抹面。封顶高程为 32.5m，宽度为 0.8m，深度为 0.8m。

（4）裹头

护岸上游端设裹头保护，宽 1m，深 1.5m，坡比为 1：1.5。裹头采用浆砌乱石结构，M10 砂浆抹面。

（5）排水

为防止渗流破坏，分别于基础顶以上 0.5m 及 1.5m 位置设直径为 50mm 的排水管，排水管水平间距为 3m，长度为 0.6m，排水管后设土工布反滤层。

4.1.3.3　工程实例 2——铺里塌岸

1. 工程概况

铺里塌岸（桩号 1＋310～1＋460）位于沂河右岸郯城县重纺镇铺里村东南方向，全长 150m。铺里塌岸属于历史老险工，上游顺直段来水对此段微凸的河岸构成了严重威胁，对此人们曾于 1975 年、1993 年和 1997 年进行了治理，修建的石护工程对保滩护堤起了重要作用。但历史上的 3 次治理均为干砌石护岸，标准较低，且上下游未能形成整体的防洪工程。塌岸土质为粉细砂，抗冲能力极差，中小洪水时滩地坍塌迅猛，坍塌长度约为 500m。沂河输沙能力的严重不平衡导致了河势的恶化，使上游来水对河底的淘刷愈加强烈，因此，2001 年人们对该处险工再次进行治理，采用了以搅拌桩为基础的护岸工程，取得了良好的治理效果。

2. 2001 年治理方案

（1）护岸基础

采用搅拌桩基础，顶部加 50cm 厚的 80♯浆砌乱石台帽。搅拌桩顶高程为 28.5m，桩底高程为 25m。设计采用 3 排搅拌桩套接方案，单桩直径约为 58cm、孔距为 45cm、排距为 45cm，梅花型补桩，墙体最小厚度为 120cm，墙体强度为 C15。

搅拌桩基础按墙体厚度 1.2m、深度 3.5m 计算，每米基础方量为 4.2 方，每米基础需要钻进 3 排桩。

50cm 厚浆砌乱石台帽，顶高程 29m，顶宽 120cm。

（2）石护岸封顶

封顶高程为 34m，采用 80♯浆砌乱石结构，宽 80cm、深 50cm，加做宽×深＝30cm×30cm 齿墙。

（3）石护岸坡面

根据《堤防工程设计规范》（GB 50286—2013）坡比定为 1∶2，护岸采用 80♯浆砌石结构，坡面厚度为 35cm，其中上层为 20cm 厚浆砌块石镶面，下层为 15cm 厚浆砌乱石填腹，下铺土工布作为反滤层，因河岸为砂质，平整后即可作为粗砂反滤层，故不增做粗砂反滤层。

（4）排水管的设置

考虑到坡面排渗水要求，护岸设置排水管二层，设在高程 29.5m 和 31m 处，水平间距 3m，梅花型布孔。

（5）沉陷缝设置

为适应沉陷变形和温度变形的需要，护岸每隔 30m 设沉陷缝一道，采用二毡灌注沥青形式。

（6）裹头

护岸两端设裹头保护，宽 50cm、深 100cm。

（7）排水布置

为满足滩地排水要求，于集中排水处设滑面式排水溜子二道，水溜子宽 100cm、深 30cm，35cm 厚 80♯浆砌乱石铺底。水溜子及护岸封顶基础均采用 100♯砂浆抹面。

（8）新老石护衔接处设计

上游原护岸坡比为 1∶1.5，封顶高程为 5m，基顶高程 29m。为达到新老石护衔接目的，设置 15m 长衔接段，坡比由 1∶1.5 渐变至 1∶2，封顶高程由 35m 渐变至 34m。

4.1.4 模袋砼护岸

4.1.4.1 原理及基本要求

模袋混凝土通过高压泵把混凝土或水泥砂浆灌入模袋中，混凝土或水泥砂浆的厚度通过袋内吊筋袋、吊筋绳的长度来控制，混凝土或水泥砂浆固结后形成具有一定强度的板状结构或其他状结构，作为一种新型的建筑材料，可广泛用于江、河、湖、海的堤坝护坡、护岸、港湾、码头等防护工程。

所谓模袋，是指一种由双层聚合化纤织物制成的连续袋状物，有上下两层，并且每隔一定距离，用一定长度的聚合物将两层织物连接在一起，以控制灌注成型的厚度，可以代替模板。模袋按照所用的材质和加工工艺的不同，可分为机织模袋和简易模袋，目前最常用的是机织模袋，其强度较高，孔径均匀。如图 4-14 所示。本小节主要介绍模袋砼在护岸工程中的应用。

图 4-14　模袋砼护岸（肖庄险工 55＋943～56＋160）

1．模袋砼的优缺点

模袋砼具有施工简单实用、效率高且无须围堰即可水上水下直接施工，机械化程度较高，施工的坡面面积大，稳定性好等特点。在施工现场铺上模袋，把砼泵压其中即成，可适应复杂地形和松软地基，与以往砌筑和普通混凝土相比，具有施工迅速、安全、节省费用等特点，尤其是在水下工程中其优越性更为突显。

2．模袋砼的施工工艺

模袋砼的施工过程，与其他工程中的模袋砼施工大致相同，仅在相关参数中存在一定差异。具体的施工工艺流程为：施工准备→材料采购→材料检测→坐标控制→点测量放样→护坡土方开挖、平整、验收→袋体铺设、固定→砼充灌→养护→验收。

（1）坐标控制点测量放样

施工前，根据建设单位提供的平面、高程控制点进行复核，根据施工实际情况，在稳定位置埋设加密基准点，确定无误后进行堤轴线和堤脚线测量放样，对各个坐标点采用钢管进行标记，避免铺设时边线超出设计及规范要求。

（2）坡面开挖及整平压实

按设计要求进行削坡，清除土工模袋铺设范围内基层表面的淤泥、树根、石块等障碍物以防止硬物和尖锐物损伤模袋布。整坡时应采用小型机械分层压实并做好新坡、老坡结合工作，平整度不大于 10cm。严禁贴坡回填，避免土体沉降造成模袋悬空。

（3）模袋布加工与铺设

模袋布宜在工厂加工，通常以 12～15m 的宽度为一幅，加工时根据布幅、施工段长度、施工机具以及工程现场实际情况进行设计，袋布加工时同步做好袖口缝制和扣带绳工作，保证施工顺利。幅宽过大容易造成热胀冷缩从而影响砼质量。充灌袖口与模袋在工厂加工成整体，袖口间距按 5～6m 进行布置、避免影响整体外观，若增强薄弱部位和调整充灌时长，则影响施工速度或难以充填密实和充灌时容易骨料分离，造成模袋砼各部位强度不一致的结果。单幅模袋布在堤坝横断面方向上应整块制作加工，不准搭接或缝接，两幅直接重叠距离和最小缝针距离织边应满足规范要求。分幅位置底部铺设土工布将两幅模袋布缝合形成整体，并可以起到反滤作用以保持岸坡稳定，土工布在拼缝处两侧宽度均不小于1m，确保拼缝处搭接满足土工布搭接要求。当坡底为土体时应先洒水使其潮湿，使模袋与坡底紧密结合。铺设时应垂直于坡面由下游向上游依次铺开，不要拉得太紧，纵横方向均留1.5%松弛度。

（4）模袋砼充灌

模袋铺设完成验收合格后应及时进行砼充灌。砼充灌前采用与生产相同的施工条件进行充灌工艺试验，了解各项施工参数和指标。采用大流动性细石砼进行充灌，细石砼粗骨料粒径小，利于模袋内进行流动和充灌。坍落度宜为200～220mm，避免因坍落度小而对斜坡面难以充灌，或坍落度大时距离袖口位置易造成仅有水泥浆液、无粗骨料以致离析的情况。充灌时应先铺后灌、先下后上、先标准型后异型、先下游后上游依次推进。充灌前，采用铁丝将软管与袖口扎紧形成整体，施工时安排专人负责检查充灌速度、充灌质量、模袋充灌厚度和平整度等。充灌顺序自下而上，从已经充灌的相邻块开始，充灌能力一般控制在8～10m³/h，充灌压力0.3MPa为宜。接近饱满密实时，应暂停5～10min，待模袋中水分和空气析出后再充灌至饱满，避免因泵送软管拔出后泌水造成模袋砼厚度不符合要求。充灌结束后及时采用针线对袖口予以缝合。相邻模袋按土工布拼接要求进行双线缝合，缝合时针数和缝制要求按土工布规范要求执行。若未连接牢固，充灌时两幅模袋拼接处将开裂，形成渗透通道，且拼接位置模袋砼厚度将不满足设计要求，对实体质量和外观质量均会造成影响。

（5）模袋砼养护

模袋砼坡面完成后，及时对模袋表面进行冲洗确保表面洁净，未达到规范要求前禁止人员在模袋砼表面行走，防止造成模袋表面变形。养护时由上到下进行洒水，水流通过模袋凹部向下流淌以对该段进行养护，养护要求和养护时间应符合规范要求。

3. 施工故障排除与注意事项

1）堵塞现象

堵塞常出现在泵送机械料斗、输送管道及模袋内，主要有：

（1）泵送机械不正常：选用可靠机械，进行试灌；

（2）骨料不合适：粗骨料粒径最大不超过泵送管直径的1/3；

（3）坍落度变化：要严格控制在（21±2）cm内；

（4）充填料配合比不合适：应严格控制配合比；

（5）接管质量不高：要求接管速度快且质量好，如接管不当，一旦造成漏水，接管处混凝土易结块而产生堵塞现象。

2）膨胀现象

膨胀时充填厚度明显不均的结果，常出现在坡脚或灌料口。防治方法是灌料至与灌料口齐平，停泵 3~5min 待淅水后再泵入。有时因泵与灌料口距离远，操作人员配合不好而超灌，应在快灌满时注意配合。

3）充填不饱满或未灌入现象

充填不满，应打开灌口，再行补灌。未灌入的要另开灌口，灌口应放在未灌入处的中间并在边缘缝纫线处。开口不宜大，灌后应塞入单层土工织物并加荷载，防止回流。

4）安全生产

安全生产是工程顺利完工的根本保证，特别是要注意水下潜水员安全，切防潜水员钻入袋下，避免水下各种管、索缠绕，危及生命。

5）注意事项

铺设时，应对模袋顶部和底部进行锚固或压载，通常缝制一定数量拉结点后插入钢管进行坡顶和坡底平行堤轴线固定，避免充灌时发生位移。充灌期间，及时人力踩踏模袋辅助砼流动，控制充灌速度和充灌压力均匀，检查模袋内扣带绳与连接袋是否存在松脱或断裂现象，发生鼓包时应在初凝前割破鼓包处模袋，排放部分砼后进行缝合。若发生膜袋鼓胀、鼓包和堵塞情况，按规范要求及时进行处置。充灌前，应先浇筑一定数量同强度砂浆，避免泵车泵管润滑期间因吸收砼水分而充灌困难。进行水下充灌时，需配置一定数量船只进行模袋砼边线控制，安排潜水员进行模袋边线控制和相邻两幅拼缝处的缝合。潜水员需要做好各项安全管理和施工质量控制工作，确保施工质量和人员安全。

4.1.4.2　工程实例 1——胡村至杜村段险工

1. 险工概况

沂河胡村至杜村段险工（桩号 18＋812~19＋172）位于山东省郯城县胜利乡胡村—杜村村东，马头拦河坝上、沂河右岸，模袋混凝土护坡 360m。该险工按照 20 年一遇洪水标准设计，设计流量 7000m³/s，设计水位 44.89m。该险工处河面平均宽度为 1000m 左右，滩地平均宽为 60m 左右，滩地土质为沙壤土，河床为砂质，河底高程为 32~34m，实测水位为 38.4m，河底平均比降 0.4‰左右。

2. 工程设计

模袋上设宽 0.8m、高 0.5m 的浆砌石台帽。台帽以下为模袋砼护岸，模袋砼厚约 15cm。模袋的顶端埋置在平台内侧的沟槽中，为避免水下开挖沟槽，基础以下采用活络块式模袋，即使模袋底端河岸受淘刷形成淘刷坑，活络块式模袋也可随之下沉护住坑内侧，阻止进一步淘刷。根据河床的冲刷深度，确定活络块式模袋宽 2.5m，活络块式模袋砼厚约 20cm。模袋两端的水上部分抛石护端宽 2m、厚 1m。

抵抗弯曲应力所需的厚度计算公式如下。

$$t_b \geqslant K \frac{0.2784\gamma_c}{0.5R^{2/3}} a^2 = 0.063 (\text{m}) \tag{4-1}$$

式中，K—— 安全系数，$K=3$；

γ_c—— 砼容重，此处 $\gamma_c = 24\text{kN/m}^3$；

R—— 砼的抗压强度，此处 $R = 2000\text{kN/m}^2$；

a—— 假设模袋砼可能被架空为正方形的边长，取 $a = 1.5\text{m}$。

抵抗浮力所需厚度：

$$t_f \geqslant 0.07CH_w\sqrt[3]{\frac{L_w}{B}}\frac{\gamma_w}{\gamma_c - \gamma_w} \times \frac{\sqrt{1+m^2}}{m} = 0.13(\text{m}) \qquad (4-2)$$

式中，C—— 面板系数，取 $C = 1.5$；

H_w、L_w—— 波高与波长，取 $H_w = 1.5\text{m}$，$L_w = 5\text{m}$；

B—— 与水边线垂直方向的护面长度，此处 $B = 13$；

γ_w—— 水的重度（kN/m^3）；

m—— 边坡角的余切，此处 $m = 2 \sim 4$ 不等，取 $m = 2$。

抵抗冰推力的所需厚度：

$$t_{lp} \geqslant \frac{\left[\dfrac{p_i t_i}{\sqrt{1+m^2}}(Km - f_{cs}) - H_1 c_{cs}\sqrt{1+m^2}\right]}{\gamma_c H_1(1 + mf_{cs})} = 0.13(\text{m}) \qquad (4-3)$$

式中，t_{lp}—— 所需厚度（m）；

p_i—— 水平冰推力，取 $p_i = 105\text{kN/m}^2$；

t_i—— 冰层厚度，取 $t_i = 0.07\text{m}$；

H_i—— 冰层高程以上垂直高度，此处取最小值为 $H_i = 6\text{m}$；

c_{cs}—— 护面与坡面的黏结力，此处 $c_{cs} = 0.53$；

f_{cs}—— 护面与坡土间的摩擦系数，$f_{cs} = 0.53$。

按上述计算结果，设计取模袋的充填厚度为 15cm。

模袋砼抗滑稳定：

$$K = \frac{L_1(\cos \alpha_1 \tan \varphi_{gs} + \sin \alpha_1) + L_2 \tan \varphi_{gs} + L_3 \cos \alpha_3 \tan \varphi_{gs}}{L_3 \cdot \sin \alpha_3} \qquad (4-4)$$

式中，L_1、L_2、L_3—— 模袋在锚固槽内、在平台上及在坡面上的长度，此处 $L_1 = 0.8\text{m}$、$L_2 = 0.8\text{m}$、$L_3 = 13.0\text{m}$；

α_1、α_2—— 锚固槽的临水侧坡度和岸坡陡坡，此处 $\alpha_1 = 90°$、$\alpha_2 = 26°$；

φ_{gs}—— 为模袋布于岸坡土之间的摩擦角，此处 $\varphi_{gs} = 28°$。

计算得：$K = 1.35 > 1.3$，满足规范要求。

模袋砼配合比：模袋砼设计强度等级为 C20；骨料最大粒径为 20mm，砼坍落度为 $22 \pm 1\text{cm}$，掺用粉煤灰 25%～30% 及掺适量的泵送剂。水胶比为 0.52，砂率为 51%，粉煤灰掺量 28%，胶材用量 420kg/m³（其中水泥 300kg/m³，粉煤灰 120 kg/m³），泵送剂 0.6%，坑口坍落度 22～23cm。水泥为 425♯硅酸盐水泥，骨料采用人工碎石，粒径为 5～20mm，砂料为清水砂，细度模数为 2.5。泵送剂可选用 JM-Ⅱ缓解型泵送剂，减水率可达 20%。

4.1.4.3　工程实例 2——肖庄险工

1. 险工概况

沂河肖庄险工（右岸桩号 55+943～56+160）位于山东省临沂市罗庄区西高都街道办事处肖庄村东、刘家道口闸下。险工总长度为 217m。

该险工段地处刘家道口节制闸、江风口分洪闸、李庄拦河闸中间，属沂河河道设计流量的渐变区，位置重要，且刘家道口节制闸在汛期调度频繁，造成该险工段河岸严重坍塌，致使险工恶化。

2015 年曾对该险工段增设模袋混凝土接合生物基质混凝土护岸。肖庄岸坡防护专项工程断面图如图 4-15 所示。

2.2015 年治理方案

根据险工性质及现场地形条件，本次工程采用增设模袋混凝土接合生物基质混凝土护岸的治理方案。其中，水下部分采用模袋混凝土护岸，水上部分采用 BSC 生物基质混凝土护岸。

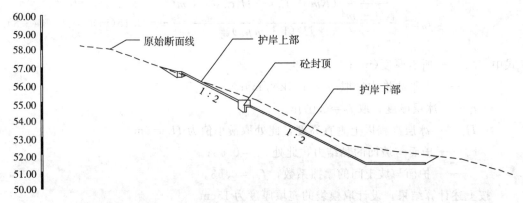

图 4-15　肖庄岸坡防护专项工程断面图（桩号 56+130）

（1）模袋混凝土护岸（护岸下部）

模袋布选型：根据有关技术资料，模袋布有哑铃型、梅花型、矩形、框格型、铰链型等多种形式，根据本工程的水文、气象条件，参考类似已建工程，选择矩形 FWG/B（50/50-C600）型模袋布。该型模袋价格便宜，且能满足一般工程的要求，从技术经济角度考虑，选用涤纶材质。

因有反滤排水点的模袋只能冲灌砂浆，所以选用的模袋无反滤点。

模袋厚度的确定：模袋砼的厚度应能抵抗护坡坡面局部架空引起的弯曲应力、风浪产生的浮力及冰推力等。本次工程取模袋的充填厚度为 20cm。

模袋砼的配合比：参照已建工程经验，模袋砼设计强度等级为 C20；骨料最大粒径为 20mm，砼坍落度为（22±1）cm，为了提高砼的耐久性，砼水胶比不大于 0.55，为了改善砼的可泵性和冲灌性，掺用粉煤灰 25%～30% 及适量的泵送剂。具体配比如下：水胶比 0.52，砂率 51%，粉煤灰掺量 10%，泵送剂掺量 0.6%，坑口坍落度 22～23cm。水泥为当地 P.C32.5 复合硅酸盐水泥，骨料采用当地粉碎的人工碎石，粒径为

5～20mm，砂料为当地产的清水砂，细度模数为2.5。泵送剂选用JM-Ⅱ缓解型泵送剂，减水率达20%。

模袋砼护岸结构形式：如图4-15所示，根据实际工程情况确定模袋封顶高程54.7m，模袋的顶端埋置在平台内侧的沟槽中，模袋底端为避免水下开挖沟槽，而于基础以下采用活络块式模袋，即使模袋底端河岸受淘刷形成淘刷坑，活络块式模袋也可随之下沉护住坑内侧，阻止进一步淘刷。根据河床的冲刷深度，确定活络块式模袋宽3m，活络块底高程定为近岸河底高程49.5～51.4m，模袋及活络块均采用C20砼，厚度0.2m。坡比1：2。护岸顶部设砼封顶，宽度0.5m，深度0.2m，齿墙宽0.2m，深0.5m。

模袋护岸顶部设浆砌石封顶压重，封顶高程55m，断面形状为齿墙形式，宽度1m，深度0.3m，齿墙深0.7m，采用M10砂浆砌筑，并抹面。

模袋砼分缝：为满足模袋砼变形要求，模袋砼护岸每16m为一幅，每两幅模袋采用工程线现场缝制连接，在相邻两幅模袋之间的底下居中部位铺设1m宽的反滤土工布，长度同相应坡长。

（2）生物基质混凝土护岸（护岸上部）

护坡坡比、护坡形式：生物基质砼护岸垂高2m，高程55～57m。护岸边坡为1：2，框格梁宽0.2m，高0.2m，框格规格2m×2.135m（长×宽），框格梁采用C25混凝土，抗冻标号为F150。框格内填充生物基质混凝土骨料层，该生物基质混凝土骨料层是通过专有添加剂（BSC-WY03）、水泥等黏合剂将粒径3～10cm的石块、碎石等骨料黏合的，使得骨料层具有连续孔隙且保证孔隙率在25%～35%，空隙内充填BSC生物活性菌群、壤土、保水材料和植物种子等生物基质，使得植被在大骨料层得以生长，从而既可以除险，又对生态环境和植被进行了修复和恢复。

生物基质砼护岸上部设C25砼封顶压重，宽0.5m，深0.6m。

种植植物选择：根据工程所在地水文、气象、施工经验以及工程需要确定混播高羊茅、黑麦草、早熟禾及大花金鸡菊，前三者比例为3：1：1，大花金鸡菊为4g/m²，工程完工后能保证较长绿期且有大花金鸡菊的点缀，进一步提升工程生态效果。

4.1.5 生态混凝土护岸

4.1.5.1 原理及基本要求

生态混凝土是一种多孔连续的结构，其采用特殊级配的集料和胶凝材料，具备较高强度的同时，可以形成蜂窝状的结构特征，具备良好的透水与透气性能，植物可以完全穿透混凝土，其锚固能力可以增强结构的稳定性。而其孔隙间不断析出的盐碱和添加的复合材料成分不断反应，可以为各种植物提供稳定持续的长效营养，同时，由于生态混凝土较小的孔径和较大的表面积，因此其具有较好的吸附及过滤能力，可以使水质得到有效的净化；而多孔结构为微生物的生长提供了适合的生存环境，在其上形成生物种群较多的生物膜，可以充分发挥降解水中污染物的作用。生态混凝土护岸如图4-16所示。

图 4-16　生态混凝土护岸（汤河右岸入沭河口险工 0+000~0+300）

1. 生态混凝土的分类

生态混凝土护岸的抗冲能力强，通常可抗冲击速度大于 3m/s 的水流，可以分为现浇式与预制构件式。现浇生态混凝土护坡的强度较高，但其对岸坡平整度、施工作业的场地以及养护条件的要求较高，且固化后生态混凝土的最大孔径仅为毫米级，无法提供大型植物的生长条件，同时其绿化方式也仅限于液压喷播或铺草皮等，预制构件式生态混凝土护坡相比于现浇式，很大程度上克服了其缺点，其孔隙率可达到 20%~35%，适合各类植物的生长，强度可达到 15~25MPa，施工方便，适用范围广。而且这种结构可以根据不同的工程要求来调整结构强度，对于防护要求比较高的护岸，可以通过降低连续孔隙率的方式来提高强度，对于重视生态效果且受水流影响较小的河道，可以通过提高连续孔隙率来增强其生态调节功能，此结构具有很大的工程适用性与灵活性。

2. 生态混凝土护岸的防护机理

首要应用其本身的重力、构件间的锚固以及植物的根系"加筋"效果来保障河流岸坡的安全与安稳，作为河湖水体和陆地之间物质、能量、信息交流的枢纽，为河边带动物、微生物提供休息、繁殖的生境以及为植物提供成长的基质，增强水体自净功能，修复了脆弱的生态环境。生态混凝土护岸是以工程加固和植被护岸相结合的方法，对维护边坡的安稳性和保护生态环境起着显著效果。植物的根系直接生长在生态混凝土中，对边坡的防护首要体现在以下 4 个方面。

（1）根的锚固效果。植物的垂直根系穿过坡体表层，锚固到深处较安稳的岩土层上，起到预应力锚固的效果。禾草、豆科植物和小灌木在地下 0.75~1.5m 深处有显著的土壤加强效果，树木根系的锚固效果可影响到地下更深的岩土层。

（2）浅根的加筋效果。植草的根系在土中是错综复杂的，使边坡土体变成土与草根的复合材料。草根可视为带预应力的三维加筋材料，增大了土体强度。

（3）下降坡体孔隙水压力。边坡的失稳与坡体水压力的大小有着紧密的联系。降雨是诱发滑坡的重要因素之一。植物吸收和蒸发坡体内水分，使土体的孔隙水压力降低，进一步提高土体的抗剪强度，有利于边坡的安稳。

（4）控制水土流失。地表径流带走部分土粒，可能导致片蚀、沟蚀。植被可以减少地表径流并削弱雨滴溅蚀，从而能控制水土流失。

3. 生态混凝土护岸的优点

（1）生态混凝土护岸的坡面具有高孔隙率，形成了多生物成长带、多流速改变带、多鱼类巢穴，可以为水生动物和两栖类动物提供休息、繁殖和避难的场所。

（2）生态混凝土护岸水位变化区的水生植物，既能从水中吸收无机盐类养分物（如氮、磷），其水下茎、根系又是很多微生物以生物膜方式附着的介质，有利于水体自净；同时，其多孔隙构造构成了不一样流速带和紊流区，有利于氧从空气传入水中，添加水中溶解氧，协助好氧微生物、鱼类等水生生物的生长，进一步推进水体自净能力，改善河道水质。

4.1.5.2　工程实例——汤河右岸入沭河口险工

1. 险工概况

汤河右岸入沭河口险工（汤河右岸 0＋000～0＋300）位于山东省临沂市河东区汤河镇禹屋村汤河交通桥上游，长度 300m。受 2019 年第 9 号台风"利奇马"及冷空气的共同影响，沂沭泗流域区出现连续强降雨，沂沭河水系普降大暴雨，汤河达到最大流量 374m³/s。受此次河道行洪影响，汤河右岸入沭河口处滩地坍塌 300m，均宽 8m，塌岸垂高最大 4m，直接威胁着堤防工程、汤河禹屋桥及上游控导的运行安全，存在度汛安全隐患，为防止滩地进一步退缩危及堤防，保障安全度汛，2020 年 2 月对该险工进行了治理。

2. 2020 年治理方案

汤河右岸入沭河口塌岸应急修复主要内容为：修建生态混凝土护岸 288m、钢筋石笼基础 300m。0＋000～0＋160 段垂高 2.9m，坡长 5.2m；0＋160～0＋172 段为排水闸范围，采用钢筋石笼固基；0＋172～0＋300 段垂高 4m，坡长 7.2m，坡比均为1∶1.5。坡面覆植生基材，种植混播植被，封顶采用混凝土，两侧设裹头。

0＋000～0＋160 段长度为 160m，基础为梯形钢筋笼抛石，基础顶高程为 57m，抛石高 2m，顶宽 1m，坡比为 1∶1.5；坡面采用生态混凝土护坡形式，坡面设置框格梁，框格梁宽 0.2m，高 0.2m，框格规格 2m×2m（长×宽），坡面共设置横向 2 道格梁、纵向 72 道格梁，框格内填充生物基质混凝土及种植高羊茅、狗牙根、早熟禾混播植被，坡比为 1∶1.5；封顶采用 1m×0.8m（高×宽）的砼压顶，封顶高程为 59.9m。

0＋172～0＋300 段长度为 182m，基础为梯形钢筋笼抛石，基础顶高程为 58.6m，抛石高 2m，顶宽 1m，坡比为 1∶1.5；坡面采用生态混凝土护坡形式，坡面设置框格梁，框格梁宽 0.2m，高 0.2m，框格规格 2m×2m（长×宽），坡面共设置横向 3 道格梁、纵向 58 道格梁，框格内填充生物基质混凝土及种植高羊茅、狗牙根、早熟禾混播植被，坡比为 1：1.5；封顶采用 1m×0.8m（高×宽）的砼封顶，封顶高程 62.6m。

0+160～0+172 段为涵闸出水口，长度 12m，采用梯形钢筋笼抛石基础，高 2m，顶宽 1m，坡比为 1：1.5。

4.1.6　重力墙护岸

4.1.6.1　原理及基本要求

对于较缓的土坡，可以选用其他堤岸护坡工程措施，在土坡的面层上采取防护。但是当坡陡难以长期稳定或治理河岸既抗拒河水冲刷，又要抵御边岸土压力和地下水压力时，则需要建造垂直型的墙体护岸，依靠墙身自重维持整体稳定性。重力墙护岸如图 4-17 所示。

1. 重力式岸边墙

重力式岸边墙由于其特殊的构造，常常用以产生失稳破坏，重力墙的破坏形式主要有以下几种：

（1）超载情况，主动土压力和静水压力等综合水平推力超过抗阻力所发生的沿墙底滑动，在底部设置齿形墙可防止滑动；

（2）墙底趾部角点的最大压力超过地基承载力而又沉陷所导致的墙体倾斜变形；

（3）墙后填土抗剪强度低，或高的超荷载和土荷重所导致的绕墙顶旋转滑动，常是因为墙体背面不排水，增大了水土压力或外水位骤然下降引起的；

（4）倾覆力矩（$\sum M_O$）超过抵抗倾覆力矩（$\sum M_R$）所导致的绕墙底趾部倾倒破坏，常因超载过大，外水位骤然下降和冲刷加深引起；

（5）绕墙底渗流坡降超过允许值所导致的管涌冲蚀破坏，可设置板桩齿形墙体加以防止；

（6）外部水动力冲刷加深，墙脚抵制滑动、倾覆、承载力的能力逐渐降低而遭破坏，可打板桩墙或抛石防冲。

结合以上可能发生破坏的特征设计重力墙，墙体背面设置能自由排水的滤层，由排水孔出流以降低孔隙水压；回填土于墙后宜选用较粗的土料；加宽墙底面积，减少承载力强度；采取齿形墙阻滑和岸墙脚抛石防冲等措施。

2. 石笼墙护岸

石笼墙护岸多数属于规则的土工织物或 PVC 涂面，及电镀防腐蚀金属丝编织网箱式石笼，网箱内可装填碎石块，可以较为经济地利用采石料，这种墙护岸具有柔性和透水性，竣工后能适应地基的固结沉陷及墙体背面排水情况。因此不宜覆盖以刚性顶盖，其墙体前面也不宜垂直，以防止出现前倾位移。设计石笼墙护岸时，不仅需要核算墙体的整体稳定性，而且也需要考虑有渗流时的个体石箱的稳定性。

石笼墙体的整体稳定性，主要包括倾覆稳定性和抗滑稳定性。工程实践证明，滑动控制设计与倾覆设计相比较，对于石笼墙的滑动控制设计，其底部坡面角 θ 应取最小值，一般为 45°左右。

3. 板桩墙护岸

当垂直护岸受到施工限制时，可采用打桩（如钢板桩、混凝土板桩等）护岸技术

图 4-17 重力墙护岸（章顶险工 52+000）

措施。钢板桩墙有悬臂式和锚固式两种。悬臂式板桩的稳定性主要取决于桩的入土深度，墙高则弯矩大，当墙高超过 2.5m 时，采用锚固式钢板桩比较经济。

悬臂式板桩墙设计，其抵制力只有被动土压力，则必须使板桩产生一有限位移。这样计算被动土压力和主动土压力对板桩墙底部产生的弯矩，结合所用板桩材料设计断面，以限制弯曲变形和填土夯实振动增加主动土压力的影响。在坚实土里只有很小的位移，但若沿长度方向的荷载和土性不同，就会出现位移差，墙顶位移将特别显著而不美观。因此，有时需要加钢筋混凝土重帽梁来阻止产生过大变形。

锚固式板桩墙在顶部设有锚固水平拉杆，使顶部及底部都可受到约束，这样可大大减小墙的弯矩，采用经济的板墙厚度。锚固块应设置在可能滑动面以外，拉杆呈水平向或斜向。设计时可作为上下端点自由的简支梁或固定端梁设计。但在设计中要特别注意墙体背面的排水并防止墙前脚冲刷。

4.1.6.2 工程实例——章顶险工

1. 险工概况

章顶险工位于沭阳县城东北，新沂河南岸，采用浆砌石挡土墙护岸的治理方案，工程治理长度 1000m，相应堤防桩号 50+100～51+100。新建浆砌石挡土墙走向要尽量沿现状河口线，以减少挖方和填方，并应尽量顺直连接。不同断面连接段要妥善处理。

章顶险工处冲刷河岸速度很快，滩面宽度仅剩约 30m，严重危及大堤安全。按堤防管理要求，滩面宽度已严重不足；据堤身抗滑及渗流稳定分析，现状滩面亦属临界状态。为此，2000 年采用挡墙方案，尽量不削弱和扰动现状滩面，而采用护坡方案则很难达到以上设计要求。

随着 2000 年上游段的治理、下游段坍塌不断发展，2001 年汛期最大坍塌为 1.5m，平均坍塌 1m 左右。从工程的整体效益考虑，于 2002 年对下游段进行治理。

2. 2000 年治理方案

护岸浆砌石挡墙尽量沿现状河口线布置，以减少削坡土方，保护滩地。根据现状滩面地形，桩号 50＋100～50＋400 为 2m 高挡墙，顶高程 6m；桩号 50＋400～50＋600 段挡墙顶高程由 6m 过渡到 7m，墙高由 2m 过渡到 3m；桩号 50＋600～50＋900 为 3m 高挡墙，墙顶高程 7m，桩号 50＋900～51＋100 为 20m 高挡墙，墙顶高程 6m。

为防止不均匀沉陷，按规范要求，墙体按每 30m 分一节，伸缩缝宽 2cm，填 2cm "三毡四油"，柏油蜡烛止水，为平衡墙前后水位差，在墙体底部高程 4m 处设一排排水管，相应墙体后设一通畅倒滤体（15cm 石子、15cm 黄沙）。排水管管口包扎土工布。

施工完成后挡土墙顶采用 100 号砂浆找平抹面；基础外回填土不低于基础顶高程。

施工期可选在新沂河水位较低时的枯水期，考虑河水位 5.2m，水深 1.2m。围堰可采用草袋围堰，距挡墙前趾外 5m，围堰顶高程 5.5m，顶宽 1.5m，边坡比为 1∶1。为防止渗水，围堰前采用彩条布铺设防渗。

3. 2002 年治理方案

根据坍塌状况及现场地形条件，参照上游段治理方式，设计采用挡土墙护岸防冲，即在迎水边坡做 100♯浆砌石重力式挡土墙，依靠挡土墙自身的重力以稳定保护土坡免受洪水的冲刷。

（1）参照上游段断面尺寸，结合本段内滩面高程，设计挡墙为俯斜式，内侧（填土侧）边坡比为 1∶0.25，外侧（临水侧）边坡比为 1∶0.68，墙顶高程 6.5m，底高程 3.2m，底宽 2.5m。

（2）为防止不均匀沉陷，设计将墙体按每 20m 分一节，伸缩缝宽 2cm，缝内填 2cm "三毡四油"，柏油蜡烛止水，填土侧铺设 3m 宽（缝左右各 1.5m）土工布反滤，以防土粒从缝中流出。

（3）为尽可能地降低墙后水位，减少墙后水压力，设计在墙体高程 4.5m 处埋一排排水管，管径为 8cm，排水管间距 4m，管口用土工布包扎，以防堵塞。排水管管口高程处设一通长布置的反滤体（15cm 石子、15cm 黄沙）。

（4）轴线布置：挡土墙轴线布置应根据水流方向和前沿冲刷情况而定，从水流平稳角度看，轴线应尽量平直，但考虑到土方开挖量不宜过大，轴线最好顺河口布置。经实地勘测，结合滩面整治（滩面内有一较大沟槽，需要填平），本次轴线布置为：51＋143～51＋188 段横向收缩 2.6m，51＋188～51＋272 为一直线，51＋272～51＋472 仍为一直线，但横向扩展 7m，51＋665～51＋846 基本为一直线，但横向收缩 5m。

（5）围堰填筑：为减少围堰填筑量，降低成本，施工期应尽可能选择在新沂河南偏泓水位较低时，本次设计按低水位 5m 考虑，围堰顶高程 5.5m，顶宽 1m，边坡比 1∶1。为减少渗水，围堰前采用彩布条防渗。

（6）土方开挖：为防止坍塌，基础沟槽开挖边坡在排水管以上（4.5m）按 1∶1 控制，以 0.5m³ 挖掘机为主开挖，人工整坡。滩面沟槽填土用 5t 汽车转运，59kW 推土机整平、压实。挡土墙施工完成后，挡土侧填土容重控制在 1.5g/cm³ 左右，并分层夯实。

（7）挡土墙砌筑：按有关操作规范施工，浆砌石标号 100♯，用 200♯水泥砂浆抹面，砌筑要自上而下，坐浆饱满，错缝竖砌，大面朝外，紧靠密实，严格按设计图纸控制尺寸。

4.1.7　种草植树

国内外经验证明，利用植物进行护坡、固岸和保滩是最经济的措施，不仅可以防止水流和波浪的冲刷，而且在农牧、生态和美化环境方面起到重要作用。据试验表明，土体通过植物蒸腾作用所失去的水分，一般为地面蒸发的 3 倍以上，将降低土壤含水量及地下水位，减少孔隙水压力，减轻土体的自重，有利于水平方向作用剪应力的降低，从而增加坡面的稳定性，提高下次降雨的入渗容量。

当这些植被不能抵抗冲刷时，还可辅助以各种加筋组合措施，如以土工织物网格加固植被的抗冲能力，在混凝土格子中种草等形式的组合式护坡，以及选种生长密集、较矮的植物，使其能发挥定期或季节性的抗冲效果和绿化堤岸、美化环境的作用。

在我国常见的就是根部可长期生长在水位下的芦苇和于短暂洪水期生长的柳树，以及可于东南沿海滩面消除波浪的多年生禾本、耐盐性野草和红树林等亲水植物；在偶然洪水带及其高处的堤岸一般种树植草。

柳树易成活、耐水淹，甚至经过数十日淹没也能正常生长，我国历代有植柳树防冲消除波浪、治理河流的传统。结合绿化国土面积、调节气候、保持水土等要求，可推广生物治理河流护堤的传统技术，即在险工河段，如河湾凹岸的滩地缓坡种植耐水树木；对于河势不稳、摇摆不定、威胁堤防的河段，则可选定于左右两堤岸边适当滩地缓坡植树，达到束水攻沙、淤积滩冲刷沟槽、控制河势的目的。据长江中下游防浪林带消除波浪效果观测，6～9 排防浪林可消浪 33％～38％，10～15 排防浪林可消浪 49％～57％，20～25 排防浪林可消浪 64％～71％。

美化环境、调节气候，作为景观，植树护堤也是非常必要的。德国某河道于靠近常水位及较陡岸坡种草或植树，于更上面的平缓堤岸植树等，到平面堤岸顶部种植一排高大的白杨树，获得了很好的景观效果。沂沭泗河依据前人经验，在部分堤岸种植杨树，在汛期有效地护堤固滩，防止了河流冲刷，达到了良好的水土保持效果。

4.1.8　生态袋

4.1.8.1　原理及基本要求

生态袋的使用，常常见于水土流失较重的地域，可以是山区泥石流多发区，也可以是水土流失较多的湖泊、河流。在水利工程中的运用，常常和杉木桩相结合，也可以和生态石笼等结合，适用于流速较慢的河流和湖泊中。一般放置于邻水面，可以露出水面，也可以深入水面。生态袋一旦长出植物，远观和普通的自然河流差不多，既具有防止水土流失的作用，又有装饰美化河流的效果，最重要的是生态袋的使用对于水生态的破坏不大，具有水效益。因此，在具体的水利工程施工中，重点在于生态袋的选取，生态袋的强度既要保证坚固耐用，又要确保袋中植物可以顺利地破袋而出。第二重要的在于植物种类的选取。

4.1.8.2　基本要求

生态袋的具体技术指标和要求如下。

1. 生态袋

生态袋以聚丙烯为主要原料,要求具有抗紫外线、抗老化、抗酸碱盐、抗微生物侵蚀、透水不透土的功能,生态袋的缝袋线要求是同样可抗紫外线破坏的黑色线,生态袋扎口带要求是同样抗紫外线破坏的具有单向自锁结构功能的自锁式黑色带。采用无纺针刺工艺经单面烧结制成,袋体材料不含对环境有危害性的联苯胺等23种禁用的可分解芳香胺成分;其力学参数和等效孔径指标满足国标(GB/T 17639—1998,纵向不小于4.5kN/m、横向不小于4.5kN/m、CBR顶破强力不小于800N)要求;对植物非常友善,植物根茎能自由穿透袋体,快速生长;其规格为815mm×440mm。

2. 联结扣

是将生态袋单体联结成一个整体,使护坡结构达到安全稳定的构件。要求如下:①其材质及环保性能与生态袋相符。②其上下面必须有具备倒钩特性的棘爪,棘爪总数不少于12个,高度不小于25mm,按力学要求科学合理分布,任意两个棘爪均不在同一剪切破坏轨迹上,最大限度的发挥每个棘爪的力学作用。③满足植物生长和排水的垂直孔洞不少于32个,每个孔洞直径大于15mm,孔洞透水面积不小于联结扣总面积的45%,以满足多向排滤水及植物根系生长的要求。④其双向凹槽和垂直孔洞组合成相互交错的非线性凸肋结构,与分布的倒钩棘爪形成内摩擦紧锁结构,以满足结构安全稳定的要求。⑤上下面各6个棘爪的网肋型联结扣(型号规格等级为308×83×50),单个棘爪所能承受的抗剪力大于360N。

生态袋有独特的工艺流程:施工准备→测量放样→坡面处理及清挖→生态袋铺设及联结→人工填充土壤和肥料播种、覆盖→养护→验收。具体施工要求如下。

(1)首先人工对坡面进行处理,使坡面达到设计坡比,清坡时应从上至下分层依次进行,严禁自下而上,并应保证边坡稳定。按设计坡比结合生态袋结构尺寸,挖出台阶状并进行夯实;夯实密度达到设计要求,并辅以喷药措施以抑制野草生长。

(2)清坡应按图纸进行,必须严格按设计断面所要求的高程、坡度进行清理,机械开挖时需要有一定的余量,由人工进行清理,超挖应符合规范规定的范围。

(3)放样测量必须按监理工程师提供的平面控制点和高程控制点进行,定线放样必须采用符合精度要求的仪器,测量人员应随时复检其放样的准确性。

(4)清理出的土料,应堆放至监理工程师指定的地点。

(5)清理完的坡面经监理工程师检验合格后,工作人员方可进行下道工序施工。

(6)生态袋铺设前要进行检测,经检测合格后方可使用。有扯裂、蠕变、老化的生态袋均不得使用。

(7)铺设生态袋时,应自坡下向坡上分层进行铺设。生态袋铺设采用人工法,并按设计要求装填沙土料及土料,装填土分两步,第一步装填10cm上料,之后采用液压喷播机将混有种籽、肥料、土壤改性剂、保水剂和水的混合物均匀喷洒在坡面上,喷播后视情况撒少许土,以覆盖网包为宜。第二步装填6cm上覆土,每一步填装土都要有适度的夯实。为确保回填土的密实度,用人工方式分三步自坡顶向下充填土壤和肥料:一是网筛回填干土并实拍,二是喷水沉降(防止"空鼓"现象),三是泥浆回填。

(8)生态袋铺设连接完毕的部位,尽快铺设上层料。避免生态袋长时间暴露在外而老化和破损。

（9）每个单袋装填完后进行缝合及扎袋口，上一层生态袋铺设时要与相邻的下层生态袋进行联结。如此进行施工，每施工 2m 高，采用洒水车浇水预沉降后再进行下一道工序。覆盖无纺布，一是防止雨水冲刷，阻止种子在发芽生根期内移动；二是阻止水分蒸发，起保温保湿作用，注意应不露边口，轻柔操作，保持布置完好。

4.1.9 生态石笼

生态石笼是通过植物和石头工程设计相结合，根据地形条件对河岸进行的有效保护措施，此技术目前被广泛应用于水利工程建设中。以往的护岸手段中很多是钢筋混凝土结构的模式，在预防水土流失方面有着明显的效果，但是其自身也存在一定的弊端，例如：较高的工程的造价、复杂的施工流程，并且在视觉上也达不到审美的效果，最主要的是工程造价上成本很高，过于浪费资源。所以生态石笼护岸技术的出现，可以有效地弥补以上的不足。生态石笼具体采用环保和防腐的钢丝编织而成，形式多种多样，根据水利施工目标来进行网格的设计，主要分为拧花型网格、双绞型网格、六角型网格等，再根据施工条件和实际情况，选择合适的网格进行应用。根据水利施工具体的情况和对现场石头颗粒的要求，合理选择适当的石料进行填充，使之具有一定的柔软度和透气效果，更加符合原生态河床的自然效果。

在众多可供选择的石笼网中，格宾石笼网作为新型材料结构，在水利工程中被广泛运用，并且，在水利工程的生态护坡中起着不可缺少的作用。格宾石笼网由长方形的网状箱体这种基本元素构成，与蜂窝的结构相似，所以具有非常强的透水性和抗冲击性，具体优点如下。

一是适应性极强。不论是在软的、湿的、硬的还是峭壁的土壤上，它都能很好地根据地基的变化而变化，且不会破坏原有的生态结构，更不会因为变形而损坏，是不用考虑地形地势就能选择使用的新型材料。

二是耐久性好。格宾石笼网不仅用钢丝编成了双绞，又做了抗腐蚀处理，有很强的抵御外界自然环境侵害以及人为破坏的能力，且十分耐用，可使用的时间长。

三是操作简单。只需要准备好工厂生产的半成品，然后在施工现场粉碎石头，将其放进笼子里即可使用，且因为操作简单，可以减少很多不必要的人力、物力开支。

四是透水性、抗冲击性强。生长在格宾石笼网上的植物可以很好地吸收水分，在泥土中萌芽生长，同时又为动物的生殖繁衍提供了条件，能够较好地保护生态环境。格宾石笼网的抗冲击性强的特点，能防止泥土流失、土地塌方等，能很好地保护土壤，和生态护坡的要求吻合。

五是价格廉价。格宾石笼网每平方米造价只需要十几元，运输方便，使用格宾石笼网能够以最少的资金投入，做到最好的防护，既保护了生态环境，又在水利工程方面效果显著。

六是景观效果好。以工程措施和植物措施相结合的手段，能有效防止水土流失的问题，又能很好地让植物汲取水分以及养分，在短时间内生根发芽，再经过人为的修剪、照顾，景观效果见效快且明显，而且，该景观效果更自然、更丰富。

格宾石笼网之所以具有上述优点，离不开其结构上的优势，格宾石笼网实质上就是在网片的基础上进行裁剪和组装形成的笼子，再对它以不同规格进行分类，赋予名称，便是型号。但不管是什么型号的箱笼，都不会制作成最终的成品，虽然笼子的构造看似复杂多变，但是，已经是半成品的笼子再做成能够抗洪护土、保护生态的"一把手"，其实并不是很难，这也和它的结构构造方面的因素有着很大的关系，所以格宾石笼网的构造既复杂又简单，但并不影响使用。格网片主要是用机械编织成的，格宾石笼网则由格网片组成，十分坚固，有相关的实验能证明，如果网格中的其中一根网线断掉了，也不会对网格的整体性造成破坏。

4.2　边坡防护的工程措施

边坡防护即护坡工程，指采用各种相关的措施对边坡进行处理以保证边坡的稳定。河道及水闸坡面经常受到波浪淘刷，冰层和漂浮物的撞击，雨水、大风的损害以及动物、冻胀干裂等的破坏作用。护坡与护岸略有区别，有人将河道枯水位以上部分的防护称为护坡，将护坡与枯水位水下部分的防护统称为护岸。

4.2.1　护坡的组成

护坡一般由坡面、坡肩（或封顶）和坡趾（或底埂）三部分组成，多用抗冲材料直接覆盖岸坡以抵御水流顶冲、淘刷和波浪冲蚀。

坡面由护面和倒滤层或垫层组成。坡面防护主要是用以防护易于冲蚀的土质边坡和岩石边坡，应根据边坡的土质、岩性、水文地质条件、坡度、高度及当地材料，采取相应防护材料，一般采用干砌块石、浆砌块石、混凝土异形块体和混凝土板等。倒滤层可采用碎石或二片石，也可用土工布等材料。

坡肩可采用与护面相同的块石，若波浪爬高高于坡肩，可在坡肩上设置挡浪墙。封顶用于衔接砌石坡面与滩面，防止滩面雨水入侵而破坏护坡。底埂位于枯水位附近，是护坡的基础，可抛填块石棱体而成，用于阻止砌石坡面下滑，其下与护脚工程衔接；坡趾处可采用抛石棱体、埋块护脚和板桩墙护脚等。

坡面防护方法也是水库滑坡，特别是水库坍塌滑体防护的常用方法。在水库水位常年波动区内容易出现坡面的坍塌、冲刷、淘刷等现象，久而久之会进一步引起水库滑坡。目前在实际工程中常用的防护有坡面防护，主要包括植被防护和工程（结构）防护。

4.2.2　护坡的分类

护坡的形式有直接防护和间接防护。直接防护是对河岸边坡直接进行加固，以抵抗水流的冲刷和淘刷。常用抛石、干砌片石、浆砌片石、石笼及梢捆等修筑。间接防护适用于河床较宽或防护长度较大的河段，可修筑丁坝、顺坝和格坝等，将水流挑离河岸。

根据护坡的功能可将其大概分为两种。

一是仅为抗风化及抗冲刷的坡面保护工程，该保护工程并不承受侧向土压力，如喷凝土护坡、格框植生护坡、植生护坡等均属此类，仅适用于平缓且稳定无滑动之虞的边坡上；

二是提供抗滑力的挡土护坡，大致可区分为刚性自重式挡土墙（如：砌石挡土墙、重力式挡土墙、倚壁式挡土墙、悬臂式挡土墙、扶壁式挡土墙）；柔性自重式挡土墙（如：蛇笼挡土墙、框条式挡土墙、加筋式挡土墙）；锚拉式挡土墙（如：锚拉式格梁挡土墙、锚拉式排桩挡土墙）。

水利工程护坡多采用第一种护坡方式。

堤防临水坡在风浪一冲一退的连续冲击下，水流伴随着波浪做往返爬坡运动，会对未设护或护坡薄弱的土堤产生冲刷作用，尤其是水面吹程大、河面比较宽深的江河湖泊堤岸的迎风面，风浪所形成的冲击力很强，容易造成土堤临水坡面的破坏，削弱土堤断面，造成一定的破坏。尤其是当波浪产生真空作用，出现较大的负压力时，使堤防土料或护坡被水流冲击冲刷，遭受更严重的破坏。当水面变宽，风速较大时，风浪对堤防冲击力强，轻者造成堤防坍塌变陡，重者出现滑坡、漫溢等险情，甚至造成堤防决口，应根据实际情况，因地制宜采取具体抢护措施。对于风浪险情严重的堤段，应防患于未然，于堤前设置坚实的护坡。若有外滩，则可种植防浪林带，缓解风浪的危害。对那些临水面尚未设置护坡的土堤，在汛期要特别重视防护风浪险情。

植被防护是一种施工简单、费用不高、效果较好的坡面防护措施。现在植被防护的方法有很多，包括草坡护坡、"三维土工网垫"护坡、植树护坡、土工织物护坡等。

现代的护坡一般以水泥、石料、混凝土等硬性材料为主要建材，在设计上以力学的角度去思考边坡稳定。传统型护坡大致可分为浅层防护类护坡、砌石类护坡、框格护坡、护面墙护坡和喷混类护坡。

4.2.3　砌石类护坡

砌石类护坡指通过在稳定的边坡上铺砌（浆砌或干砌）片石、块石或混凝土预制块等，以防止地表径流或坡面水流对边坡产生冲刷作用。砌石类护坡有两种类型，分别是干砌石和浆砌石。冲刷程度轻微时，一般采用干砌石，由于取材方便、技术简单、造价相对较低，砌石类护坡在国内被广泛应用。

4.2.3.1　原理及基本要求

1. 干砌石护坡

干砌石是没有用到胶结材料的块石砌体。它依靠石块自身重量及石块接触面间的摩擦力在外力作用下保持稳定，是较为常用的护坡结构，如图 4-18 所示。

在干砌石护坡施工中，由于砌石本身存在不连续性，因此构成的防护坡体必然不稳定。干砌石护坡在自然因素或人为因素影响下，会出现损坏的现象，如造成石块的翻动等。砌石筑放时应按照原设计的要求，按标准严格操作，在施工中要保证石块之间无缝隙，在石块间的错台应控制在 3cm 以内。在重新砌筑完成之后，应对已铺好的坡面应进行高压水冲洗作业，将砌筑坡石上的杂物洗去，完成后对坡面重新进行观测，

图 4-18　干砌石护坡（张老坝险工 19+000）

对缝隙灌注强度、大骨料粒径和砂石细度进行测算，形成参考数据。然后，在大坝两端各安置一定数量的混凝土搅拌机，用人工的方式将混凝土一次性填入石块间缝隙部位。混凝土填入缝隙后，采用振捣设备将其捣实，确定无空洞后，用工具将表面抹平。

在施工过程中，为了保证石块与混凝土之间结合密实，防止下滑现象发生，可在每层板的顶部和底部各拆除一行干砌石设混凝土齿墙，与面层混凝土一起浇筑。

干砌石护坡为柔性体，较混凝土护坡等其他护坡更加能适应基础的变形，耐久性更好。干砌石护坡是目前海河流域经常采用的护坡结构，但由于其存在整体性差、块石易松动导致局部损坏、若施工和垫层质量不好易于抽走岸坡土壤的缺点，因此在重要险工堤段和城镇、厂矿、码头等处，更多采用浆砌石护坡。

2. 浆砌石护坡

浆砌石是使用了胶结材料的块石砌体。石块依靠胶结材料的黏结力、摩擦力和石块本身重量来保持建筑物稳定，在中国水利工程中大量使用了浆砌料石或浆砌块石。由于石块间空隙被充塞密实，因而浆砌石具有更好的整体性、密实性和强度，可以防止渗水、漏水现象发生，增加护坡抵抗侵蚀的能力，浆砌石护坡是十分常见的护坡类型，如图 4-19 所示。

胶结材料通常有以下 3 种：

（1）水泥砂浆：水泥砂浆具有强度高、防水性好等优点，多用于重要建筑物和建筑物与水接触部分。它是由水泥、砂、水按规定比例配合而成的。

（2）混合水泥砂浆：在水泥砂浆中配制一定数量的石灰、黏土或壳灰（用贝壳烧制）；石灰、黏土砂浆是由石灰、黏土和砂配制而成的，混合砂浆或石灰黏土砂浆多使用于强度质量要求较低的小型工程或次要建筑物的水上部分。

图 4-19　浆砌石护坡（苏营险工 13+000）

（3）细骨料混凝土：它是用水泥、水、砂和最大粒径不超过 40mm 的细骨料按规定比例配合而成的，这样不仅节省水泥，还可以提高砌体的强度。砌体内部及水下表面砌体的水泥砂浆，多选用普通硅酸盐水泥、粉煤灰质硅酸盐水泥或火山灰质硅酸盐水泥。如环境水质属酸性或碱性，应选用抗酸性或抗碱性水泥。

通过几十年的发展，浆砌石的使用范围有了进一步扩大，如为提高砌体抗拉和抗剪强度，在胶结材料层上铺设钢筋网或钢筋。加筋的或不加筋的浆砌块石建筑物设计的基本原理与混凝土或钢筋混凝土中常用的原理相似。

浆砌石护坡具有结构坚固、整体性好、外表整齐美观等优点，但适应变形能力较差。砌石护坡除护脚外，还有坡面、封顶两部分。

（1）如果填筑堤防工程的土质不符合设计要求、堤身土料压不密实、设计断面单薄、堤的高度不足、护坡比较薄弱、垫层不符合要求等，则会造成堤坡抗冲能力差的后果。

（2）如果堤防前面水较深、水面宽、风速大、风向和堤坝轴线垂直，则可形成较高波浪及强的冲击力。

（3）风浪顺着堤坡的爬高，使水面以上堤身的饱和范围增大，从而降低了土体的抗剪强度。块石护坡由面层和垫层所组成，面层块石的大小及厚度应能保证自身在水流和波浪作用下不被冲动。块石下面的垫层起反滤作用，防止边坡土粒被波浪吸出或被渗流带出流失。

3. 混凝土护坡

在长期过水的河道堤防加固中，宜多采用防渗效果好、质量容易保证的混凝土护坡；在水位经常变化的蓄水大坝前坡宜采用干砌石护坡；在距离山区石场较近的河道堤防加固，应就地取材，选用干砌石护坡；在远离山区的平原河道堤防加固，则应尽量采用混凝土护坡，以降低工程造价。"距离山区石场远近"很难用固定的数字来说明，因为不同的设计指标，单位长度护坡所用的混凝土或干砌石的工程量也不同，建设者应根据工程具体的设计做具体的比较，选定低造价方案。

4. 混凝土板护坡

混凝土板护坡分现场浇筑和预制板安装两种，一般板厚 10～15cm，下铺砂砾或无纺布土工织物做垫层以防底土流失。另外，在坡脚及中部，应设置齿墙嵌固面板，齿墙可采用混凝土或浆砌石，封顶也可做成齿墙形式嵌入堤顶 50cm。为保证其满足抗冲和抗冻融的要求，混凝土强度不得低于 C15。

混凝土板护坡造价在海河水系一般高于干砌石，但低于浆砌石。混凝土板护坡尤其是预制混凝土板护坡可以在工厂加工制作，质量稳定有保障，施工也较方便，表面整齐美观，抗水流冲击和抗冻融能力也较强。因此近年来在重要的险工河段上，得到越来越多的应用，例如在海河水系的永定河、卫运河、漳卫新河中都已有采用。实践证明，混凝土板护坡有较强的抗御洪水能力，尚未发生明显的冻融破坏等问题。

5. 链锁混凝土板防护

为加强混凝土护坡的整体性和抗冲、抗风浪能力，可采用链锁混凝土板防护措施，即将预制好的链锁混凝土板相互联结，形成柔性排体，既可抗冲、护基，又可适应变形，强固的接连锁允许板块有一定程度的位移，以适应地基变形。这种板块不用任何支撑即可铺设在 1∶2 的斜坡上。板块底部铺设无纺土工布，防止基土流失。表层特殊的构型具有吸收波浪和水流运动能量的作用。这种结构已在国内部分堤防运用。

4.2.3.2　工程实例 1——张老坝险工

1. 险工概况

如图 4-20 所示，沂河张老坝险工（右堤桩号 19+100～20+100）位于邳州市张家村沂河西堤上，险工段长度为 1000m，距离下游华沂坝 3.95km。

该险工段原为老沂河分洪口，1953 年导沂整沭时堵闭。堵闭时堤防随河势而筑，向外拐弯，形成弯道，致使大堤坐弯迎溜，行洪时洪水主流冲击大堤，危及大堤安全。低水位行洪时，洪水侵蚀西漫滩，在水流作用下，该处沂河河槽内形成了一长约 200m 的狭长沙丘小岛。水流在此分为两股，小岛以东为沂河主泓，小岛与大堤间形成西偏泓，河岸坍塌向下游发展较快。

张老坝险工段堤防为砂性土，砂性土层分布范围为 30.3～27.5m，砂性土层厚度为 2.8m。

图 4 - 20　张老坝险工位置示意图

2. 2001 年治理方案

根据该险工性质及现场地形条件，为合理消除险工，本次工程主要分为两个部分。

1）增设坝式护岸

坝型选择：根据张老坝现场地形条件，为达到上述设坝目的，可在该处西偏泓上、下游各设一道拦河坝，连接河岸与河中小岛。本次工程坝型选用抛石坝。

（1）坝轴线确定，根据测量的现场地形及河底高程变化情况，上游 1# 坝轴线可沿河岸现有小丁坝坝端与河心小岛北端连接线布置；下游 2# 坝可在拐弯处向南一定距离，河底深 22.5m 处，垂直西偏泓线布设。1# 坝轴线长 160m，河底高程约 22.5m，2# 坝轴线长 64m，河底高程 22.5m。

（2）大坝设计断面：①坝顶高程，华沂坝在张老坝险工下游，相距约 4km，华沂坝坝面设计高程约 26.5m，坝上正常蓄水位 26m。为保证非行洪期，河水不漫坝冲刷河岸，上游 1# 坝坝顶高程为 26.5m，下游坝根据地形特点定为 25.5m。②坝顶宽度及边坡根据《堤防工程设计规范》（GB 50286—2013），坝顶面宽度按构造要求选 3m。为节省工程量，本坝上游坡比采用 1：1，下游坡比采用 1：1.5。为保护堆石坝石块不被水流冲塌，施工中分层铺设（每 1m 一层）钢筋网保护。

坝下防冲设施设计：为防止坝下游底脚地基冲坑，造成坝体坍塌，根据规范，按构造要求，设干砌石防冲坑，坑深 1.2m，底宽 1.5m，顶宽 3.9m，边坡坡比为 1：1。

坝两岸连接保护护砌工程设计：为保护主坝，坝两端上、下游河岸需要做干砌石护砌保护。1# 主坝，东侧与河中小岛相连，上游做圆锥形裹头护坡，沿外围向下延伸 50m；下游沿小岛一侧河岸做 50m 干砌石护坡。护坡顶高程 26.5m，底高程 23m，边坡坡比为1∶3。设置封边压顶格埂及底脚墙，格埂尺寸为0.4m×0.6m（宽×高），底脚墙尺寸为0.6m×0.8m（宽×高）。干砌石厚30cm，石子垫层10cm，西端与河岸连接，坝上、下游各做50m护砌，护砌顶高程27.5m，底高程25m。

2#主坝，坝东侧与河中小岛相连，现状河坡平缓，靠坝轴线上下游各30m范围内，岸坡坡比为1∶4左右，采用抛石护岸，抛石厚度45cm，垫层厚度30cm，护坡顶高程26.5m，底高程23m，边坡坡比为1∶4，长度60m。主坝西端坝轴线附近，滩面狭窄，河口紧逼堤脚，对大堤安全十分不利，采用干砌块石护岸，主坝下游，护岸顶高程25.5m，底高程22.5m，河坡坡比为1∶3，护坡长度60m；主坝上游河岸坐弯迎溜，极易冲塌，干砌块石护砌，护砌顶高程25.5m，底高程22.5m（局部21.5m），边坡坡比为1∶3，护砌长度245m。上下游干砌块石护坡均设置封边压顶格埂及底脚墙，格埂尺寸0.4m×0.6m（宽×高），底脚墙尺寸0.6m×0.8m（宽×高）。每隔20m沿河岸线设顺河坡格埂，尺寸同上。

2）增设大堤迎水面干砌石护坡

护坡顶高程：按沂河50年一遇行洪8000m³/s标准，苗圩起点水位25.4m，推算沂河沿程水位，张老坝险工处水位32m，根据《堤防工程设计规范》考虑0.5m安全超高，护坡顶高程定为32.5m。

护坡设计：根据张老坝险工段大堤位置和现状其他实际情况，大堤护坡可分为两部分处理，北部大堤拐弯段，长约360m，大堤坐弯迎溜，洪水主流直冲大堤，地状堤顶高程34～33.5m，堤顶宽6～7m，边坡坡比为1∶3，滩面高程29.5m左右，迎水面现状无护坡。该段做干砌块石护坡，护坡顶高程为32.5m，护坡底高程为29.5m，边坡坡比为1∶3。按规范要求，经计算护坡块石厚30cm，石子垫层厚10cm。设封边压顶及底脚墙，另沿堤顶线每隔20m设一道顺坡向纵向格埂，格埂尺寸为0.4m×0.6m（宽×高），底脚墙尺寸亦为0.4m×0.6m（宽×高），共需要做17道纵向格埂、2道封边格埂、各一道封顶及底脚墙长360m。拐弯向南长约200m大堤，现状迎水面滩面狭窄，河口紧逼堤脚，原有二阶干砌石护坡，上阶护坡维护较好，可以利用。下阶护坡损坏严重，拆除重建。重建护坡顶高程为32m，护坡底高程随滩地高程而变化，桩号0+600处高程为27m，桩号0+800处高程为28.5m。实际护坡长度约235m，干砌块石护坡厚30cm，碎石垫层10cm。设封边压顶格埂及底脚墙，另每隔20m设一道顺堤坡纵向浆砌石格埂，格埂尺寸为0.4m×0.6m（宽×高），共需要设纵向格埂9道、封边墙2道、封顶及底脚墙各1道。

3.2008年治理方案

根据沂河砂堤工程实际情况，本次工程选用多头小直径深层搅拌桩截渗墙方案作为沂河砂堤防渗处理方案。

沂河堤防设计堤顶宽6～8m，截渗墙布置在堤顶靠近迎水侧距迎水坡堤肩1m处，墙中心线基本平行于大堤中心线，墙顶高程高出设计洪水位0.5m且不低于现状堤顶高程下1m，截渗墙底高程穿过透水层进入相对不透水层10m。

张老坝段险工截渗墙顶高程为30.7～35.7m，墙底高程为27.6～28.7m，平均墙高为7.3m。

4.2.3.3　工程实例 2——苏营险工

1. 险工概况

如图 4-21 所示，沭河苏营险工（桩号 12+590～13+800）位于新沂市唐店乡苏营村东北总沭河右堤上，长 1210m。该段堤顶高程及堤身断面均不达设计标准，堤身瘦小且土质砂。主河槽逼此岸，坐弯顶冲，迎水滩地窄小，原石护基础较高（24.5m），基础悬空。背水堤脚处深塘洼地。由于洪水冲刷和当地群众不听劝阻盲目采砂，河床加深，基础以下河岸陡立，石护工程失去稳定，汛期行洪时可能大面积坍塌而造成堤防破坏。同时，堤身为砂质土壤构筑，汛期行洪时，背水堤脚渗水情况严重。

图 4-21　苏营险工位置示意图

为保护 10 个村庄人民生命财产安全，1997 年对该段迎水石护（右堤桩号 12+860～12+100）进行维修，背水深塘洼地填土做加高处理。由于河道内存在非法采砂行为，因此河床加深、河岸陡立。堤身、堤基为砂质土，抗冲能力差。迎水坡原有干砌红石护坡，为新沂市水利局于 20 世纪 70 年代护砌，现红石大部分风化，加上年久失修、雨水冲刷，坡底沙土流失，造成护坡大面积塌陷，护坡面与封顶墙多已完全脱离。因此，1999 年对险工段（右堤桩号 12+800～13+010）进行翻修，改做浆砌护坡，以保证苏营段沭河大堤安全度汛。

2. 1997 年治理方案

（1）迎水石护维修

迎水石护维修可采用两种方案进行处理。一种方案是现基础以下护岸接长至河底，在河底增做齿坎。但由于河槽中水位较高，石护及齿坎难以实施。同时，河槽底均是砂，齿坎难以稳定，洪水冲刷仍有倒塌之危险。第二种方案是在迎水基础以下抛石护岸，增强基础齿坎稳定。此方案施工简单，不受水位影响。故采用抛石护岸方案进行维修。如图 4-22 所示迎水坡部分，抛石长 160m，抛石顶宽 1m，边坡坡比为 1:1.5，抛石顶高平原基础顶高程，即 25m。

（2）背水填塘

如图 4-22 背水坡部分所示，背水填塘长 200m、宽 10m，填土高程平原滩地，即

26m，坡比为1∶3，不碾压实，采用加虚高方法进行施工，虚高增加量按实填厚度增加30％自然折实。

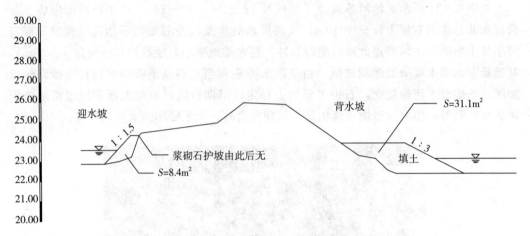

图4-22　苏营险工1997年治理横断面图（桩号57＋400）

3.1999年治理方案

如图4-23所示，该段堤防堤顶高程为31m左右。警戒水位为28.5m，设计水位为28.9m，此次石护封顶高程超出设计水位0.6m，为29.5m（与原石护封顶高程同）。考虑沭河水位情况，石护基础高程定为25.5m。右堤桩号12＋800～12＋850段因坡面较陡，坡比为1∶1.5，其余段坡比为1∶2。

坡顶采用50cm×50cm（宽×高）浆砌石封顶墙，浆砌石基础顶宽50cm、底宽80cm、高80cm。坡面为30cm厚浆砌石，下铺10cm厚石子。沿护坡纵向每间隔15m设置一沉陷缝，并于高程27m处设置排水孔，孔距3m，呈梅花形布置。

将原坡面的干砌红石拆除后，抛于石护基础以下，为固基处理用。抛石顶宽1m，坡比1∶1.5。由于红石风化严重，利用率仅有50％。

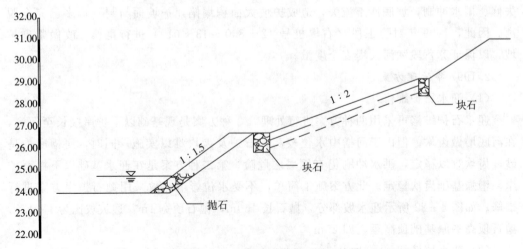

图4-23　苏营险工1999年治理横断面图（桩号12＋850）

4.2.3.4 工程实例3——吴家险工

1. 险工概况

如图4-24所示，沂河吴家险工段（左堤桩号16+350～16+950）位于邳州市合沟乡吴家村北，险工段长度为600m。

该险工段段堤顶高程超设计水位2m，顶宽不足6m，内外坡比为1：3，堤顶与滩地高差近8m。险工堤身堆筑在砂基上，堤身系沙土构筑且处于河道的凸处，迎水滩地不足20m，堤后深塘洼地。雨水洪水冲刷，水土流失严重。同时中泓逼近此岸，主流直冲堤身，堤防坍塌严重。

1997年对曾该段险工增做了浆砌块石护坡。2008年再次对该险工段增做多头小直径深层搅拌桩截渗墙，以提高砂性土的防渗能力。

图4-24 沂河吴家险工段位置图

2. 1997年治理方案

根据该险工性质及现场地形条件，为防止主流袭击堤身而造成严重塌坡滑坡，本次工程采用在迎水坡增设浆砌块石护坡的治理方案。

浆砌块石护坡长度为600m，护坡顶高程超过设计水位0.5m，即32.75m，护坡底高程27.5m，坡比为1：3，护坡厚30cm，下设碎石垫层厚度为10cm。护坡以下做宽×高为60cm×80cm浆砌块石齿坎。护坡顶及两侧做宽×高=50cm×60cm浆砌块石封顶压边，并在护坡底部设排水孔。每隔30m设沉陷伸缩缝一道。

3. 2008治理方案

根据沂河砂堤工程实际情况，本次工程选用多头小直径深层搅拌桩截渗墙方案作为沂河砂堤防渗处理方案。

沂河堤防设计堤宽6～8m，截渗墙布置在堤顶靠近迎水侧距迎水坡堤肩1m处，墙中心线基本平行于大堤中心线，墙顶高程高出设计洪水位0.5m且不低于现状堤顶高程下1m，截渗墙底高程穿过透水层进入相对不透水层10m。

戴沟段险工截渗墙墙顶高程为29.3～29.7m，墙底高程为22.6～24m，平均墙高为 8.1m。

4.2.3.5　工程实例 4——戴沟险工

1. 险工概况

如图 4-25 所示，沂河戴沟险工段（左堤桩号为 32+100～39+100）位于新沂市港头镇戴沟村西，险工段长度为 800m。

该险工段堤防堆筑在老戴沟河上，堤基系沙土或粉沙土，堤身由沙土或沙壤土构筑，堤身迎水无滩地，东偏泓紧靠堤脚，背水堤脚处洼地深塘，堤顶与滩地高差 9m 左右。行洪时，背水堤脚渗水塌坡形成陡立，为保大堤安全，1997 年对该险工段进行了护砌保护和背水深塘洼地填平。于 2008 年，增做多头小直径深层搅拌桩截渗墙，以提高砂性土的防渗能力。

图 4-25　沂河戴沟险工段位置图

2. 1997 年治理方案

根据该险工性质及现场地形条件，为防止主流袭击堤身而造成严重塌坡滑坡，本次工程采用在迎水坡增设浆砌块石护坡以及填平背水深塘洼地的治理方案。

（1）增设浆砌块石护坡：浆砌块石护坡长度为 800m。护坡顶高程超设计水位 0.5m，即 27.5m，底高程 21m，护坡坡比为 1：3。护坡厚 30cm，下设碎石垫层 10cm。护坡以下设宽×高＝80cm×100cm 浆砌块石齿坎，护坡顶及两侧设宽×高＝50cm×60cm 封顶压边。护坡底部设排水孔，每隔 30m 设沉陷缝一道。

（2）填平背水深塘洼地：背水深塘洼地长度为 300m，水深 2.5m 左右。填塘宽 20m，填塘顶高程出原地面 0.5m，实际填塘深 3m，不碾压，加虚高 30%。

3. 2008 年治理方案

根据沂河砂堤工程实际情况，本次工程选用多头小直径深层搅拌桩截渗墙方案作为沂河砂堤防渗处理方案。

沂河堤防设计堤顶宽 6～8m，截渗墙布置在堤顶靠近迎水侧距迎水坡堤肩 1m 处，墙中心线基本平行于大堤中心线，墙顶高程高出设计洪水位 0.5m 且不低于现状堤顶高程下 1m，截渗墙底高程穿过透水层进入相对不透水层 10m。

戴沟段险工截渗墙墙顶高程为 29.3～29.7m，墙底高程为 22.6～24m，平均墙高为 8.1m。

4.2.4　模袋砼护坡

4.2.4.1　原理及基本要求

模袋混凝土是我国 20 世纪 80 年代初从国外引进的一项现浇混凝土新技术，是由上下两层土工织物制成的大面积连续袋状材料，袋内充填混凝土或水泥砂浆，凝固后形成的整体混凝土板用来护坡，模袋上下两层之间用一定长度的尼龙绳来保持其间隔，可以控制充填时的厚度。由于它具有整体性和耐久性好、地形适应性强（柔性）、施工速度快等特点，因此在大江大河、内陆河道、湖泊、水库、海防港湾等工程中得到了广泛的应用。

模袋砼护坡如图 4-26 所示。

图 4-26　模袋砼护坡（西蔡险工 36＋650～37＋000）

1．模袋砼护坡的工作机理

模袋混凝土护坡以机织土工模袋作为柔性模板，利用混凝土输送泵将细石混凝土压入模袋，形成具有一定厚度、一定平面尺寸的混凝土单元，若干单元通过模袋布联结成整体，从而达到护坡的功能。

2．模袋的类型及其特点

（1）模袋的类型

土工模袋根据其材质及加工工艺的不同，分为机制模袋和简易模袋两大类。其中，根据填充材料不同可分为砂浆型和混凝型，其中，根据模袋护坡作用和结构不同，砂浆型模袋可分为反滤排水点-EP 型、无反滤排水点-NF 型、铰链块型-RB 型和框格型-NB型，混凝土模袋通常为无排水点-CX 型。

（2）模袋混凝土护坡的特点

模袋混凝土护坡技术由于具有施工简单、效率高且可直接在水上或水下进行施工等特点，在国内外已得到了广泛的应用，其主要作用为防风浪、抗冲刷。采用模袋混凝土护坡结构，不仅可以加快施工进度，减少施工期干扰，而且可减少护坡维修工程量，有利于工程日常管理、维护护坡外观整齐美观。

3. 模袋砼护坡的施工程序和工艺要求

采用模袋混凝土护坡的施工方案为：护坡面修整—模袋摊铺、固定—充灌—养护。

1）边坡处理

在进行坡面地形测量并得出相应数据后做如下处理：

（1）旱地边坡处理：铺模前应按设计要求对边坡进行挖填整平，保证坡面平顺，无杂物，填方部位要夯（压）实。

（2）水下边坡处理：对陡坡河岸应先抛石找坡，然后在抛石坡面上铺碎石找平层，将块石覆盖住。找平层要大体平顺，保证不平整度小于 15cm，可通过潜水员进行检查。

（3）开挖埋固沟：用挖泥船在坡脚水下开挖，控制不平整度在 30cm 以内，开挖弃渣于沟槽外侧。埋固沟底宽 1m，深 1m。

2）模袋铺设

模袋铺设前，要按施工编号进行详细检查，看有无孔洞，是否存在缺经、缺纬、蛛网、跳花等缺陷。检查完后，将模袋铺平、卷紧、扎牢，按编号顺序运至铺设现场。打开袋包，将模袋按编号顺序铺在坡面上，检查塔接布、充灌袖口和穿管布等是否缝制有误、是否有破损。如果正常，则进行相邻模袋布的缝接，穿钢管于模袋穿管孔中。如果发现异常则要尽快解决。

铺设模袋时必须预留横向（顺水流方向）收缩量，一般来讲，起圈厚度控制在 15～25cm，横向收缩量控制在 20cm 左右。

为了防止模袋顺坡下滑，在坡顶模袋上缘封顶混凝土沟槽以外适当位置设置定位桩。定位桩的间距视坡长、坡度、模袋厚度等条件而定。通常是在模袋布的小单元分界面打设一个定位桩，用尼龙绳将穿入模袋穿管孔中的钢管系牢，另一端通过拉紧装置与定位桩相连。每根桩上配拉紧绞杠，用以调整模袋上、下位置并固定模袋。

在风浪较大的施工现场，可用砂袋分散压住铺好的模袋，防止风浪使模袋变位。

3）充灌混凝土

（1）混凝土的原材料和配合比。粗骨料的最大粒径主要取决于模袋充灌后的拉筋带厚度。拉筋带厚度与起圈厚度有关，一般若模袋起圈厚度为 12～30cm，骨料最大粒径在 1～1.5cm；若起圈厚度为 30～70cm，骨料最大粒径小于 2.5cm。粗骨料应优先选用卵石，当选用碎石时，应严格控制颗粒形状及针片状含量。砂子宜选用中细河砂。水泥多为普通硅酸盐水泥，标号 425♯。掺料为粉煤灰，掺量最高可达 30％。常用的外加剂为木钙减水剂。

（2）配合比根据混凝土标号、原材料特性及混凝土和易性等要求，通过试验决定。

（3）模袋混凝土充灌及养护

① 混凝土生产用常规搅拌机，混凝土充灌用混凝土输送泵。为了保证混凝土进入模袋时的坍落度值，在高温季节施工时，当管道长时（不宜超过 50cm），应预先以水润湿管道，对模袋同样应预先润湿。

② 充灌模袋的速度不宜过快，压力不宜过大，一般利用低流量灌注。速度宜控制在 10～15m³/h，管道口压力控制在 0.2～0.3MPa。

③ 模袋布自下而上、从两侧向中间进行充灌，充灌饱满后，暂停 10min，待模袋填料中水分、空气析出后，再稍充些填料，这样就能充填饱满，而且使充灌后的混凝土强度大于同标号的常规方法浇筑的混凝土。

④ 在灌注混凝土的过程中，一个小单元模袋应尽量被一次连续充灌完成；充灌地点设专人指挥，与混凝土的操作者时刻保持密切联系。充灌地点配备适当数量的人员观察灌注情况，对灌注困难的部位可采取踩踏的方法使其充满。

⑤ 充满后，用绳将充灌袖口系紧，防止混凝土外溢，待混凝土稍微凝固，用人工将袖口混凝土掏出，将袖口布塞入布袋内，用水将模袋表面冲洗干净。尽量消除施工中难以避免的脚印，然后进行保护，防止人畜踩踏或其他物品撞、压模袋。

⑥ 岸上模袋混凝土充灌结束 12h 后，即应进行洒水养护，每日洒水 4 次，养护14d 左右。

4.2.4.2　工程实例 1——西蔡险工

1. 险工概况

如图 4-27 所示，沂河西蔡险工段（右堤桩号为 35+804～37+800）位于罗庄区黄山镇东蔡西蔡村东，土山拦河坝下，险工段总长度为 1994m。

该险工段河床为岩石，河床存在横向比降，左岸河床比右岸河床约高 3m，导致主流靠右岸，加之右岸滩地土质为沙土，上部壤土层厚 1m 左右，下部为厚层中粗砂，抗冲性差，一旦发生中小洪水，滩地极易坍塌。

2012 年对该险工段进行了丁坝群护岸和浆砌石护坡的增设。2014 年和 2016 年均对该险工段进行了模袋砼护坡的治理。

图 4-27　沂河西蔡险工段位置图

2. 2012 年治理方案

根据该险工性质及现场地形条件，本次工程采用增设丁坝和护坡的方案进行治理。

1）丁坝群护岸

本次工程丁坝顶部纵向坡比取 1∶200，向河心倾斜。沂河右岸堤防桩号 37+800 处丁坝顶高程为 43.9m，桩号 37+700 处丁坝顶高程为 43.6m，桩号 37+610 处丁坝顶高程为 43.5m，桩号 37+375 处丁坝顶高程为 43.4m，桩号 37+325 处丁坝顶高程为 43.3m，桩号 37+275 处丁坝顶高程为 43.2m，桩号 37+225 处丁坝顶高程为 43.1m。

2）M10 浆砌石护坡

表面块石护坡厚度采用 0.15 m，其下采用的浆砌片乱石厚度为 0.2m，碎石厚 100mm，中粗砂厚 100mm。护坡设计如下。

（1）基础：根据断面情况及沂河治理初步设计成果，确定基础断面尺寸高 1m，上顶宽 0.8m，下顶宽 0.5m，坡比为 1∶0.3，采用 M10 砂浆片乱石砌筑，M10 砂浆抹面。

（2）封顶：封顶高程的确定参考工程所在处滩地高程，尽量避免封顶高出滩地以形成人为阻水障碍物，保证滩地积水能及时得到排除，确定封顶高程为丁坝顶高程以上 3m，若距离滩地高程较近，可做到滩地高程。封顶断面尺寸高 0.8m，宽 0.6m，采用 M10 砂浆乱石砌筑，M10 砂浆抹面。

（3）护坡坡比、护坡形式及分缝：根据实际地形地貌及工程经验，护坡坡比确定为 1∶1.5，表面采用 M10 浆砌块石，块石护坡厚度采用 0.15 m，其下采用浆砌片乱石厚度为 0.2m，碎石厚 0.1m，中粗砂厚 0.1m，每 10m 分缝，缝内充填油毛毡。

（4）裹头：护坡两端采用 M10 浆砌乱石裹头保护，深 1.5m，宽 1m，坡比同护坡比，表面采用 M10 砂浆抹面。

（5）回填：基础完工后，基础外回填碎石并夯实，高程基本与基础顶持平。封顶完工后，封顶外侧回填土并夯实，高出封顶部分削成坡比为 1∶1.5 的斜坡。

3. 2014 年治理方案

根据该险工性质及现场地形条件，本次工程采用模袋砼护坡的治理方案，具体设计如下。

（1）模袋布选型

根据本工程的水文、气象条件，参考类似已建工程，选择矩形 FWG/B（50/50 - C600）型模袋布。该型模袋价格便宜，且能满足一般工程的要求，从技术经济角度考虑，选用丙纶材质。

因有反滤排水点的模袋只能冲灌砂浆，所以选用的模袋无反滤点。

模袋沿坡向长度平均为 19.7m，沿岸向可取宽度为 1.97m×8＝15.76m，1.97m 为模袋机织宽度。

（2）模袋厚度的确定

模袋砼的厚度应满足能抵抗护坡坡面局部架空引起的弯曲应力、风浪产生的浮力及抵抗因冰推力导致的模袋沿坡面滑动等要求。经计算，本次设计取模袋的充填厚度为 20cm。

（3）模袋砼的配合比

参照已建工程经验，模袋砼设计强度等级为 C20；骨料最大粒径为 20mm，砼坍落度为（22±1）cm，为了提高砼的耐久性，砼水胶比不大于 0.55，为了改善砼的可泵性和冲灌性，可掺适量的泵送剂。

（4）模袋砼护岸结构形式

根据实际工程情况确定护岸浆砌石封顶高程为 45.9m，砼模袋的顶端埋置在浆砌石平台内侧的沟槽中，模袋底端为避免水下开挖沟槽而采用活络块式模袋，即使模袋底端河岸受淘刷形成淘刷坑，活络块式模袋也可随之下沉护住坑内侧，阻止进一步淘刷。模袋及活络块均采用 C20 砼，厚度 0.2m。根据河床的冲刷深度，确定活络块式模袋宽 3m。活络块顶高程定为近岸河底高程 37.75～38.17m，砼膜袋护岸顶高程45.6m，顶部宽度 0.5m，深度 0.2m，齿墙宽 0.2m，深 0.5m。

护岸顶部设浆砌石封顶，顶高程 45.9m，断面形状为齿墙形式，宽度 1m，深度0.3m，齿墙深 0.7m，采用 M10 砂浆砌筑并抹面。

（5）裹头

护坡两端采用 M10 浆砌乱石裹头保护，深 1.5m，宽 1m，坡比同护坡坡比，表面采用 M10 砂浆抹面。

（6）回填

封顶完工后，封顶外侧回填土并夯实，高出封顶部分削成坡比为 1∶1.5 的斜坡。

4. 2016 年治理方案

根据该险工段险工性质、除险效果、施工技术条件以及地形条件等综合因素，本次工程采用模袋混凝土护坡治理方案。模袋混凝土护岸设计方案如下。

（1）模袋布选型：根据有关技术资料，模袋布有哑铃型、梅花型、矩形型、框格型、铰链型等多种形式，根据本工程的水文、气象条件，参考类似已建工程，选择矩形 FWG/B（50/50－C600）型模袋布。该型模袋价格便宜，且能满足一般工程的要求，从技术经济角度考虑，选用涤纶材质。因有反滤排水点的模袋只能冲灌砂浆，所以选用的模袋无反滤点。

（2）模袋厚度的确定：模袋砼的厚度应满足能抵抗护坡坡面局部架空引起的弯曲应力、风浪产生的浮力及因冰推力导致的模袋沿坡面滑动等要求。本次设计取模袋的充填厚度为 20cm。

（3）模袋砼的配合比：参照已建工程经验，模袋砼设计强度等级为 C20；骨料最大粒径为 20mm，砼坍落度为（22±1）cm，为了提高砼的耐久性，砼水胶比不大于0.55，为了改善砼的可泵性和冲灌性，可掺适量的泵送剂。

（4）模袋砼护岸结构形式：根据实际工程情况确定护岸浆砌石封顶高程 44m，砼模袋的顶端埋置在浆砌石平台内侧的沟槽中，模袋底端为避免水下开挖沟槽而采用活络块式模袋，即使模袋底端河岸受淘刷形成淘刷坑，活络块式模袋也可随之下沉护住坑内侧，阻止进一步淘刷。模袋及活络块均采用 C20 砼，厚度 0.2m。根据河床的冲刷深度，确定活络块式模袋宽 3m，活络块底高程定为近岸河底高程 36.89～38.32m，砼膜袋护岸顶高程 43.7m，顶部宽度 0.5m，厚度 0.2m，齿墙宽 0.2m，深 0.5m。护岸顶部设浆砌石封顶，顶高程 44m，断面形状为齿墙形式，宽度 1m，深度 0.3m，齿墙深 0.7m，采用 M10 砂浆砌筑，并抹面。具体结构形式见图纸。

（5）护坡分缝设计：模袋采用丙纶材质，每幅宽为 16m，接缝处定制宽度为 1m、长度与铺设河道边坡等长的 300g/m² 的土工布，以起到反滤的作用，防止接缝处土质边坡在水流作用下产生淘蚀现象，对边坡造成破坏。

（6）裹头：护坡两端采用 M10 浆砌乱石裹头保护，深 1.5m，宽 1m，坡比同护坡坡比，表面采用 M10 砂浆抹面。

（7）回填：封顶完工后，封顶外侧回填土并夯实，高出封顶部分削成坡比为 1∶1 的斜坡。

4.2.4.3　工程实例 2——桑庄至高大寺险工

1. 险工概况

沂河桑庄老石护岸工程（左堤桩号为 13＋127～14＋557）位于郯城县马头镇桑庄村北，险工段总长度为 1430m，位置如图 4-28 所示。

该险工座弯顶冲，历史上曾多次决口，当地群众深受其害，原有老石护坡分别于 1947 年、1957 年建成，1991 年进行维修加固，对枯水位以下抛石固基、维修坡面，是沂河重点治理的险工河段之一。该工程自运行以来，对防洪、保滩、护堤发挥了重要作用。但工程已运行多年，历经多次洪水冲刷，加之工程老化、人为破坏等因素的影响造成石护损坏严重。该河段深槽已靠近原石护岸坡脚，通过分析计算，冲刷已达平衡状态，但由于受拦河坝冲砂闸及弯道环流等因素影响，深槽在造床流量作用下将向石护岸脚方向继续移动。根据近几年的测量资料分析，深槽以每年 0.12m 的速度向石护岸脚移动，致使该段抛石基础坠入河底，干砌护坡悬空，坍塌严重，工程的防洪能力大大降低。特别是受到 1993 年 8 月 5 日的大洪水以及 1997 年 8 月 20 日的大洪水袭击，险情进一步加剧，坡面出现大面积滑坡，并有继续加剧及向上游延伸的趋势。该险工段滩地狭窄，平均宽度为 0～20m，堤顶高程 46.65m，堤外地面高程 40.8m，老石护基础顶高程 36.2m，河底高程 36.02m，堤防外即为村庄，一旦护岸失事，势必将危及堤防安全，后果不堪设想。

1999 年曾采用抛石护脚、干砌护坡维修的治理方式，对该险工段进行了治理。2001 年对该险工段采用了模袋砼、浆砌石护岸的治理方案。

图 4-28　沂河桑庄至高大寺险工段位置图

2.1999 年治理方案

根据险工性质及现场地形条件，本次工程采用抛石护脚、干砌护坡维修的治理方案，工程施工段桩号为 15＋129～15＋429。

1）抛石护脚

（1）基础顶高程的确定：原石护基础顶高程 36.2m，正常枯水位 36m，经实测枯水位在 300m（15＋129～15＋429）范围内水位基本持平，为了以便观测抛石日后的变形情况，便于护坡维修施工，本次工程抛石顶高程仍按原基础顶高程，确定为 36.2m。

（2）抛石顶宽的确定：抛石顶宽参照以往工程的经验，抛石顶宽设计为 1m，上层采用 30cm 厚干砌石封顶。

（3）抛石稳定边坡：边坡坡比采用 1∶1.3。

（4）抛石规格：抛石的尺寸，以能抵抗水流冲击、不被流水冲走为原则，本次工程抛石粒径为 0.25～0.35m，重量为 20～56kg。

2）干砌护坡维修

干砌护坡维修仍顺原坡比，其中干砌块石厚 0.3m，石子及粗砂垫层各厚 0.1m，需要维修 225m³。

3）土子埝恢复

原有土子埝经多年运行，已不存在，本次工程旨在恢复土子埝，土子埝尺寸顶宽 0.5m，高 0.5m，坡比 1∶1。

4）水溜子修复

水溜子经多年运行，大部分已折断损坏，不能发挥作用，为防止水流对岸坡的冲刷，需对水溜子进行维修。本次工程采用 80♯浆砌乱石维修，厚 20cm，高 30cm，下设砂石反滤层 20cm。

5）封顶水泥砂浆勾缝

抛石基础受水流冲刷后容易变形，本次工程在抛石封顶上进行水泥砂浆勾缝，该措施可增强基础的整体性。

6）旧石利用：原有抛石基础经多年运行，随河底的刷深，大多已坠入河底，故旧石利用率偏低，本次工程旧石利用率为 20％，共计 24 方。

3.2001 年治理方案

根据险工性质及现场地形条件，本次工程选用下部模袋砼、上部浆砌石护岸的治理方案，工程施工段桩号为 14＋957～15＋129。

在 36.5m 高程平台以下采用 15cm 厚的模袋砼护岸，当前水位以下河岸陡坡维持现状，当前水位以上，陡于坡比为 1∶2 的岸坡削成坡比为 1∶2 的岸坡；36.5m 高程平台以上采用 0.35m 厚浆砌块石护岸，先削成坡比为 1∶2 的岸坡，再进行护砌，浆砌块石在 36.5m 高程平台内侧的沟槽中与模袋砼连接。具体方案如下。

1）模袋砼设计

（1）模袋选型：本次工程选择矩形 WYC-1 型模袋。模袋选用丙纶材质。因有反滤排水点的模袋只能冲灌砂浆，所以选用的模袋无反滤点，在模袋上增设渗水管，间距 3m。模袋沿坡向长度 13m，沿岸向可取宽度为 1.97m×8＝15.76m，1.97m 为模袋机织长度。

(2) 模袋砼的厚度：本次工程取模袋的充填厚度为 15cm。

(3) 模袋砼的配合比：参照已建工程的经验，模袋砼设计强度等级为 C20；骨料最大粒径为 20mm，砼坍落度为（22±1）cm，为了提高砼的耐久性，砼水胶比不大于 0.55，为了改善砼的可泵性和充灌性，掺用粉煤灰 25%～30%并掺适量泵送剂。

2）浆砌石设计

(1) 浆砌石及垫层：自枯水期平台向上至岸滩河口顶缘为浆砌石护岸，坡比为 1∶2。M7.5 浆砌石护岸厚 35cm，其中上部 20cm 为浆砌块石镶面，块石尺寸为厚×长×宽＝20cm×40cm×30cm，下部 15cm 为浆砌乱石填腹，乱石粒径不超过 15cm。浆砌乱石下部为厚约 10cm 的瓜子石垫层。浆砌石护岸底部伸入 36.5m 高程平台内侧的阻滑槽，与模袋砼连接，其上部与浆砌石封顶连接。

浆砌石封顶厚 50cm，宽 80cm，浆砌石护岸每隔 30m 设变形缝 1 条，用 2cm 厚沥青木板填缝。

(2) 反滤设计：用于该工程浆砌石护岸的反滤的针刺非织造土工织物，选用克重为 250g/cm² 的聚丙烯短纤针刺织物，幅宽 6m，织物顶端埋入封顶槽中，下端埋入枯水位平台内侧的阻滑槽内，水平向搭接长度 40cm，上游块压在下游块之上。

(3) 排水设计：浆砌石护岸面设上下两排排水孔，高程分别为 39m 和 37.5m，排水孔水平间距 3m，呈梅花形布置，模袋砼的水上部分也设渗水孔，间距 3m。采用管径 80mm 的、管身有孔的硬塑料管（PVB 管），插至土工织物反滤接触处。

为排除岸滩上的雨水，在本工程桩号 0＋000、0＋050、0＋100 和 0＋150 处设置 4 条坡面排水沟，其中 0＋000 沟宽 2m，其中沟宽 1.2m，排水沟从岸滩顶至枯水期平台止，排水沟内设台阶，既为消能跌水，又作为人行台阶，台阶至沟顶高度为 35cm，排水沟由浆砌石构成，用 M10 砂浆抹面，护岸封顶内侧顶沿河向设置高 50cm、顶宽 50cm，内外坡比均为 1∶1.5 的土堰，按当地的习惯，以代替纵向排水沟拦截雨水使其流入坡面排水沟。

4.2.4.4 工程实例 3——果园险工

1. 险工概况

果园险工（相应堤防桩号 9＋631～10＋281）位于沂河右岸郯城县胜利乡果园村南，险工段总长 650m，其中：塌岸 9＋781～10＋281，长 500m；老石护基础损坏 9＋631～9＋781，长 150m。

此险工滩地高程 38.5m，河底高程 33.2m，为历史上老险工，曾于 1987 年进行了治理，做石户岸 300m，现其中的 150m 基础已悬空成坍塌部位。此处险工位于弯道凹岸，过水断面狭窄，流速较大，水流冲刷使河岸坍塌严重。为保证下游苏鲁两省广大地区的安全，需要对其进行维修处理。

2. 1995 年治理方案

该处险工枯水期水深近 2m，水流湍急，若采用传统的块石护坡形式维修，围堰工程量很大，截流、排水难度也大。根据现场勘查结果，结合沭河堤马庄工程经验，设计采用简易模袋灌注 100♯砼覆盖坡面的结构形式作为河道护坡的试验项目。这种形式整体性好，不用做基础、围堰及粗砂垫层、碎石垫层等。经初步计算，该工程采用此结构形式比采用浆砌石护坡可节省投资 7 万余元，经沭河银马庄除险工程试验，已取得成功，具有很大的经济效益和推广价值。

根据实测资料，本次设计对 9＋958～10＋258 段共 700m 长的塌岸险工采取模袋试验项目。该段险工河底高程为 33～34m，河口高程 36～39m，边坡比为 1∶1.5 左右，设计采用原坡比 1∶1.5，设计护坡河底高程 33.5m，顶高程 37m，由于水较深，水下部分无法整理，只削坡或回填水上部分，对于河道内实际情况，若河底高程高于 33.5m，多余模袋长可作为护底向河内顺延。

考虑整体稳定性及排水性能等要求，模袋平面形式设计采用多筒串联型式。模袋缝制设计时将 4 幅宽为 2.6m 的编织布缝合成 10m 宽的一整幅（叠缝 5cm），按坡长 0.55m 截断袋长，在底部缝合宽×高为 10cm×15cm 的筒，以便插入混凝土棒，将模袋固定在水下。设计砼厚 20cm，砼用 0.4m³ 搅拌机拌和，通过溜槽和导管灌入模袋，并用 2.2kW 振捣器振捣。每两整幅模袋之间留 2～3cm 空隙，以适应温差要求，此空隙用防渗布铺设 0.2m，并用三根长 1m 的钢筋将两模袋联结并锚固在坡面上，护坡两端及中间各砌一条断面的宽×高为 0.5m×0.8m 的 50♯ 浆砌石框架，封顶高程 37.0m，射顶断面宽×高为 0.5m×0.8m 的 50♯ 浆砌石。混凝土护坡伸入封顶并与封顶连为一体。9＋958 及 10＋258 处分别筑一抛石短坝。充灌用砼要有良好的流动性和较大的坍落度，设计采用 100♯ 砼，其配比见表 4-1 所列。

表 4-1　混凝土配比表

水泥标号	水灰比	最大粒径/mm	单位（每方）用料量			
			水泥/kg	中砂/方	石子/方	水/方
325♯	0.70	20	283	0.55	0.73	0.195

4.2.4.5　工程实例 4——银马庄石险工

1. 险工概况

银马庄石险工（相应堤防桩号 22＋500～23＋300）位于沭河左岸，临沭县白旄乡银马庄村西南，工程全长 800m。

该石护岸工程建于 1964 年 5 月，为干砌乱石结构，石料为红砂岩和部分花岗岩，经几十年的运用已基本报废失去护险作用，由东调南下工程投资，临沭县水利局于 1990 年对其中的 460m（桩号 22＋840～23＋300）做了翻新。

根据实地勘测，未维修的 340m（桩号 22＋500～22＋840）石护岸工程基础已全部毁坏，坡面有 180m（桩号 22＋660～22＋840）基础以上平均毁坏 6m，20m（桩号 22＋640～22＋660）基础以上平均毁坏 5m，140m（桩号 22＋500～22＋640）基础以上平均毁坏 4m，坡面共计毁坏面积达 1740m²。

此石护岸处主流靠岸，石护岸为干砌乱石结构，采用极易风化的红砂岩，长期的风化、冻融使砌缝不断扩大，几十年洪水的迎流顶冲造成其基础淘空、坡面松动、下滑脱落，由于没有及时维修加固，毁坏不断加剧，失去护险作用，成为塌岸险工。银马庄石护岸工程堤外紧靠村庄，且村庄密集，为临沭县经济较发达地区，当地人民政府和沿河村民对维修加固要求非常迫切。因此，做好此处石护岸工程的维修加固工作，对于保证堤防工程安全和沿河人民生命财产的安全具有十分重要的意义。

2.1994 年治理方案

由于该石护岸处主流靠岸，水深超过 1m，水流湍急，且又为砂基，因此若采用传统的块石护坡维修方式，围堰工程量很大，截渗、排水难度亦较大。根据局、处领导的现场勘查、安排，设计采用简易模袋灌注 100♯ 砼覆盖坡面的结构形式作为河道护坡的试验项目。该形式整体性好，且具有不需做基础的优点，避免了筑围堰和排水的投资，亦不用做粗砂和碎石垫层。经初步计算，该工程采用此结构形式比采用浆砌石护坡可节省投资 7 万余元。若成功后推广使用，将使河道的石护工程形式得到新的改进。

根据实地勘测，桩号 22＋500～22＋660，长度 160m 的石护坡比为 1∶1.5，其余坡比为 1∶1.6，为了避免回填，维修时亦保持这个坡度，灌注砼的模袋的缝制方法为：将 6 幅幅宽 2.6m 的土工布缝合为 15.3m 宽（叠缝 5cm），按坡长加 0.2m 封顶长再加 0.34m 截取袋长，底部的 0.34m 袋长缝成直径为 10cm 的筒，以便插入杨树，将模袋固定在坡面上和水下，缝制时拉平底层，面层间断缝合，间距 1m，底边及两侧全缝合，以便相邻袋内的砼形成整体。砼通过溜槽及导管灌入模袋，形成紧连的砼排护坡。两个模袋单元之间用三根 1m 长的钢筋固定在坡面上，护坡两端及中间各砌一条断面为宽×高＝0.5m×0.8m 的 50♯ 浆砌石框架，护坡用断面为宽×高＝0.5m×0.8m 的50♯ 浆砌石封顶与老石护衔接，封顶高程桩号 22＋500～22＋640 之间高程为 56.85m，22＋640～22＋660 之间高程由 56.85m 过渡到 57.65m，其余部分高程为 57.65m，坡底高程皆为 54.55m。

4.2.5　浆砌石挡墙

4.2.5.1　原理及基本要求

浆砌石挡墙是稳定岸坡的重要建筑物之一，在河道治理工程中得到了广泛的应用，具有经济性好、稳定性高等优点，如图 4-29 所示。浆砌石挡墙以仰斜式、重力式居多，对于材料用量并未提出较高的要求，可以就地取材，并且开挖和回填量较少，施工作业也更为高效，可避免土层失稳现象，可有效保护生态环境。

图 4-29　浆砌石挡墙（马头至北水门险工 16＋000）

1．浆砌石挡墙的材料准备

（1）石料：石料应符合设计规定的类别和强度，石质应均匀，不易风化，无裂纹。石料强度、试件规格及换算应符合实际要求，石料强度的测定应按现行《公路工程石料试验规程》（JTJ 054）执行。石料种类及规格要求见表4-2所列。

表4-2　石料种类及规格要求

石料种类	规格要求
片石	片石形状不受限制，最小长度及中部厚度不小于150mm
块石	块石形状大致方正，厚度不宜小于200mm；宽度不宜小于及等于厚度，顶面及底面应平整。用作镶面时，应稍加修凿，打去棱凸角，表面凹入部分不得大于20mm

（2）水泥：①主要采用水泥砂浆，强度等级不低于M7.5（外立面和顶面不低于M10）；水泥应符合国家标准及部颁标准，标号不低于32.5级；水泥砂浆的沉入度控制在4～6cm。②水泥进场应有产品合格证和出厂检验报告，不同品种的水泥不得混合使用。

（3）砂：宜采用中砂或粗砂并应过筛，当缺少中砂、粗砂时，也可用细砂。砂的质量标准应符合混凝土工程相应材料的质量标准。

（4）水：宜采用饮用水，当采用其他水源时，应按有关标准对其进行化验，确认合格后使用。

2．浆砌石挡墙的施工工艺要求

1）测量放线

（1）根据施工设计图纸，准确计算挡土墙的轴线位置，然后上报测量监理工程师认可。

（2）按测量监理工程师认可后的轴线资料进行轴线放样，并测定出边线，同时需要引桩便于校核，并上报监理工程师。

（3）根据已放出的挡土墙轴线，准确测定出挡土墙边线和基础开挖尺寸，经核查无误后上报监理工程师，得到认可后方可进行基础开挖。

2）基础开挖

（1）根据现场施工设备和施工环境，基础的开挖宜采用机械开挖、人工配合修整的方法。

（2）挖出的土不能随意堆放，以免妨碍开挖基坑及其他作业的正常进行。

（3）基础开挖应避免超挖，底面应高于设计高程20cm左右，以保证夯实后满足设计要求。

（4）地基处理结束并经检测合格后报监理工程师，监理工程师认可后，才可进行下一道工序施工。

3）砂浆拌制

（1）砂浆宜利用机械搅拌，投料顺序为先倒砂、水泥、掺合料，最后加水。搅拌时间宜为3～5min，不得少于90s，砂浆稠度应控制在50～70mm。

（2）砂浆配置比例应采用质量比，砂浆应随拌随用，保持适宜的稠度，一般宜在

3~4h 内使用完毕，气温超过 30℃ 时，宜在 2~3h 内使用完毕。发生离析、泌水的砂浆，砌筑前应重新拌和，已凝结的砂浆不得使用。

4）墙体砌筑

（1）按照 10m 一段分段砌筑，分段位置应设在基础变形缝或伸缩缝处，各段水平砌缝应一致，每砌高 0.7~1.2m 找平一次。

（2）挡土墙每天连续砌筑高度不宜超过 1.2m，砌筑中墙体不得移位变形。

（3）预埋管、预埋件及砌筑预留口位置应准确。

（4）砌筑挡墙应保证砌体宽（厚）度符合要求，砌筑中应经常校正挂线位置。

（5）砌石底面应卧浆铺砌，立缝填浆捣实，不得有空缝和贯通立缝。砌筑中断时，应将砌好的石层空隙用砂浆填满。再砌筑时石层表面应清扫干净，洒水湿润。工作缝应留斜茬。

（6）砌筑外露面应选择有平面的石块，使砌体表面整齐，不得使用小石块镶垫。

（7）砌体中的石块应大小搭配、相互错叠、咬接牢固，较大石块应宽面朝下，石块之间应用砂浆填灌密实，不得干砌。

5）勾缝

（1）砌体勾缝一般采用平缝或凸缝。

（2）勾缝前应将石面清理干净，勾缝宽度应均匀美观，深（厚）度为 10~20mm，缝槽深度不足时，应凿够深度后再勾缝，勾缝完成后注意浇水养生。

（3）勾缝砂浆宜用过筛砂，勾缝砂浆强度不应低于砌体砂浆强度。

（4）勾缝前须对墙面进行修整，再将墙面洒水湿润，勾缝的顺序是从上到下，先勾水平缝后勾竖直缝。勾缝后应用扫帚用力清除余灰，做好成品保护工作，避免砌体碰撞、振动、承重。

（5）墙体养护

墙体养护应在砂浆初凝后，洒水或覆盖养护 4~14 天，养护期间应避免其受到碰撞、振动或承重。

3. 浆砌石挡墙的特点

浆砌石挡墙的优点是：具有一定的整体性和防渗性能，能充分利用当地材料和劳力与施工组织，便于野外施工，较砼挡墙式堤型更为经济。但其缺点是全由人工进行砌筑，施工进度慢，施工质量难以控制，尤其是砂浆不易饱满密实，难以达到规范要求，使堤防的整体性，防渗性达不到要求。

4.2.5.2 工程实例 1——马头北水门险工

1. 险工概况

沂河北水门险工（左堤桩号为 17+107~17+257），位于郯城县码头镇北水门，险工段长度为 150m。

该险工属于历史老险工，历来为沂河汛期防守重点。该险工位于河道凹岸，座弯顶冲严重，此处河道走势急剧变化，由西北至东南方向转为东北至西南方向。该河段无滩地，堤防内坡较陡，因此水流对堤防构成严重威胁。该险工段位于码头镇北，历史上于 1649 年沂河在此决口，沂河下游地区人民深受洪水灾害之苦难。

1997年曾对该险工段新做浆砌石站墙，并对老石护坡进行了维修。

2.1997年治理方案

根据险工性质及现场地形条件，本次工程采用新增浆砌石站墙及维修老石护坡的治理方案。

本次工程桩号为 17＋107～17＋257，治理长度 150m。浆砌石站墙的结构形式选用仰斜式，站墙顶宽 0.6m，迎水坡坡比为 1：0.4，背水坡坡比与老站墙相同，平均为 1：0.25，站墙底宽 1.425m，基础深度为 1.5m，基础顶宽 0.8m，底宽 1.2m。老护坡与新做站墙20m扭曲面衔接段，采用浆砌石基础为宽×高＝1m×1m，坡比为 1：1.5，基础顶高程为 37m，护坡顶高程同站墙顶为 42.5m。

4.2.6 草皮护坡

4.2.6.1 原理及基本要求

目前，草皮护坡多用在为防止洪水侵入，保证部分农田和村屯设施安全而修建的小型堤防工程中。在洪水来临时，由于受洪水的走向、风浪等多种因素的影响，堤防遭受冲刷，低洼地带浸泡在水中，致使堤防背水侧坝脚处出现跑土和管涌甚至是坍塌现象。小工程由于技术要求和资金等方面原因，无法采用块石护坡和混凝土护坡等措施，可根据工程的具体位置及资金情况，合理地利用工程附近的草皮，对一些主要堤防进行全面的护砌。实践证明，草皮护坡防冲刷、防渗效果好，草皮护坡的根系相连，对于堤防的稳定起到了很好的作用；由于草皮长得很快且密，植被效果好，对于防渗起到了很好的作用。因此，草皮护坡是一项很好的生物工程措施，如图 4-30 所示。

图 4-30　草皮护坡（徐庄采煤沉陷段险工 75＋600、姚桥矿采煤沉陷段险工 67＋600）

堤防用草皮进行护坡，这是我国自古就采用的护坡措施，为便于开展种植和管理维护工作，坡面种草土层厚度一般为 15～35cm，它不仅供给草以养分和水分，还必须在草未长好前将表层压实以使其具有一定的抗冲刷能力。最上面的表层土以砂质黏土较好，草根土层厚 5～15cm，由于网状根系互相牵连及胶质物的固结作用，可以抵抗比较长期的缓慢冲蚀。

4.2.6.2　基本要求

草皮护坡要选用适宜当地条件的草皮，按季节性收割或牧羊，妥善养护草皮生长，及时弥补被碎波冲刷而损坏裸露的土面。对于培修堤防，也要注意利用原有堤防的草皮。近年来，欧美地区国家极为重视对草皮护坡的综合利用，并已取得很多研究成果。

关于格子形或蜂窝状开孔（直径 0.1m 大小）混凝土块护坡，在开孔中填土种草，其抗冲刷性能更胜于单纯的草坪。不过在种草以前，孔中填土不能冲刷太深以影响基土。据 Delft 水力学实验室成果，孔中填土冲刷深度可由下式确定，即

$$\frac{Y}{G} = \left[0.2 \left(\frac{H}{d_{50}} \right) \right]^{\frac{1}{3}} \tag{4-5}$$

式中，Y——孔中填土深度；

　　　H——波浪高度；

　　　G——开孔直径（0.1m 左右或更大）；

　　　d_{50}——孔中填土粒径（mm）；黏土比沙土的冲刷深度更小。

1. 草皮的分类

草皮在平原地区十分丰富，但草皮植被种类很多，有凸桩形、纯草皮、厚沼泽纯草皮、半泥草皮土。一般护坡最理想的为半泥草皮土，此类草皮，易于采取，有重量，易于和坝面接触，为今后成活、新根扎入坝体创造有利条件。草皮厚度一般在 20～25cm，泥土含量占草坡根系的 1/4～1/5。

2. 草皮护坡的施工方法

（1）草皮的采取与运输

草皮的采取一般有人工采挖和机械与人工结合采挖两种方法。人工采挖法为人工利用尖锹，根据人力般动能力的大小决定采挖块的大小，一般为宽 30cm，长 50～60cm 装车运至坝体工作面，采取时间一般为春、秋两季。机械与人工结合采挖法，首先用机械带切刀将草皮地段横向切割成宽 30cm 的条带，然后用二铧犁、三铧犁将草皮按要求的深度纵向翻过来，形成 30～60cm 伐块，直接运至工作坝面即可。一般选择较干旱时进行，以便适应机械作业条件或使草皮化冻达到要求深度，也可用采运装载机一次性将草皮运至坝面。

（2）护砌

人工将运到坝面的草皮卸下并砌块，砌块方法是在修好的坝坡面沿坝面水平上抛，对于不规格的草皮砌块随时用脚踩平踏实，块与块间、行与行间要按茬、压口，并使表面保持平整，同时与坝顶面砌平。用装载机运至坝面的草皮，可按坝面长度从坝肩直滚到坝脚一次铺到底。

3. 草皮护坡的工程管理

严禁大牲畜到砌好的坝面上乱踩，严禁放牧，以免踩翻和移动护块，造成护块中草植物枯死。要保持草植物成活，使之根系发达，与坝面联为一体。对采集草皮的场地，要人工栽植防浪树或插柳。如果场地在行洪区内，通过绿化造林既能起到防浪作用，对部分岗地也可营造用林材。

4. 草皮护坡的工程效益

草皮护坡简单易行，取材方便，能起到一定的防冲刷作用，既保证了小型堤防工程的正常运行，又节约了资金，是一个投资省、见效快的工程措施，其投资额仅是块石护坡的 1/5。通过实践，草皮护坡在 8 年基本能成为一体，形成铺盖，与坝面接触较好。而有的纯草炭草皮块，由于干旱，原草死亡，草炭干燥松散，因此洪水来临时草炭起浮，不能起到护坡作用。实践证明，草皮护坡能有效防止洪水冲刷，使坝面水流在海绵体中稳缓下流和外渗而不带起坝体土颗粒，起到了很好的防渗作用。

具体应用见 4.5 节工程实例 2。

4.2.7　生态护坡

4.2.7.1　原理

近十多年来，人们开发出了多种既能起到良好的边坡防护作用，又能改善工程环境、体现自然环境之美的边坡植物防护新技术，与传统的坡面工程防护措施共同形成了边坡工程防护体系。

4.2.7.2　基本要求

生态护坡系统的设计应首先满足功能需求，在此基础上还应该兼顾经济原则、美观原则。具体而言，我们把生态护坡设计原则归结如下：①在建造过程之中需要考虑多种生物生存环境；②重视岸坡及水利工程的基本功能需求，主要为排涝和灌溉；③坚持经济原则，控制成本，加强科技因素的应用以降低成本；④控制刚性结构的应用，遵循美观原则，将系统与周围环境融合起来；⑤科学设计，通过进行水文分析，摸清河道水位变化规律，继而选择适合的生物；⑥在材料选择阶段，充分利用自然环境及自然材料，防止在建设过程中产生二次污染；⑦植物选择过程中，考虑周围居民的亲水需求。

根据不同的边坡土质条件，采用不同的施工方法和施工工艺，可将边坡植物防护技术分为：①人工种草护坡；②平坡草皮护坡；③液压喷播植草护坡；④土工网植草护坡；⑤"OH"液植草护坡；⑥行栽香根草护坡；⑦蜂巢式网格植草护坡；⑧客土植生植物护坡；⑨喷混植生植物护坡。各类边坡植物防护技术的主要作用及应用条件各不相同。

1. 人工种草护坡

人工种草护坡，是通过人工在边坡坡面简单播撒草种的一种传统边坡植物防护措施，多用于边坡高度不高，坡度较缓且适宜草类生长的土质路堑和路堤边坡防护工程。具有施工简单、造价低廉等特点，但由于草籽播撒不均匀、草籽易被雨水冲走、种草成活率低等原因，往往达不到满意的边坡防护效果，而造成坡面冲沟、表土流失等边坡病害，使得该技术应用较少。

2. 平铺草皮护坡

平铺草皮护坡，是通过人工在边坡面铺设天然草皮的一种传统边坡植物防护措施。具有施工简单、工程造价较低等特点，适用于四周草皮来源较易、边坡高度不高且坡度较缓的各种土质及严重风化的岩层和成岩作用差的软岩层边坡防护工程，是设计应用最多的传统坡面植物防护措施之一，但由于施工后期养护治理困难，平铺草皮易被冲走且成活率低，工程质量往往难以保证，达不到满意的边坡防护效果，而造成坡面冲沟、表土流失、坍塌、滑坡等边坡病害，近年来，由于草皮来源紧张，该方法应用较少。

3. 液压喷播植草护坡

液压喷播植草护坡，是国外近十年来新开发的一项边坡植物防护措施，是将草籽、肥料、黏着剂、纸浆、土壤改良剂、色素等按一定比例在混合箱内配水搅匀，通过机械加压喷射到边坡坡面而完成植草施工的。其特点是施工简单、速度快；施工质量高，草籽喷播均匀、发芽快、整洁一致；防护效果好，正常情况下喷播一个月后，坡面植物覆盖率可达 70％以上，两个月后形成防护、绿化功能；适用性广；工程造价低。目前，国内液压喷播植草护坡在公路、铁路、城市建设等部门边坡防护与绿化工程中使用较多。

4. 土工网植草护坡

土工网植草护坡，是国外近十多年新开发的一项集坡面加固和植物防护于一体的复合型边坡植物防护措施。该技术所用土工网是一种边坡防护新材料，是通过特殊工艺生产的三维立体网，不仅具有加固边坡的功能，在播种初期还起到防止冲刷、保持土壤以利草籽发芽、生长的作用，随着植物生长、成熟，坡面逐渐被植物覆盖，这样植物与土工网就共同对边坡起到了长期防护与绿化作用，土工网植草护坡能承受 4m/s以上流速水流的冲刷，在一定条件下可替代浆（干）砌片石护坡。目前，国内土工网植草护坡在公路、堤坝边坡防护工程中使用较多，铁路部门相对较少。

5. "OH" 液植草护坡

"OH" 液植草护坡是国外近十多年新开发的一项边坡化学植草防护措施，它是通过专用机械，将新型化工产品 "HYCEL - OH 液" 用水按一定比例稀释后，和草籽一起喷洒于坡面，使之在极短时间内硬化，而将边坡表土固结成弹性固体薄膜，达到植草初期边坡防护目的，3～6 个月后其弹性固体薄膜开始逐渐分解，此时草种已逐渐发芽、生长成熟，根深叶茂的植物已能独立起到边坡防护、绿化的双重效果，具有施工简单、迅速，不需后期养护，边坡防护、绿化效果好等特点。尽管 "OH" 液植草护坡具有理想的边坡防护、绿化效果，但由于该技术所用的 "HYCEL - OH液" 还未能实现国产化，其工程造价较高，综合造价达 40 元/m² 左右，故目前还无法推广应用。

6. 行栽香根草护坡

香根草是近十多年才被人们 "重新发现" 的一种禾本科植物，具有长势挺立的特点，在 3～4 个月内可长成茂密的活篱笆，根系发达、粗壮，一年内一般可深入地下2～3cm，根系抗拉强度大，达 75MPa，耐旱、耐涝、耐火、耐贫瘠、抗病虫且适应能力极强。行栽香根草护坡就是在土质边坡上行栽香根草进行边坡防护的一种工程措施，该技术充分利用了香根草的优良特征，具有显著增强边坡稳定性和理想的固土护坡功能，大有取代传统片石护坡之趋势，目前国内应用较少，还有待于在公路、铁路、堤坝、城市建设等边坡防护工程中进一步试验推广。

7. 蜂巢式网格植草护坡

蜂巢式网格植草护坡是一项类似于干砌片石护坡的边坡防护技术，即在修整好的边坡坡面上拼铺正六边形混凝土框砖形成蜂巢式网格后，在网格内铺填种植土，再在砖框内栽草或种草的一种边坡防护措施。该技术所用框砖可在预制场批量生产，其受力结构合理，拼铺在边坡上能有效地分散坡面雨水径流，减缓水流速度，防止坡面冲刷，保护草皮生长。这种护坡施工简单，外观整齐，造型美观大方，具有边坡防护、绿化双重效果，工程造价适中，略高于浆砌片石骨架护坡，该技术多用于填方边坡的防护。

8. 客土植生植物护坡

客土植生植物护坡是在边坡坡面上挂网机械喷填（或人工铺设）一定厚度的适宜植物生长的土壤或基质（客土）和种子的边坡植物防护措施。该技术的特点是可根据地质和气候条件进行基质和种子配方选择，从而具有广泛的适应性，多用于普通条件下无法实现绿化或绿化效果差的边坡。由于客土可以由机械拌合，挂网实施轻易，因此施工的机械化程度高，速度快，无论从效率还是成本上都比浆砌片石和挂网喷砼防护要优越，而且植物防护效果良好，基本不需要养护即可维持植物的正常生长。该技术在公路边坡防护中已被大量应用，在日本等国家已经被作为边坡绿化的常规方法加以应用。

9. 喷混植生植物护坡

喷混植生植物护坡是在稳定岩质边坡上施工短锚杆、铺挂镀锌铁丝网后，采用专门喷射机，将拌和均匀的种植基材喷射到坡面上，植物依靠"基材"生长发育，形成植物护坡的施工技术。具有防护边坡、恢复植被的双重作用，可以取代传统的喷锚防护、片石护坡等措施。该技术使用的种植基材由种植土、混合草灌种子、有机质、肥料、团粒剂、保水剂、稳定剂、pH缓解剂和水等组成，其种植基质的配方是成功的关键因素，良好的配方使其能够在陡于1：0.75的岩质边坡上，既具备一定的强度保护坡面和反抗雨水冲刷，又具有足够的空隙率和肥力以保证植物生长。该技术已广泛应用于铁路、公路、水利等各类岩石边坡绿化防护工程。

4.3 背水反滤防渗技术

背水反滤导渗是建立反滤层，排出渗水，使被保护的土壤颗粒无法通过反滤层从而达到阻止土粒流失、保护堤坝安全的目的。工程实践证明：修建合格的反滤导渗工程后，堤坝内浸润线开始下降，渗水由浑变清，原本饱和软弱的土体迅速变得干硬。

4.3.1 背水反滤的防渗形式

4.3.1.1 反滤导渗沟

导渗沟一般在背水坡坡脚渗水处开挖，走向应平行于堤坝轴线，且与排水沟渠连通，另外要从渗水的顶部，顺着坡面垂直轴线或挖竖沟，或挖"人"字形、"Y"字形斜沟。反滤沟一般宽 0.5～0.8m，深 0.5～1m，平均 6～10m 开一条。在导渗沟中，要求分层填加反滤料，应从坡脚开始向上分段施工，随挖随填，不能间断。反滤料填好后，在顶部要盖上编织袋、草袋或席片，防止泥土混入或被人为破坏，最后再用土方或石块进行压实处理。

4.3.1.2　反滤层导渗

若背水坡的土体浸水后变得稀软，无法开挖反滤沟，或堤坝断面过于单薄，渗水情况极其严重，此时开沟可能会发生严重危险。如果遇到大范围管涌流土，涌水翻砂成片的险情，可以采用反滤层导渗的方法进行抢护处理。

第一步，先进行地面清理，清除软泥、草皮、砖石等杂物；

第二步，分层铺设反滤料，要适当延伸到坡脚外。

4.3.1.3　反滤围井

若管涌群个数不多，且各自独立，或量多但未成片，此时皆可采用围井抢护。首先进行杂物清理，挖掉软土，然后在四周叠砌土袋，分层铺设成围井，高度以涌水不再挟带泥沙为宜。井内须按反滤要求，分层铺填反滤料，且须时刻注意四周是否出现新的险情。

4.3.1.4　平衡水压法

在背水坡涌水处抢修围井和月堤，利用它抬高水位，减少渗水压力，使内外水压力达到平衡而减弱渗漏，这是一种应急措施，围井和月堤的高度以涌水不带出砂粒为准。

4.3.2　反滤料的分类

4.3.2.1　砂石

在抢护前，先于渗水边坡清除如软泥、草皮等杂物，其厚度约为 10～20cm。然后，按要求铺设反滤层。砂石反滤层的质量要求、铺填方法如图 4-31 所示。

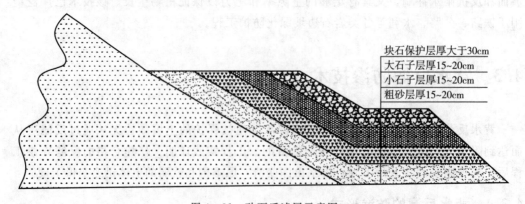

块石保护层厚大于30cm
大石子层厚15~20cm
小石子层厚15~20cm
粗砂层厚15~20cm

图 4-31　砂石反滤层示意图

4.3.2.2　土工织物

按砂石反滤层的要求在渗水清理边坡后，先铺设一层符合滤层要求的土工织物。铺设时应保持搭接宽度不小于 50cm。然后再满铺一般透水砂石料，其厚度约为 40～

50cm，最后再用土方或石块进行保护。

4.3.2.3 梢料

在缺少砂石料和土石织物的情况下，为及时抢护，可就地采用梢料反滤层导渗。按砂石反滤层要求，先将渗水边坡清理好后，铺设一层粗稻糠、麦秸、稻草等细梢料，其厚度不小于10cm，再铺设一层柳枝、芦苇等粗梢料，其厚度不小于40cm。所铺设的各层梢料应粗枝朝上，细梢朝下，从下往上铺置，在枝梢接头处，应搭接一部分。梢料反滤层做好后，其顶部覆盖保护与梢料导渗沟相同。

4.3.2.4 工程实例——杜家险工

1. 险工概况

邳苍分洪道杜家险工段位于邳州市戴圩镇杜家村，邳苍分洪道左堤桩号31+000~31+200，险工长度200m，如图4-32所示。

图4-32 杜家险工位置示意图

该处堤顶高程28.81m左右，迎水面滩地高程22.01~23.81m，滩地宽20m左右，堤后地面高程为23.81m左右。

2005年10月，中运河行洪流量2000m³/s，受运河高水位顶托，邳苍分洪道上滩流量500m³/s。该处背水堤脚发生管涌，临时采取背水坡清基反滤的方法进行应急处理。该段堤防堆筑在河道上，堤身系沙土构筑，堤身单薄，抗冲性差，背水有连续深塘，易渗水、滑坡。2008年7月，该处又发生多处管涌险情，临时采取了背水坡反滤处理。2010年5月对该段迎水面堤脚沿线进行了截渗处理，但未经洪水考验，仍须重点防守。

沂沭邳工程在邳州局所辖邳苍分洪道实施了滩面清障和排涝场等施工。共计清除阻水堤圩 60.7 万 m³，清除旧庄台 70.2 万 m³，建设周场排涝场一座，用于排出分洪道内农田积水。

杜家险工段位于林子水文站下游约 10km；该段河道防洪标准为 50 年一遇，设计流量 5500m³/s，设计洪水位 29.82m（林子水文站）。用滩上的设计水位为 27.28m。中运河洪峰流量达 2500m³/s 及以上时，水流顶托，邳苍分洪道上滩流量为 500m³/s 时，若持续高水位，易发生堤防渗水、管涌等险情，危及杜家、草寺等村庄及 310 国道安全。

沂河中下游地区冲积物覆盖层较厚，险工段部分堤段坐落于砂基之上或堤身由沙土填筑而成，行洪时堤基、堤身渗水严重，是每年防汛时的重点防守区。本次沂沭邳工程对砂堤、砂基段堤防进行防渗处理，处理段中的左堤桩号 30＋050～32＋400（长度为 2350m）中包括杜家险工段。

2. 2005 年治理方案

2005 年 10 月，中运河行洪流量为 2000m³/s，受运河高水位顶托，邳苍分洪道上滩流量 500m³/s。该处背水堤脚发生管涌，临时采取背水坡清基反滤的方法进行应急处理。该段堤防堆筑在河道上，堤身系沙土构筑，且堤身单薄，抗冲性差，背水有连续深塘，易渗水、滑坡。

3. 2008 年治理方案

1）对杜家险工段内以下阻水障碍物进行清除。

（1）左堤桩号 27＋800～33＋000（沂沭邳工程编号 C13），清除 1576.8m 长圩堤，其余断面小，长度为 6841.78m，现状地面高程 24.6～25.6m，现状圩堤顶高程 26.3～27.2m。

（2）左堤桩号 31＋200（沂沭邳工程编号 C15），横向低矮圩堤，有沟、防渗渠，长度为 777.28m，现状地面高程 23.5～24.8m，现状圩堤顶高程 24～25.2m。

（3）左堤桩号 31＋000（沂沭邳工程编号 C23），横向高圩堤，长度为 669.78m，现状地面高程 23.6m，现状圩堤顶高程 26～26.4m。

2）背水反滤

2008 年 7 月，该处又发生多处管涌险情，临时采取了背水坡反滤处理。

在东调南下一期工程中，对沂河砂堤实施堤身灌浆的防渗效果不太理想，在堤身土体内形成不了竖直连续的浆体防渗帷幕，且浆体固结情况和固结后的密度也不尽人意。

根据沂河砂堤工程实际情况，沂沭邳工程拟定三个加固处理方案，即背水侧压渗盖重方案、劈裂灌浆方案、多头小直径深层搅拌桩截渗墙方案进行方案比选。

多头小直径深层搅拌桩截渗技术是水利部淮河水利委员会所推广的一项堤坝截渗技术，在淮河治理中已成功应用，该技术运用特制的多头小直径深层搅拌桩机，在地基深处就地将软土和水泥（浆液或粉体）强制搅拌形成水泥土墙，水泥和软土将产生一系列物理-化学反应，使软土硬结改性，改性后的软土强度大大高于天然强度，其压缩性、渗水性比天然软土大大降低。

截渗墙布置在堤顶靠近迎水侧，距迎水坡顶 1m 处，墙顶高程高出设计洪水位

0.5m且不低于现状堤顶高程以下1m，墙底高程穿过透水层进入相对不透水层1m。

4.4 土工膜防渗技术

土工合成材料是一种新型的防渗材料，已广泛应用于水利、公路、铁路、港口、建筑等工程的各个领域。目前，通常采用聚酯纤维、聚丙烯纤维、聚酰胺纤维及聚乙烯醇纤维等原料制造土工合成材料，形成了各种各样的产品，其中土工膜是土工合成材料中应用最早、最广泛的一种产品。

土工膜目前已广泛应用于水利、交通、港口等各个领域，在沂沭泗河的防渗工程中，也多有涉及。水利工程对土工膜的应用，更重视其防水（渗透性及透气性）、抗变形能力及耐久性。大量工程实践表明，土工膜具有很好的不透水性、弹性抗变形能力，能承受不同的施工条件和工作应力；有良好的耐老化能力，处于水下和土中的土工膜的耐久性尤为突出。综上所述，土工膜具有十分突出的防渗性能，是用于水利工程的良好材料。

4.4.1 土工膜的防渗形式

虽然土工膜具有良好的防渗性能，但其厚度一般很薄，铺设和使用中很容易遭到破坏。为了有效保护和提高土工膜在坡面上的稳定性，在土工膜与堤身或堤基接触处应当设置一定厚度的垫层或反滤层，尤其是当土工膜和粗粒料直接接触时更加必要。如果防渗薄膜选用复合土工膜材料，反滤层可以简化。对于已有的堤防工程的加固，由于铺设反滤层比较困难，可以直接选用较厚非织造土工织物的复合土工膜作为反滤层，这样可便于施工。但应强调指出，不管什么情况下，反滤层是不可缺少的。土工膜防渗结构组成一般应包括5层，其具体结构（由上到下）分别是防护层、上垫层、土工膜、下垫层、支持层。这样的结构层次既能避免土工膜遭到破坏，又能充分发挥土工膜良好的防渗性能。根据我国在堤坝防渗工程中的实践，土工膜的防渗形式主要有堤坝地基的垂直防渗墙和堤坝地基水平防渗铺盖两种。

4.4.1.1 堤坝地基的垂直防渗墙

对于已建堤坝的防渗加固工程，一般采用垂直铺塑防渗技术建造垂直防渗墙。垂直防渗墙是在堤坝地基内造孔或开槽，填入透水性极低的材料形成的连续墙。

修建防渗墙的土工合成材料一般多采用土工膜和复合土工膜。采用插入土工膜的方法，要求土工膜的厚度应不小于0.5mm。在目前的技术条件下，插入深度可以达到15m左右，要求地基中大于5cm的粗颗粒不多于10%，最大颗粒粒径不得大于15cm，否则将超出开槽宽度。

对于新建的堤坝，当采用中央复合土工膜作为垂直防渗墙时，其要求与土工膜斜防渗墙相同；但垫层和过渡层在填筑压实时，应注意不应使土工膜受到损伤。施工时要求堤坝填筑与土工膜防渗墙同时上升，而且土工膜应做锯齿形铺设，以适应堤身的沉陷变形。

4.4.1.2 堤坝地基水平防渗铺盖

堤坝建造在透水堤基上，当地基的透水层厚度过大，采用其他防渗形式不经济或不可能时，可采用铺盖防渗方法。这种防渗是将透水性小的材料水平铺设在堤坝上游的一段长度内，并与堤身或坝身的防渗体相连接，以增加渗径，减少渗透坡降，防止地基渗透变形并减少渗透量。一般铺盖材料的渗透系数应小于地基渗透系数的百分之一。土工膜比黏土的透水性还要小，具有极大的柔性，不仅能和堤坝面或地基面密切贴合，而且施工非常方便，防渗效果好。

4.4.2 土工膜的防渗材料

土工膜是以塑料薄膜作为防渗基材并与无纺布复合而成的土工防渗材料，它的防渗性能主要取决于塑料薄膜的防渗性能。目前，国内外应用于防渗的塑料薄膜，主要有聚氯乙烯（PVC）和聚乙烯（PE）、乙烯/乙酸乙烯共聚物（EVA），隧道应用中还有乙烯共聚物和沥青的共混土工膜（ECB），它们是高分子化学柔性材料，密度较小，延伸性较强，适应变形能力较强，耐腐蚀性好，耐低温性能和抗冻性能好。

4.4.2.1 PVC

在现有大坝防渗用土工复合材料中以软质 PVC 应用最多，占据 60％以上，可直接外露应用，是国外主推的热塑性防渗材料。究其原因在于 PVC 具有类似橡胶的柔韧性和延伸性，能够非常柔和地帖服于大坝工程面层，而且施工便捷（采用热风焊接实现相邻材料搭接密封），防渗性能优异，热膨胀系数与土壤接近等。

4.4.2.2 PE

PE 成本低，易于拉伸，其化学性质受密度、结晶度以及相对分子质量的影响较大，按照密度大小来分，主要有低密度聚乙烯（LDPE）和高密度聚乙烯（HDPE）两种。后者因具有良好的耐温变性、机械强度高、抗蠕变性能好，适用于土工格栅的生产，目前我国的土工格栅多以其为原材料。

4.4.2.3 EVA

EVA 土工膜防水材料是由多层共挤成型的薄膜与针刺土工织物运用热复合工艺复合而成的土工膜，该产品具有机械强度高、耐老化、抗穿刺性强、摩擦系数大、柔韧、耐腐蚀等特点，同时兼有质轻、幅宽、耐低温、防水性好、铺设加工容易、焊接性好等优点。可广泛用于公路、机场、铁路、隧道、水利、堤坝、电厂、建筑等工程。既可起到加固、隔离、反滤、过滤、排水等作用，又可延长工程寿命、降低工程维修成本。使用该产品施工方便、且易保证工程质量。

4.4.2.4 ECB

ECB 具有耐候性、耐久性，还有较大的韧性。由于 ECB 薄膜是非硫化的热塑性材料，可发生较大的塑性变形，分子能重新排布，使内应力消除，延长使用寿命，故它和其他的薄膜如 PE、EVA 薄膜一样，适应基层变形的能力较强。

4.4.3 垂直铺塑防渗技术

垂直铺塑防渗是 20 世纪 80 年代初开始研制发展起来的一项新的防渗技术。该技术最初是针对平原水库围坝和江河堤防存在着渗漏和渗透变形问题而提出来的一项实用性防渗技术，现在已经被广泛应用于其他领域。沂沭泗河多个除险加固工程，选用了垂直铺塑防渗技术，并取得了良好的治理效果。

4.4.3.1 原理及基本要求

垂直铺塑防渗的基本原理是：首先用水冲或往复式开槽机在需要防渗的土体中垂直开出槽孔，并以泥浆对槽孔侧壁进行保护，然后将与槽孔深度相当的整卷土工膜下入槽内，使土工膜在槽孔内展开；相邻的两幅土工膜之间用搭接方式连接；最后在土工膜的两侧填土，从而形成防渗帷幕。在进行回填土时，槽孔底部要回填黏土，厚度不得小于1m，以便密封底部，防止水从土工膜下部绕渗；然后再填入与堤坝土质相同的土，待土料下沉稳定后往槽内继续填土压实；待土工膜出槽孔后，将其与建筑物防渗体系连接，不得有外露现象。在与建筑物防渗体连接处，土工膜应留有足够的量，以防止建筑物变形时拉断土工膜。

综上所述，土工膜施工是垂直铺塑防渗工程施工的核心内容，主要包括对土工膜材料施工的准备、土工膜施工技术要求、土工膜的连接与铺设、垂直铺塑防渗工程回填等，具体过程如下。

1. 土工膜材料施工准备

（1）在土工膜铺设前，检查并确认基础层已具备铺设土工膜的条件，并对不符合要求的地方按要求进行整改；

（2）为顺利、快速进行土工膜的铺设，应根据工程实际情况进行下料分析，并画出土工膜铺设顺序的裁剪图；

（3）对于运至现场的土工膜进行外观质量检查，记录并修补已发现的机械损伤和生产创伤、孔洞、折损等缺陷；

（4）每个区、块旁边应按照设计要求的规格和数量，备足过筛土料或其他过渡层、保护层用料，并在各区、块之间留出运输道路；

（5）在土工膜铺设前要进行现场铺设试验，以便确定土工膜焊接温度、速度等施工工艺参数；

（6）在土工膜铺设前，对于施工中所用的一切设备进行检查和试车，使设备处于正常运转的状态。

2. 土工膜施工技术要求

（1）铺设大捆的土工膜宜采用卷扬机等机械进行，当条件不具备或土工膜只有小捆，也可以采用人工铺设；

（2）按照规定的顺序和方向分区分块进行土工膜的铺设，在铺设土工膜时应适当将其放松，并避免出现人为硬折和损伤；

（3）在铺设土工膜时，各土工膜块之间形成的结点，应当形成"T"字形，不得成为"十"字形；

（4）土工膜焊接的搭接面不得有污垢、沙土、积水等影响焊接质量的杂质存在；

（5）在铺设土工膜时，应根据当地气温变化幅度和工厂产品说明书要求，预留出温度变化将引起的伸缩变形量；

（6）土工膜铺设完毕、未加保护层前，应在土工膜的边角处每隔 2～5m 放 1 个重量为 20～40kg 的沙袋，以保证土工膜的稳定；

（7）土工膜应自然松弛与支持层贴实，不得有褶皱、悬空等现象，特殊情况需要褶皱布置时应另做特殊处理；

（8）在土工膜铺设过程中，应随时检查土工膜的外观有无破损、麻点、孔眼等缺陷，当发现有孔眼等缺陷或损伤时应及时用新鲜母材进行修补，为使修补处牢固、不渗漏，修补每边应超过破损部位 10～20cm。

3. 土工膜的连接和铺设

土工膜的连接和铺设，一般是采用焊接形式来达到成幅的目的，焊接可采用双轨自动行走焊接机。焊接质量直接影响防渗效果，焊接时应根据环境温度、风力大小而调节。现场连接土工膜可按以下步骤进行：

（1）用干净的纱布擦拭焊缝搭接处，做到无水、无尘、无垢，土工膜应平行对正，适当进行搭接，一般各边的焊接宽度为 10～12cm；

（2）根据当时当地气候条件，将设备调至最佳工作状态；

（3）在调节好的工作状态下进行小样焊接试验，试焊接 1m 长的土工膜样品；

（4）现场撕拉检验试样，以焊缝不被撕拉破坏、母材未被撕裂为合格；

（5）现场撕拉试验合格后，用已调节好工作状态的热合机逐幅进行正式焊接；

（6）用挤压焊接机进行"T"字形结点和特殊结点的焊接。

开槽机开好槽孔泥浆护壁后，即可下土工膜。下土工膜的设备包括卷土工膜轴、牵引设备和固定设备等。下土工膜有两种形式：一是重力沉膜法（竖向铺膜）；二是"膜杆"铺设法（横向铺设）。

（1）重力沉膜法。对于砂性较强的地质情况，造就槽孔后，由于其回淤的速度较快，槽孔底部高浓度浆液存量较多，对土工膜的上浮力较大，下土工膜时比较困难，宜采用重力沉膜法。

（2）"膜杆"铺设法。对于一般的黏性土、粉质黏土、粉砂地质情况，由于其回淤速度慢，泥浆护壁条件好，可以采用"膜杆"铺设法。"膜杆"是指专门用来卷土工膜的圆形杆件，以便放入槽孔中并方便旋转进行铺设。首先将土工膜卷在事先备好的"膜杆"上，然后将卷有土工膜的"膜杆"沉入槽孔中，在开槽机的牵引下铺设土工膜。采用"膜杆"铺设法施工的过程中，要经常不断地将"膜杆"上下活动，使其在槽孔中处于自由松弛状态，防止"膜杆"被淤埋或卡在槽孔中。

4. 垂直铺塑防渗工程回填

垂直铺塑防渗工程的最后一道工序是将回填，下土工膜后回填一般是将回淤、填土两种办法相结合。"回淤"就是利用开槽时沙泵抽出的原堤坝体的土料浆液进行自然淤积。由于开槽过程中的泥浆再利用，单靠自然淤积不能满足填满槽孔的要求，因此还需要备一定量的土料填充。所备的土料不应含有石块、杂草等物质，其质量应与原堤坝体土料相同。

4.4.3.2 工程实例 1——大小陆湖险工

1. 险工概况

如图 4-33 所示，新沂河南堤大小陆湖渗水险工段位于沭阳与灌南交界处，全长 12000m，桩号为 72+000～84+000，该段地面高程在 4m 左右，堤顶高程 14.19～11.59m，迎水面滩地高程 3.79～7.09m，滩地宽 23～88m，背水滩地高程为 3.39～4.89m，堤外地面低于迎水滩地。该段河道防洪标准为 50 年一遇，设计流量 7800m³/s，上游设计洪水位 11.21m（沭阳站），下游设计洪水位 3.77m（河口）。

大堤迎水面筑有防浪林台，顶高程 6～7m，台宽 30m 左右。防浪林台前即为原南偏泓，宽 80～100m，系筑堤取土而形成，南偏泓现已填复。大堤背水面筑有戗台，顶高程 8～9m，宽 8m 左右。戗台坡脚至沂南小河青坎宽约 40m。沂南小河为一平行大堤方向的地区性排涝河道，河底宽约 30m，河底高程 0m 左右，粉细砂层完全出露，成为一条"天然"排渗沟。该段堤基下铺有 10m 厚粉、细砂层。

1965 年在从偏泓取土复堤时，发现大小陆湖段南偏泓地表黏土覆盖层被挖穿，使下卧粉细砂层与沂南小河河底相连通，此后每遇新沂河行洪，堤后青坎及沂南小河河坡就出现冒泉冒沙现象。1974 年行洪 6900m³/s 时，堤外渗水更趋严重。为此，1980 年将该段南偏泓内加复黏土铺盖防渗，但由于铺盖厚度不足、土质不均、压实较差，防渗效果受到影响。1993 年 8 月 7 日，行洪 4580m³/s，上游最高水位 8.37m，下游沂南小河水位 3.7m。在未做黏土盖重处，背水堤坡及青坎又发生上述现象。其中在 74.5km 附近距背水坡脚约 10m，长度 120m 范围内青坎上，泉眼、沙沸、沼泽化现象最为严重。冒水处一般每平方米 2～3 个孔，较多者 6～7 个孔，孔径为 0.5～1cm，出浑水。在 76.54～77.76km 之间及要埠桥两侧也有类似情况。在已做黏土盖重处，发现局部的盖重顶部及盖重与堤坡连接处以上 0.5m 的堤坡渗水。在沂南小河河坡上亦发现冒水孔，冒浑水。之后沂沭泗管理局在 74.47～74.66km 处实施黏土盖重，工段长 200m。该段险工分别在 1991 年、1997 年做过治理。

灌南段：大陆湖东调南下二期续建工程：1974 年、1990 年、1991 年、2003 年、2005 年、2012 年、2013 年堤基渗水。

沭阳段：1991 年，75+910～76+050、76+280～76+540、76+950～77+050 三段共计 500m 背水滩地进行土方盖重处理。

1997 年实施了土工膜垂直铺塑防渗处理，深度为滩地以下 10～12m，未穿透透水层到隔水层。2008 年新沂河整治工程在迎水面铺盖做黏土盖重处理，2011 年 5 月新沂河整治工程对 81+400～81+600 做干砌石贴坡反滤处理，经费来源为财政拨款。

2. 1991 年治理方案

1990 年 8 月 6 日行洪 4850m³/s 时，大小陆湖段中有 1.7km 堤外坡脚及青坎上面，渗水严重，有泉眼沙沸现象，当即采取铺设土工布及砂石反滤排水和块石压重措施。汛后即对该段 1.7km 进行盖重排渗工程处理。为保证该段大堤背水坡面、坡脚及青坎的渗漏稳定，于 1991 年进行除险加固。

根据大小陆湖险工处理原设计规定，人工盖重长度为 20m，堤趾处盖重顶高为 5.5m，末端盖重顶高为 5m。土质一般为黏性土。凡黏土、粉质黏土、重壤土、重

图 4-33 大小陆湖险工位置示意图

粉质壤土等均属于黏性土范围内。根据半透水盖重的要求，土的干容重控制在 $1.45\sim1.5t/m^3$ 之间，确定机械碾压，铺土厚度为 50cm。为降低堤背坡出逸点，增加效果，在堤脚处铺一层砂石料排渗体，横向每隔 30m 铺一层砂石料排渗体，每条排渗体宽 1m，高 30cm（其中第一层铺 10cm 粗沙，第二层铺 10cm 小石子，第三层铺 10cm 粗沙）。

3. 1997 年治理方案

渗流处理的原则是"上堵、下排、中间截"，据此，提出了插塑、黏土盖重、透水盖重和排渗沟四种处理方案，经比较，方案一防渗效果最好，能够彻底解决大小陆湖的渗流问题，且造价也是最低的。因此，确定采用机械垂直开槽铺膜这一防渗处理措施来解决大小陆湖的渗流问题。土工膜防渗渗透系数较小，防渗效果极佳。

根据骆马湖南堤加固工程施工技术及经验，采用机械垂直开槽铺膜解决堤基渗流问题，堤身的透水问题采用在上游坡面斜铺土工膜的办法予以解决。机械垂直开槽铺膜按插入相对不透水层 0.5m 左右确定帷幕设计深度，顺大堤方向在距堤坡脚 2m 处为开槽轴线，全长 12000m。

大小陆湖段大堤堤身内部夹有大量砂性土，透水较强，为摸清堤身内部土质及透水情况，除了进行钻探注水试验外，沂沭泗水利管理局特委托中国地质勘查技术院蚌埠市淮海基础工程有限公司，对该段大堤进行探地雷达质量检测。检测结果为在 72＋300～81＋300 范围内，堤身内部存在较疏松的粉土层。根据这一检测结果，提出对这 9km 堤身结合堤基一并进行防渗处理。根据有防渗截水墙的斜墙坝设计原理，采取在上游坡面铺设土工膜，其底边与机械垂直铺膜的顶边相连接，形成堤身堤基统一防渗体。设计长度按 900m 计，坡比为 1∶3。

4.4.3.3　工程实例2——韩山险工

1. 险工概况

如图4-34所示，新沂河韩山险工段（左堤桩号55+800~65+500）位于沭阳县官灯与韩山两乡交界处的顺河村西南，全长9700m。其堤顶高程12.49~12.89m，迎水面滩地高程4.19~7.69m，滩地宽25~28m，堤后地面高程为3.79~6.09m。韩山险工段堤防堤身单薄、抗冲性差，临水滩面较窄，堤外地面低于临水滩地。该段河道防洪标准为50年一遇，设计流量7800m³/s，设计洪水位为11.21m（沭阳）。

图4-34　韩山险工位置示意图

韩山险工堤身横断面地质剖面图如图4-35所示。该险工段堤防土质复杂，有黏土、壤土及砂性土夹砂礓，土质松散、密实性差。经勘查发现，堤身自高程3.5~10m，存在厚薄不均、透水性强的粉土层，土体渗透系数$1×10^{-3}$cm/s，局部干容重在1.30~1.39g/cm³。1990年汛期，新沂河行洪4850m³/s，该险工段在堤后出现了"翻砂冒水"等险情。

其中桩号56+500~57+500处，堤身堆筑在老官田河河槽上，填筑时，堤基未清理，致使杂物埋于堤基下，经过四十多年运行，杂物腐烂形成空洞。同时，经钻探检查，堤身土层很乱，无规律可循，密实性不够。在堤身高程3.5~4.5m之间，有一层黄色、灰色或黄灰色粉土。1990年行洪时，背水堤脚处发现管涌冒水，经抢做反滤工程才勉强度过汛期，汛后未做处理。根据资料分析，渗水的主要原因是堤身高程3.5~4.5m粉土透水层和杂物腐烂空洞所致。同时，也不排除堤身渗水的可能性。汛期行洪时，又是背水沂北干渠用水高峰季节，水位较高，滩地坡脚处于水中，很难发现渗水冒泉眼现象，很不利于防洪抢险。

为保证堤防安全，于1998年、1999年先后对险情较为严重的56+400~57+400，

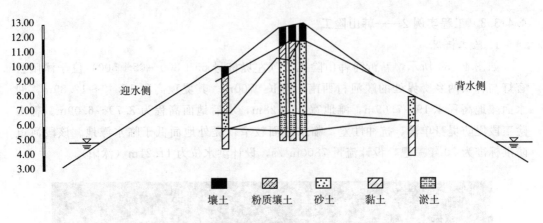

图 4-35　韩山险工堤身横断面地质剖面图（桩号 57+300）

57+400～65+000 堤段进行了一期和二期防渗处理。至 2000 年，经过治理还余 600m 未除险，因此对剩余 600m 堤段进行垂直铺塑处理。考虑到与原铺塑连接增加 40m 搭接长度，工程治理长度为 640m，相应桩号 55+800～56+440。

2. 1997 年治理方案

在桩号 56+400～57+400 内，迎、背水侧做前、后戗台，戗台顶宽 20m，顶高程平 6000m³/s 水位线，即 10m。分层压实达干容重 1.55g/cm³ 以上。北偏泓改道，选用不易透水的黏土填平老北偏泓，分层碾压夯实达干容重 1.60g/cm³ 以上，新填土高程应高于原滩面 0.5m。新开的北偏泓，断面标准按北偏泓设计流量确定，但泓底高程不得低于高程 5.5m。

3. 1998—1999 年治理方案

鉴于堤防土质差、透水性强、防渗性能差的特点，本次治理选用机械插塑垂直截渗的处理方案。具体如图 4-36 所示，用聚乙烯土工膜截渗，土工膜铺设顶高程应高于设计洪水位 0.5m，即顶高为 11m，底高程应穿过透水层并深入弱透水层 0.5m，即高程为 3m。

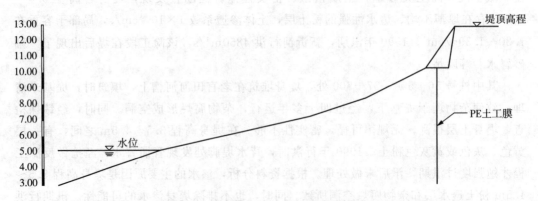

图 4-36　1998—1999 年韩山险工治理布置图（桩号 57+400）

考虑到新沂河大堤曾经历多次复堤，堤顶以下有石子路面，其路基为块石，机械施工难度大，因而，插塑位置在堤坡石护与堤肩之间。该方案经 1998 年春试验（桩号

56＋400～57＋400），效果很好。本次对新沂河左堤桩号 57＋400～59＋400，共 2000m，做垂直插塑处理。

具体内容为：在石护与堤肩之间，沿顺堤方向人工开挖施工平台，平台宽 4m（开槽机轮距 2.5m，两侧各留有人工操作平台），顶高程为 11m，与石护顶高程平齐，但比设计洪水位高 0.5m，采用此铺塑顶高程，避免了原石护拆建。自平台向下用开槽机械开槽，并垂直铺以厚度为 0.2mm 的聚乙烯薄膜。铺膜完成后，将堤坡恢复原状。堤肩现有的 4 排树木须全部砍伐，清除树根，以免损伤塑膜，影响铺膜质量。

根据工程特点，沟槽开挖采用链条式开槽机，利用自备柴油发电机供电；人工卷膜、人工下膜、人工铺膜；塑膜接头为自然搭接，根据水利部淮河水利委员会在南四湖湖面大堤刘香庄堤截渗工程中关于塑膜搭接长度的要求，确定本工程塑膜搭接长度不低于 2.5m；采用泥浆护壁，泥浆比重为 1∶1.2 左右，就地取黏土利用造浆机造浆；浆中进行回填土，自然固结直至沟槽填满。

4.2000 年治理方案

根据险工性质，工程地质情况及现场地形条件，本次工程采用机械垂直铺塑进行防渗处理。

（1）插塑位置：考虑到新沂河曾经多次复堤加固，现堤顶路面以下，不同程度地存在原路面路基遗留的石子或块石，故插塑位置选在石护坡与迎水侧堤肩之间。具体来说，保持现有石护坡不动，清除现石护以上迎水面的树木，开挖施工平台，平台宽 4m（开槽机轮距一般 2.5m，两侧留有 0.5m 宽左右的施工操作平台），平台顶高程 11m（与石护顶高程基本平齐）。采用链斗式开槽机自平台向下沿顺堤方向开槽、铺塑，铺塑完成后，用黏性土回填密实，将堤坡恢复原状。

（2）插塑深度：插塑深度为 8m，即塑膜插到强透水层以下 0.5m，膜底高程为 3m。

（3）塑膜选择：选用聚乙烯土工膜。塑膜幅宽厚度 0.2mm。为便于槽内土方回填及封顶保护，塑膜幅宽选择 8.4m。

（4）塑膜搭接方式：采用自然搭接，搭接宽度不小于 2m。

（5）因 1998 年对险情较为严重的 56＋400～57＋400 堤段进行了一期防渗插塑处理，现对 55＋800～56＋400 进行插塑施工，为防止两期工程交接处处理不完好，出现渗水情况，则须对 56＋400 处进行加长接头插塑处理，接头插塑长度 40m（插塑机械长度 20m，加接头 20m）。为避免接头处损伤原插塑膜，接头处开槽位置与原插塑槽相距 0.8m。

插塑接头部位要妥善处理，以确保工程质量。插塑完成后，插塑开槽要回填夯实，施工平台要恢复原堤坡，碾压夯实，并重新绿化，堤坡绿化以植草护坡为主。主要工程量为施工平台土方开挖及堤坡恢复 5120m³，插塑开槽回填 1536m³，缺土运输 410m³，垂直插塑 5120m。

5.2005 年治理方案

考虑到铺膜轴线设计不一致，故而增加 100m 重复搭接段，该段设计铺膜堤线长 5.7km（59＋300～65＋000）。在 59＋800 处发现堤基覆盖层下有一透水性较强的轻粉质沙壤土透镜体,其顶板高程为 1.84m,底板高程-2.56m,最大层厚为 4.4m。在相邻的东西两孔(钻孔号 J82126 和 J82128)孔距 400m 处未发现这一土层。由于该透镜体砂性土层底板高程为-2.56m,从堤顶开槽铺膜截断此层,开槽深度要达到 16m(高程-3～13m),但机械性能及开槽工艺还不能达到这一深度。因此,在迎水面滩地平台上开槽铺膜,截断轻粉质沙壤土透水层,与堤身开槽铺膜和水平向厚 1.3m 的不透水层相连接,形成一个完整的防渗体。由于该透镜体的长度很难具体确定,在具体实施时,现场补充手土钻进一步确定透镜体范围后,再做调整。

膜顶高程平大堤堤顶,膜底高程以穿过堤身和堤基表层重粉质壤土层、插入相对不透水层 0.5m 左右为控制;对于 59+800 处的堤基沙土层透镜体铺膜防渗,膜底高程控制在-3m 左右。该段堤身堤基机械开槽铺膜总长度为 6100m。

4.4.3.4 工程实例 3——刘庄险工

1. 险工概况

骆马湖刘庄险工(东堤桩号 12+075～13+800)位于骆马湖东堤,东调南下续建工程已对该段进行浆砌石护岸处理并对堤身进行防渗处理。根据初步设计文件,堤防护砌采用浆砌石护坡,总长 15.44km,护坡顶高程采用 25.66m,护坡底高程为 21.66m 或平滩面。护坡采用 30cm 厚浆砌块石,下设碎石、黄砂垫层各 10cm。11+500～13+000 段及 14+500～14+800 段机械垂直铺膜防渗,长 1.8km,膜顶高程平大堤堤顶,膜底高程插入相对不透水层 0.5～1m,插深 6～7m;14+800～16+600 段充填灌浆防渗,长 1.8km,沿堤身采用梅花形布置 3 排孔,纵向孔距 3m,横向孔距 1m,设计孔深 4.5～6.9m。

2. 2005 险工治理方案

1)机械垂直铺膜方案

机械开槽垂直铺膜是 20 世纪 80 年代中期开始研究试验、20 世纪 90 年代初发展起来的新型防渗技术。目前在水库大坝、河道堤防防渗工程中得到比较广泛的应用。自 1995 年在骆马湖南堤加固工程中应用以来,已先后在新沂河大小陆湖段、新沭河沭城段、韩山段、七雄段和新沭河南北堤防渗工程、淮河入海水道程中推广应用,铺膜总长度达 102km,计 95 万 m²。在新沭河堤防防处理工程中通过定水头、定流量向排孔内注水的方法,检测塑膜的防渗效果,塑膜折减位势达 90.85%～98.62%,防渗效果明显。从顶距迎水面 2m 处顺堤方向槽铺膜,膜顶高程平大堤堤顶,膜底高程插入相对不透水层 0.5～1m,铺膜材料为厚 0.22mm 的聚乙烯塑膜。

(1)范围确定为 11+500～13+000 段及 14+500～14+800 段,通过机械顺大堤纵向距上游堤肩 2m 开槽铺膜,膜顶高程平大堤堤顶,膜底高程以穿透堤身、堤基进入相对不透水层 0.5m 左右为控制。

(2)防渗材料土工膜的选择:土工膜防渗,一面承受水压力,一面支撑土料,需要一定的厚度才能承受水压力而不被破坏,支承土工膜的土料粒径大时需要较厚的土工膜。

2)多头小直径深层搅拌桩方案

多头小直径(大于或等于 3 头)深搅桩截渗技术运用特制的多头小直径深层搅拌

桩机，把水泥浆喷入土体并搅拌成水泥土桩，多桩相搭接连续成墙，用水泥土墙作为截渗墙以达到截渗目的，防渗效果好，加固深度深，能直接形成防渗帷幕，最适宜加固各种成因的饱和软黏土，增加地基的承载力，提高边坡的稳定性。墙厚130～300mm，墙深12～18m，成墙连续。水泥用量30～60kg/m²。

4.4.3.5　工程实例4——杜庄险工

1. 险工概况

如图4-37所示，中运河杜庄险工位于宿迁市宿城区行政辖区内，中运河右堤（俗称骆马湖二线），右堤桩号32+200～34+600，长度为2400m。该处堤顶高程27.83m，迎水面滩地高程19.83m左右，滩地宽18～20m，背水滩地20m左右。该段堤防堤身单薄，临水滩面较窄，堤外地面低于临水滩地。

该段河道防洪标准为50年一遇，设计流量6700m³/s，设计洪水位24.33m（骆马湖水位）。当骆马湖水位达到24.33m以上，退守宿迁大控制，洪水冲刷堤身，持续高水位可能出现渗水、管涌险情，危及堤防及附近宿迁市区、宿城区、宿豫区等地方安全。

图4-37　杜庄险工位置示意图

2. 2005年治理方案

骆马湖二线堤防宿迁至幸福电站段堤防长2.4km，该段堤顶高程一般为28～29m，堤顶宽6～8m，堤后地面高程一般为24m，低洼处达20.2m，局部有鱼塘，若退守宿迁大控制后，堤内外水位高差达5～6m，是宿迁市城市防洪的隐患。续建工程对该堤防背水坡加固。

加固堤防：按堤身高度大于6m的情况，将加固长度核定为1.51km。

加设戗台：戗台沿堤后平行于堤线布置。该段堤防高度超过了6m，在背水侧堤顶2m以下设置戗台。戗台设计标准为：设计高程25.83m，宽6m，边坡比为1∶3，加戗长度为1.51km，需加戗土方38288m³，清基土方3368m³。

采用堤坡铺塑和内堤脚垂直插塑相结合的处理方案，采用在堤脚以外 1m 处为轴线开槽，槽深 1m，垂直插塑至高程 17m；并向堤坡延长人工铺塑至高程 26.5m，原干砌石块石护坡拆除，改用 80♯浆砌石护坡保护。

护坡顶高程 26.5m，林台上平面护砌 2m 与保护垂直插塑的浆砌块石条形基础相连接；护坡封顶断面为 50cm×50cm；堤坡部分坡比平均为 1:3，林台部分平面护砌，基础设两条，一条位于堤脚，一条在堤脚 2.5m 以外，断面均为 50cm×60cm，护坡厚度 30cm，下设 10cm 碎石垫层，10cm 砂垫层，10cm 黏土或壤土垫层，护坡两侧设 30cm×40cm 齿坎。

右堤桩号 32+620～34+014 段，垂直插塑部分，铺塑前要清除坡面杂物，保证坡面平整，不含尖锐物质以免刺破塑料膜，塑料膜上填土要用黏土或壤土（不含砂砾石等尖锐性杂物）回填夯实。

4.5　灌浆防渗技术

4.5.1　充填灌浆

工程实践证明，充填灌浆技术具有对原有坝体结构的扰动小、工程造价低、工期短、开支小等优点，在解决土石坝渗流等问题上得到了广泛应用。同时，充填灌浆技术在堤顶不均匀沉降问题的治理中效果显著，如沂沭泗河姚桥矿采煤沉陷段险工治理，由于该处采煤数量巨大，堤顶道路产生不均匀沉降，甚至产生裂缝，严重影响堤防工程安全，针对该段特殊的地质条件，采用了黏土充填灌浆进行处理，并取得了良好的治理效果。

4.5.1.1　原理及基本要求

1. 施工技术

充填灌浆是将黏土浆液通过一定的压力以渗入的方式浇灌到堤防或坝体内以达到填充相应孔隙、缝隙的效果来提高稳定性，进而增加结构的牢固性。

为了达到具体的施工处理目的，满足处理的要求与标准，通过现场多次实际灌浆试验，特总结下列施工参数以方便充填灌浆技术在工程中得到应用。

（1）分段灌浆：严格分序加密，先从最下游一排开始钻孔，其次采用自上而下逐段进行钻孔、逐段安装灌浆塞进行灌浆直至孔底的方法。

（2）浆液配比：为符合施工技术要求，经过大量实践特制浆液配比，质量比为水:水泥:沙=0.6:1:1.2，质量比为水:水泥=0.5:1。

（3）灌浆用料：水泥材料，本施工技术采用 32.5 普通硅酸盐水泥；材料的质量应符合 SL62—94。

（4）浆液变换：第一序孔先灌注比例为 1:2 的水泥砂浆，当吃浆量不大于 30L/min 左右时改变浆液比例，可改灌 0.5:1 水泥浆；对于第二序孔，要根据实际情况具体操作，当第二序孔吃浆量不小于 50L/min 左右时，先灌注 1:2 水泥砂浆，否则，将直接灌注 0.5∶1 水泥浆。

（5）待凝标准：当依照施工及技术要求灌浆的量超过 10000L 时，待凝 10h 左右后进行再灌浆。

（6）停灌标准：在既定压力下，灌浆孔停止吸浆并继续灌注 5min 左右即可停灌，或注入率小于 1L/min 左右时继续灌注 30min 左右，即可对该段停灌。

2. 注意事项

目前在堤防、水库除险以及土石坝等水利工程施工中应用此项技术时，为了着实提高工程质量，保障民生基本利益最大化，不仅要把施工前期的勘探准备工作认真做好，还应高度重视对灌浆施工工程中各工序质量的把控，积极处理好灌浆期所遇到的诸多问题。

（1）裂隙处理

当堤顶出现纵向裂隙时，先进行原因分析；如果是湿陷裂隙，可以继续灌浆；如果是劈裂隙，应加强观测，当裂隙发展到允许宽度时应立即停灌，待裂隙基本闭合后再灌；当出现横向裂隙时，应立即停灌检查。

（2）冒浆处理

堤顶冒浆应立即停灌，并挖开冒浆出口，用黏性土料回填夯实；钻孔周围冒浆，可用压砂处理，而后继续灌浆；堤坡冒浆，可采用稠浆间歇灌注；堤防与已有建筑物接触带冒浆，可用较稠的水泥黏土浆灌注。

（3）串浆处理

施工中出现串浆时，可采用浓浆灌注、间歇灌注、低压灌注等措施处理。

（4）塌坑处理

在塌坑部位挖出部分泥浆，回填黏性土料，分层夯实，以便锥孔作业顺利进行。

4.5.1.2　工程实例 1——姚桥矿采煤沉陷段险工

1. 险工概况

如图 4-38 所示，姚桥矿采煤沉陷段险工位于江苏省徐州市沛县大屯镇、杨屯镇，山东省济宁市微山县张楼镇，南四湖上级湖湖西，险工段对应大堤桩号 66+410～70+700，长度 4290m。

南四湖湖西大堤属于 2 级堤防，按防御 1957 年洪水的标准进行加固，上级湖堤顶高程 40.1m 左右，滩地高程平均为 33.8m，堤顶宽度 8m，堤防高度平均为 6m，堤防边坡迎水坡坡比 1∶4. 背水坡坡比 1∶3. 桩号 66+410～68+150 段为干砌石＋砼预制块护坡结构，桩号 70+150～70+700 段为砼护砌块护坡结构。

由于大屯煤电公司进湖采煤，湖西大堤部分堤段堤身塌陷下沉，采煤塌陷段所处的湖腰段堤身主要为可塑状黏土、粉质黏土和重粉质壤土，其天然干密度较低，孔隙比较大，堤身压实度不均匀，土体存在裂隙，堤身渗漏现象严重。大屯煤电公司姚桥煤矿对该段堤防进行了复堤加固、灌浆、垂直铺塑、复滩加固等处理，但由于沉陷尚未稳定，安全隐患依然存在。

南四湖上级湖设计 50 年一遇洪水位为 36.79m。当高水位行洪、蓄水时，可能导致沉陷段堤防渗水、滑坡、坍塌、裂缝、决口。

1997—1999 年对该险工部分段堤防进行加固，加固工程位置在桩号 67＋057～68＋000。

2003 年再次对堤防进行加固，加固堤防长度 1.96km（相应湖西大堤桩号 68＋740～70＋700）。

2006 年，对湖西大堤姚桥矿开采塌陷段堤防采取预加高处理措施。在本次堤防预加高的同时对塌陷段进行了灌浆加固处理。

2010 年，在南四湖湖西大堤加固工程中，对湖腰段的堤身采取截渗处理，其中包括徐庄和姚桥两矿的采煤沉陷段。

2015 年姚桥煤矿对其矿区的 7345 工作面进行采煤，根据沉降观测，开采对湖西大堤处造成了局部沉降，最大下沉约 0.932m，总影响（预计沉降结合观测沉降 10mm 范围）长度约 950m，范围为 69＋450～70＋350。为保证不降低湖西大堤防洪标准，须对影响堤段进行加固处理。

2017 年，桩号 69＋450～70＋350 段检测到不均匀沉降，通过加固塌陷段堤防对该段堤防进行加固。

图 4-38　姚桥矿采煤沉陷段险工位置示意图

2. 1997—1999 年治理方案

1998 年对湖西大堤桩号 67＋057～68＋000 进行加固，该段堤防自上而下分为两层，其中下层为灰黄至青灰色黏土，夹有轻粉质壤土，呈软塑至可塑性状态，土质软弱，强度较低。

（1）挡土墙

对于湖西大堤桩号 67＋057～68＋000 段，挡土墙顶部高程 36m，墙高 2m，墙顶宽 0.5m，墙背坡比 1∶0.2，迎水坡比 1∶0.7。墙身底宽 1.5m，为墙高的 0.75 倍，基础宽 2m，为墙高的 1 倍，基础厚 1m，挡土墙以上部分采用护坡至 36.5m 高程，坡比采用 1∶4。为避免地基不均匀沉陷而引起的墙体开裂设置沉陷缝，同时为防止材料干缩和温度变化产生裂缝，须设置伸缩缝，本次治理将沉陷缝和伸缩缝合并设置。沿挡土墙轴线方向，每隔 10m 设置一道缝，缝宽 3cm。

（2）水泥土搅拌截渗墙

因湖西大堤桩号 66+410～67+912 段堤防渗透系数较大，故采用水泥土搅拌截渗墙加固，沿堤顶中心线布置，截渗墙墙顶高程为设计洪水位以上 1m，墙底高程 32m。截渗墙最小厚度不小于 12cm。

3. 2003 年治理方案

湖西大堤姚桥矿区塌陷段分为南、北两个工程地质段：姚桥煤矿开采塌陷段北段（湖西大堤桩号 1+070～1+960，长 890m）堤身堆土之下为黏土层，南段（湖西大堤桩号 0+000～1+070），长 1070m，为壤土层或软土层。

对姚桥矿段塌陷段共 1960m 堤防进行加高培厚。堤防加固标准根据沂沭泗洪水东调南下近期工程进行总体设计，湖西大堤设计洪水位按 50 年一遇的标准设计。设计防洪水位上级湖为 36.86m。

（1）复堤加固

由于地下采煤，地表堤防局部沉降塌陷，塌陷段堤防不能足防洪要求，故对坍塌段堤防采用复堤加固的方式以确保堤防达到防洪、稳定要求。本次治理的堤防顶高程废黄河标准为 40.3m，换算成 1985 年黄海标准为 40.164m，并预留塌陷沉降高度 0～2.25m 不等，顶高程范围为 40.164～42.414m。复堤顶宽度均为 8m。复堤边坡迎水坡坡比均为 1∶5，背水坡坡比均为 1∶3。为了与复堤加固堤段两侧的现有堤防搭接，湖西大堤 0+000～0+050 和湖西大堤 1+860～1+60 段为堤身渐变段。堤顶高程按 50 年一遇防洪标准并预留塌陷沉降高度，堤顶宽 8m，复堤边坡迎水坡坡比为 1∶5，背水坡坡比为 1∶3。

（2）加设戗台

另外由于湖西大堤 0+000～0+750 段现状迎水侧堤脚处高程较低，为满足堤防抗滑、渗透稳定，需对其迎水侧加设戗台。戗台顶高程 34m，戗台宽度为 30m，边坡比为 1∶5。

4. 2006 年治理方案

对湖西大堤杨屯河以北 1.5km 塌陷堤段（相应湖西大堤桩号 70+380～71+200）进行复堤，于两侧滩地填筑戗台，同时进行护坡和防渗处理。

（1）复堤工程

复堤堤顶高程按 1957 年型防洪标准加固并预留塌陷超高 3.2m，加固后堤防顶高程为 43.4m（废黄河标高），堤顶宽 8m，复堤边坡迎水坡坡比为 1∶4，背水坡坡比为 1∶3。迎水侧戗台预留塌陷超高 3.2m，顶高程为 38.2m，顶宽为 30m，边坡坡比为 1∶3；考虑到堤防加固后与两侧现有堤防衔接，加固段北侧采用 50m 渐变段（湖西大堤桩号 66+360～66+410）。

（2）护坡工程

为保护堤防安全，在对沉陷段进行加固之后，对堤防和戗台实施香根草生物防护措施，待沉陷稳定后对迎水侧堤防及戗台采用 M10 浆砌块石护坡，护坡范围长 1.5km（湖西大堤桩号 66＋410～67＋910），护坡上限为 35m，护坡下限为正常蓄水位 33m。

（3）防渗治理

采煤沉陷会威胁堤身防洪安全，为防止对堤防的破坏，对本次塌陷堤防进行灌浆加固处理。

5. 2010 年治理方案

本次堤防加固工程为塌陷段堤防预加固，地下煤层开采结束后将会引起工程段地基塌陷变形，造成土质结构破坏，形成渗透通道，因此需对本段堤防塌陷过程加强观测，发现问题即时处理，当塌陷稳定后立即进行防渗加固，以确保堤身安全度汛。堤防防渗加固处理措施较多，目前常用的方法有机械垂直铺膜、劈裂灌浆、压密注浆、深层搅拌桩、高压定喷、堤后加做防渗平台、背水坡做反滤等。机械垂直铺膜防渗效果好，但单价较高；堤防劈裂灌浆及压密注浆单价较低，适宜处理堤身孔洞多、质量较差堤段。

根据预计塌陷堤段堤身堆土土质不均，预计不均匀沉降会产生垂直于堤防轴线的裂隙、孔洞、孔隙等特点，决定在该堤段沉降变形稳定后采用压密注浆工艺对该堤段进行防渗加固。压密注浆主要是通过压注黏土浆液（或水泥黏土浆液），在堤防内形成一道连续的浆体防渗帷幕，帷幕厚度随堤防的好坏自行调整，与浆脉连通的所有裂缝、洞穴等隐患均被浆液充填挤压密实，并且堤防互压和湿陷固结等作用使堤防内部应力得到改善，从而达到防渗加固的目的。具体内容如下。

（1）钻孔布置：钻孔布设采用梅花形，位置在迎水侧堤肩顺堤布置 3 排孔，孔距离 2m，排距离 1m，用干法锤击成孔，孔径为 50mm；

（2）设计防渗长度和深度：防渗长度为湖西大堤 66＋410～67＋910 及杨屯河北堤 0＋000～0＋600 共 2130m；防渗深度自堤顶至堤身以下 1m；

（3）浆液：浆液采用黏土浆液。要求浆液均匀，无块、无草根等杂物，可连续供应。灌浆土料选择遵循"黏粒含量不能太少，充填防渗性能好；黏土要水化性好，易制成泥浆，泥浆流动性好，具有一定的稳定性，泥浆体积收缩要小"的原则。选用粉质黏土和重粉质壤土，土料的物理性能大致为：黏粒含量 25%～35%；粉粒含量 30%～50%；沙粒含量 20%～30%；塑性指数 10% 左右；土的有机质含量要小于 2%，可溶性盐含量要小于 8%。

（4）注浆：三排孔注浆应分排单独注浆，即一排一排注，不得同时注。孔口应做不小于 1m 深的注浆塞，孔口压力要求根据现场试验具体确定，一般控制在 50kPa 左右，用压力表测量控制。

6. 2016 年治理方案

本次采煤塌陷段堤防加固工程建设内容主要包括：复堤加固工程、滩地填筑工程、防渗工程、护坡工程、道路工程及管理设施等。

（1）复堤加固

根据堤防现状及其断面情况，本次对采煤塌陷后不满足设计断面标准的湖西大堤桩号 69＋650～69＋950 段进行复堤加固，并考虑堤防上、下段与现状堤防的平顺连接，两端各预留 10m 作为衔接段，因此复堤加固范围为湖西大堤桩号 69＋640～69＋960，长 320m。预复堤加固标准为：顶高程 40.116～41.29m，顶宽 8m，迎水侧坡比 1∶4，背水侧坡比 1∶3。同时对采煤塌陷后背水侧地面不满足原标准的湖西大堤桩号 69＋460～70＋050 段增设戗台，并考虑戗台上、下段与现状地面的平顺连接，两端共预留 30m 作为衔接段，因此戗台增设范围为湖西大堤桩号 69＋450～70＋070，长 620m，修筑的戗台为：顶高程 34.01～35.3m，顶宽 10m，边坡 1∶3。加固方式从现状堤防迎水侧堤肩向背水侧复堤及增设后戗台，堤防清基、清杂厚度 0.3m，复堤及戗台填筑土方按 1 级堤防标准进行压实，要求土方填筑压实度不小于 0.95。

（2）滩地填筑

滩地填筑范围为湖西大堤桩号 69＋490～70＋310，长 820m。根据堤防迎水侧滩地现状地形和断面测量成果对采煤塌陷后不满足原标准的湖西大堤桩号 69＋500～70＋300 段滩地进行填筑，并考虑到填筑滩地上、下段与现状滩地的平顺连接，两端共预留 20m 作为衔接段，因此滩地填筑范围为湖西大堤桩号 69＋490～70＋310，长 820m。滩地填筑高程根据滩地塌陷高度确定，为 35～36.3m，塌陷稳定后保证滩地高程不低于 35m，填滩宽度为 30m，滩地填筑平台以下边坡比 1∶5。滩地清基、清杂厚度 0.3m，滩地填筑土方按 1 级堤防标准进行压实，要求土方填筑压实度不小于 0.95。

（3）防渗加固治理

防渗加固治理范围为湖西大堤桩号 69＋450～70＋350，长 900m。考虑到地下采煤后会引起地表塌陷沉降，破坏湖西大堤堤身密实结构，局部会出现横向、纵向裂缝，甚至会形成渗流通道，采用多头小直径深层搅拌桩及充填灌浆处理。

多头小直径深层搅拌桩治理：为防止采煤作业导致湖西大堤局部出现横向裂缝，形成渗流通道，对采煤塌陷段（湖西大堤桩号 69＋450～70＋350）堤防沉降趋稳后在堤顶中心线上布置机械，帷幕深度从堤顶至相对不透水层中 1m，为 30m。多头小直径深层搅拌桩防渗墙体最小厚度不小于 200mm，其渗透系数应小于（A×10⁻⁶）cm/s（1＜A≤10），渗透破坏比降不小于 50，水泥土 90 天无侧限抗压强度大于 0.5MPa。

充填灌浆：为防止采煤作业导致湖西大堤地表塌陷沉降，破坏堤身密实结构，局部出现纵向裂缝，待采煤塌陷段（湖西大堤桩号 69＋540～70＋240）堤防沉降趋稳后在堤顶上共布置四排充填灌浆孔，堤顶中心线两侧各布置两排，排距 2m，孔距 3m，梅花形布置，灌浆孔直径 50mm，采用干法成孔方式。为保证泥浆对堤身隐患部位和堤身与地基接触层面得到充分浸透、充填密实，要求灌浆孔深超过人工填土深度 1m 左右，为 30m。

（4）护坡

浆砌块石护坡：浆砌块石护坡接高范围为湖西大堤桩号 69＋947～70＋140，长 193m；复堤加固范围内的迎、背水侧（戗台以上）裸露坡面、护坡接高范围内的护砌上限至堤顶迎水侧裸露坡面铺植草皮防护，草皮防护范围为湖西大堤桩号 69＋640～

70+140，长500m。姚桥煤矿7345工作面开采引起湖西大堤桩号69+450～70+350段（预计沉降结合观测沉降10mm范围）塌陷，导致原有护坡将不能满足要求，须对塌陷段湖西大堤现状护坡进行接高。待堤防沉降稳定后对湖西大堤姚桥煤矿采煤沉降高度在0.1m以上范围内的护坡湖西大堤堤段69+947～70+140进行接高。护坡上限为37.99m，下限为现状护坡沉降稳定后顶高程36.89～37.89m，坡比为1：4，其结构形式为M10浆砌块石，厚度0.3m，下设0.1m碎石垫层、0.1m砂石垫层，纵向每隔10m设一道竖向M10浆砌块石格埂，格埂尺寸均为0.4m×0.65m（宽×深），顶部设0.4m×0.65m（宽×深）的M10浆砌块石封顶。

草皮护坡：对复堤加固范围内的迎、背水侧（戗台以上）裸露坡面，护坡接高范围内的护砌上限至堤顶迎水侧裸露坡面铺植草皮防护，草皮防护范围为湖西大堤桩号69+640～70+140，长500m。根据当地的气候及表面覆盖层的立地条件，选择适合本地生长的具有较好保水、保土效果的草种，适合本地生长的草种有狗牙根、马尼拉等。

4.5.1.3 工程实例2——孔庄矿采煤沉陷段险工

1. 险工概况

如图4-39所示，南四湖孔庄矿采煤沉陷段险工位于江苏省徐州市沛县大屯镇、山东省济宁市微山县赵庙镇，南四湖下级湖湖西，大堤桩号80+730～83+440，长度2710m。

图4-39 孔庄矿采煤沉陷段险工位置示意图

南四湖湖西大堤已按防御1957年洪水进行加固，下级湖堤顶高程40.05m左右，滩地高程迎水滩平均为34.3m、背水滩为37.8m，堤顶宽度8m，堤防高度迎水坡平均为6m、背水坡为2m，堤防边坡迎水坡坡比为1：4、背水坡坡比为1：3，桩号80+730～82+240段为浆砌石护坡结构。

近几年来,大屯煤电公司进湖采煤,造成湖西大堤部分堤段堤身塌陷下沉,大屯煤电公司徐庄煤矿对该段堤防进行了复堤加固、灌浆、复滩加固等处理,但由于沉陷尚未稳定,防洪隐患依然存在。沉陷段穿堤建筑物有挖工庄东闸。受采煤影响,该闸整体沉陷,并于 2008 年被鉴定为 IV 类闸,存在严重度汛隐患。

南四湖下级湖设计 50 年一遇洪水位 36.29m。当高水位行洪、蓄水时,可能导致沉陷段堤防渗水、滑坡、坍塌、裂缝、决口。

2003 年雨量较大,湖内水位高,9 月挖工庄东闸下游闸区出现集中渗水,威胁工程安全。为确保 2004 年安全度汛,对险工进行处理。

2015—2017 年对桩号 80+220～81+800 段约 1.58km 堤防进行加高,最大加高高度为 2.657m。

2. 2004 年治理方案

(1) 堤防加高培厚

对孔庄矿段 1030m 预计塌陷段堤防进行加高培厚,加固堤段为挖工庄河闸以南 210m(0+250～0+190),挖工庄以北 790m(0+510～1+300),堤防顶高程(废黄河高程系本节同)40.1m。考虑到孔庄煤矿在该地段继续采煤,地下煤层的开采将引起地表坍塌沉降,在计算顶高程时预留了塌陷沉降。预留沉降高度 0.2～2.6m,使工程段堤防断面在采煤塌陷后能满足防洪要求。堤防顶宽度为 8m。复堤边坡迎水坡为 1:5,背水坡为 1:3。在孔庄段湖西大堤其迎水侧加设戗台,戗台高程为 34m,预留沉降高度同堤防预留高度,为 0.2～2.6m 不等。戗台宽度为 30m,边坡比为 1:5。

(2) 黏土灌浆处理

对挖东闸段(湖西大堤桩号 81+500～82+250)堤防采取工程措施,进行黏土灌浆处理,长度为 750m。挖东闸段闸区堤顶宽 6m,闸区 80m 灌浆孔设 6 排,其中堤顶 2 排,内外堤坡各 2 排,闸区外为宽堤段,灌浆孔设 2 排,沿堤轴线两侧梅花型布孔。灌浆孔直径 30mm,堤顶孔深 6～6.5m,堤坡孔深 3～5m。孔距 3m,排距 3m。灌浆要求土料为粉质黏土或重粉质壤土。灌浆土料选用黏粒含量为 20%～45%、粉粒含量为 40%～70%、砂粒含量不超过 10%、有机质含量不超过 8%、塑性指数为 10%～20% 的粉质黏土或重粉质壤土。浆液容重控制在 1.3～1.6g/cm³ 之间。

3. 2013 年治理方案

采煤造成了湖西大堤(80+264～81+661)不均匀沉降,该段湖西大堤可能会产生纵、横裂缝而影响到堤防的渗流稳定。在塌陷区基本沉降稳定后,大屯煤电公司孔庄矿应委托专业机构对塌陷段湖西大堤的防渗情况进行检测,根据检测结果需要再进行相应处理。

本次加固工程主要建设内容为:堤防复堤工程、滩地填筑工程、堤防护坡工程等。

(1) 堤防复堤工程

根据堤防现状,本次对湖西大堤桩号 80+364～81+361 段长 997m 堤防进行复堤,复堤方式从现状堤防迎水侧堤肩向背水侧复堤。堤防清基深度为 0.3m,堤防压实度为 0.94。湖西大堤加固断面为:堤顶高程为 39.89～42.55m,堤防顶宽 8m,迎水坡坡比

1：4、背水坡坡比 1：3。

（2）滩地填筑工程

本次滩地填筑范围为桩号 80＋364～81＋361，顺湖西大堤长度为 997m。填滩宽度原则上为 30m 宽。滩地填筑高程根据滩地塌陷高度确定，塌陷稳定后滩地高程不低于 34m，滩地填筑平台以下坡比为 1：4。

（3）堤防护坡工程

堤防护坡工程主要包括浆砌石护坡和草皮护坡。

浆砌石护坡：本次对采煤沉陷段湖西大堤桩号 80＋364～81＋661 段长 1297m 堤防进行接高。护坡顶高程为 37.59～40.15m，护坡坡度比为 1：4，其结构尺寸为浆砌石厚度 0.3m，碎石垫层 0.1m，砂垫层 0.05m；纵向每隔 10m 设一道竖向 M10 浆砌块石条梗，在护坡中部设一道纵向 M10 浆砌块石条梗，条梗尺寸均为 0.4m×0.65m（宽×深），顶部设 0.4m×0.65m（宽×深）的 M10 浆砌块石封顶，浆砌石护坡接高堤防长度 1297m。

草皮护坡：本次孔庄煤矿采煤湖西大堤加固堤防复堤范围为 80＋364～81＋361，湖西大堤堤防长 997m。堤顶布置 6m 宽泥结碎石道路。对修筑堤防除浆砌石护坡和堤顶道路以外裸露坡面及堤肩 1m 范围内采用撒草籽的方式进行植物防护。根据当地的气候及表面覆盖层的立地条件，选择适合本地生长的具有较好保水、保土效果的草种，适合本地生长的草种有狗牙根、马尼拉等。本次湖西大堤沉陷段草皮护坡长为 997m。

4.2016—2017 年治理方案

湖西大堤复堤范围为桩号 80＋364～81＋361，堤防长 997m；滩地填筑范围为桩号 80＋364～81＋361，沿堤防长 997m；浆砌石护坡接高范围为桩号 80＋364～81＋661，堤防长 1297m；对复堤范围为桩号 80＋364～81＋361，段长 997m 的裸露坡面及堤肩通过撒草籽来防护；对复堤段 80＋364～81＋361 按标准重建堤顶道路，道路长 997m；对复堤范围内的 2 条上堤坡道进行重建；设置 3 个位移（沉降）观测断面，每个观测断面布置 5 个观测点，另外在沉降范围外布置 1 个基准点。

1）堤防复堤

湖西大堤加固断面为：堤顶高程为 39.89～42.55m，堤防顶宽 8m，迎水坡坡比 1：4、背水坡坡比 1：3。根据堤防现状，本次对湖西大堤桩号 80＋364～81＋361 段长 997m 堤防进行复堤，复堤方式从现状堤防迎水侧堤肩向背水侧复堤。堤防清基深度为 0.3m，堤防压实度为 0.94。

2）滩地填筑

本次滩地填筑范围为桩号 80＋364～81＋361，顺湖西大堤长度为 997m。填滩宽度原则上为 30m 宽。滩地填筑高程根据滩地塌陷高度确定，塌陷稳定后滩地高程不低于 34m，滩地填筑平台以下坡比为 1：4。

3）护坡

（1）浆砌石护坡：本次对采煤沉陷段湖西大堤桩号 80＋364～81＋661 段长 1297m 堤防进行接高。护坡顶高程为 37.59～40.15m，护坡坡比为 1：4，其结构尺寸为浆砌石厚度 0.3m、碎石垫层 0.10m、砂垫层 0.05m；纵向每隔 10m 设一道竖向 M10 浆砌块石条梗，在护坡中部设一道纵向 M10 浆砌块石条梗，条梗尺寸均为 0.4m×0.65m（宽×深），顶部设 0.4m×0.65m（宽×深）的 M10 浆砌块石封顶。

（2）草皮护坡：本次孔庄煤矿采煤湖西大堤加固堤防复堤范围为 80+364～81+361，湖西大堤堤防长 997m。堤顶布置 6m 宽泥结碎石道路。对修筑堤防除浆砌石护坡和堤顶道路以外裸露坡面及堤肩 1m 范围内通过撒草籽进行植物防护。根据当地的气候及表面覆盖层的立地条件，选择适合本地生长的具有较好保水、保土效果的草种，适合本地生长的草种有狗牙根、马尼拉等。本次湖西大堤沉陷段草皮护坡长为 997m，草皮护坡面积为 17412m^2。

4.5.2 劈裂灌浆

4.5.2.1 原理及基本要求

国内外工程实践证明，堤防灌浆是改善堤防工程质量的一项重要技术措施。堤防灌浆常用的两种方式是锥探灌浆和劈裂灌浆。锥探灌浆是 20 世纪 70 年代以前较为常用的施工方法，但其压力较小，只对被灌浆孔眼穿通的缝或洞穴等隐患起作用，对未被锥孔穿通的缝、洞和虚土层则无能为力，起不到降低堤防浸润线的作用；加之过去灌入的浆料为单一的土料，灌浆体不能防止动物及其他生物的破坏。

自 20 世纪 70 年代起，人们开始试验用劈裂灌浆技术来加固堤坝，其实质就是采用在孔底部注浆、全孔灌注的方法，有控制地加大灌浆压力，将原来的充填式灌浆改为利用灌浆压力（灌浆开始用稀浆）使堤身劈裂成缝，再强制性注入浓浆液，使纵向浆脉在堤坝内部形成垂直的防渗帷幕。灌浆的浆脉宽度与堤防土质、堤身隐患、灌浆压力及工艺设备等因素有关。

劈裂帷幕灌浆防渗技术是山东省水利科学研究院的研究人员基于过去的重力灌浆技术，在土坝中采取劈裂灌浆方式，使用一定压力，将坝体沿坝轴线小主应力面劈开，灌注设计的泥浆，最后形成 10～15cm 厚的连续防渗墙。同时，泥浆使坝体湿化，增加了坝体密实度。这项技术不仅起到了防渗作用，同时也加固了坝体。劈裂帷幕灌浆防渗技术的优点是其可以就地取材，施工简便，投资很省，工效较高，很快便得到推广。目前，全国用该项目已处理病险水库 2000 余座、险堤约 2000km，例如新沂河上七雄险工段曾做过劈裂灌浆处理，效果显著。劈裂灌浆为国家节省了大量的资金投入，取得了显著的经济效益和社会效益。

劈裂帷幕灌浆防渗技术是我国独创的灌浆技术，主要适用于土坝、土堤、坝体及某些地质条件下的地基防渗加固。劈裂灌浆技术能有效改善堤防工程质量，此技术在堤防防渗工程中被广泛推广，它能形成垂直连续的防渗帷幕，还能解决坝体主要部位的变形稳定问题，并且灌入堤身的泥浆可析出水，固结后容易与堤坝体融为一体，不破坏堤身的整体稳定性。其施工质量可靠，施工速度快，甚至在十几天的时间内就能初步解决坝体的渗透稳定问题，使原来渗透的堤坝转危为安，其成本仅为混凝土连续墙的 20% 左右。

经过材料试验和工程实践证明，适合于堤防工程灌浆的材料主要有水泥浆、黏土浆、水泥黏土浆、水泥-水玻璃浆液、水泥砂浆和水玻璃类浆液等。

1. 水泥浆

水泥浆是由水泥和水混合经搅拌而制成的浆液。为了改进浆液的性能，有时需要在水泥浆中加入少量的添加剂。

水泥浆具有来源丰富、价格便宜、浆液结石体抗压强度高、抗渗性能好、工艺设备简单、操作方便等特点，但是水泥浆液是一种呈颗粒状的悬浮材料，受到水泥颗粒粒径的限制，通常仅适用于粗砂层的加固。

2. 黏土浆

黏土浆是黏土的微小颗粒在水中分散并与水混合形成的半胶体悬浮液。选择灌浆用的黏土一般有如下几个要求：塑性指数大于17；黏粒（粒径小于0.005mm）含量不小于40％～50％；粉粒（粒径0.005～0.05mm）含量一般不多于45％～50％；含沙量（0.05～0.25mm）不大于5％。

黏土浆的结石强度和黏结力都比较低，抗渗压和冲蚀的能力很弱，故仅在低水头的防渗工程上才考虑采用纯黏土浆液灌浆。

在黏土浆液中加入水玻璃溶液，可配制成黏土水玻璃浆液，水玻璃添加量为黏土浆的10％～15％，浆液的凝结时间可缩短为几十秒至几十分钟，固结体渗透系数为10^{-5}～10^{-6}cm/s。

3. 水泥黏土浆

水泥黏土浆是由水泥和黏土两种基本材料相混合构成的浆液。水泥和黏土混合可以互相弥补缺点，构成性能较好的灌浆浆液。

水泥黏土浆液与单液水泥类浆液相比，具有成本低、流动性好、抗渗性好、结实率高等特点，目前，在砂砾石的基础防渗灌浆帷幕中几乎都是采用水泥黏土浆液进行灌注的。

4. 水泥-水玻璃浆液

水泥-水玻璃浆液是以水泥和水玻璃溶液组成的一种灌浆材料。这种灌浆材料克服了水泥浆液凝结时间过长的缺点，可以缩短到几十分钟甚至数秒钟。其可灌性也比纯水泥浆液有所提高，尤其适合用于动水状态下粗砂层地基的防渗加固处理。

5. 水泥砂浆

在对有较大缺陷的部位灌浆时，可采用水泥砂浆灌浆，一般要求砂的粒径不大于1mm，砂的细度模数不大于2。

在水泥砂浆中加入黏土，则可以组成水泥黏土砂浆，水泥起固结强度的作用，黏土起促进浆液稳定的作用，砂子起填充空洞的作用。水泥黏土砂浆适用于静水头压力较大情况下的较大缺陷以及大洞穴的充填灌浆。

6. 水玻璃类浆液

水玻璃类浆液是由水玻璃溶液和相应的胶凝剂组成的。灌入地层后，经过化学反应生成硅酸凝胶，在土（沙）的孔隙中充填，达到固结和防渗堵漏的目的。

水玻璃浆液的黏度小、流动性好，在用水泥浆或黏土水泥浆难以处理的细砂层和粉砂层地基中可使用。

部分灌浆材料特征见表 4-3 所列。

表 4-3 部分灌浆材料特征表

灌浆材料名称	主要特点	适用范围	备注
水泥浆	施工简单、方便，浆液凝结时间较长	粗砂地基的防渗加固	可灌性较差
黏土浆	材料来源广，价格低廉；强度较低	堤身的防渗加固	主要用于堤身的防渗加固
水泥黏土浆	价格较低，使用方便	粗砂地基的防渗加固	可灌性比水泥浆好
水泥-水玻璃浆液	施工要求高，浆液凝结时间短，且容易进行调节	在动水状态下，粗砂地基的防渗加固	在特殊情况下使用
水泥砂浆	强度较高，价格便宜，但施工要求较高	较大缺陷的充填加固和防渗处理	易沉淀，可灌性差，在特殊特殊情况下使用
水玻璃类浆液	浆液的黏度与水接近，可灌性好，但价格较高	细砂层和粉砂层地基的防渗加固	在水泥等颗粒状浆液满足不了可灌性要求时采用

上述几种材料中，除水玻璃浆液外，价格都比较低，工程上多采用水泥浆和水泥黏土浆。对一些非均质的粉沙土地基还可以采用水泥和水玻璃浆液分别灌注的方法，以达到复合加固的目的。

水泥浆液只能灌入粗砂层，而对颗粒细、孔隙小、工程特征欠佳的粉沙土地基，水泥灌浆只能进入地基土体结构因受到破坏而形成的空洞或裂缝里去，起不到防渗灌浆的作用，难以提高地基的抗渗性能；而水玻璃浆液可以进入细砂层和细砂层的孔隙。

浆体帷幕的厚度是指泥浆固化、硬化以后的厚度，主要应从防渗和堤身的变形稳定来考虑。如果浆体帷幕太厚，需要固结时间较长，坝坡位移量就必然增大，因此在设计浆体厚度时，应当在保证防渗和变形稳定要求的条件下，尽量减少其厚度。但是，如果浆体帷幕太薄，有可能满足不了防渗要求，不能形成连续的浆体帷幕；对一些松散的坝体，应变能量如果不能充分释放，还可能出现新的变形裂缝，同时坝体的回弹量较小，对于浆体的固结不利。因此，在设计浆体帷幕厚度时，应首先保证坝体防渗要求，其次保证坝体的变形稳定要求，最后再考虑浆体的固结时间。

根据工程实践经验，对于堤身高度在 10m 以下的土堤坝，浆体帷幕的总厚度不应小于 5cm；对于堤身高度在 10m 以上的土堤坝，浆体帷幕的总厚度不应小于 10cm。

劈裂灌浆的施工内容主要包括灌浆现场布置、劳动组合、钻孔方法、制浆办法和要求、灌浆方法等。为了提高效率，可以组织多台机组分若干工段同时施工。

理论计算和实践都充分证明，坝体内约 1/2 坝高处的主应力最小，因此浆液首先在 1/2 坝高附近劈裂坝体，然后裂缝向坝体的上部、下部及沿坝轴线方向延伸。具体劈裂灌浆施工工艺见表 4-4 所列。

表 4-4　劈裂灌浆施工工艺表

工艺名称	工艺操作方式
设置阻浆塞子或下护壁管套	灌浆前，在钻孔上部设一定长度的阻浆塞子或用 3～5m 的护壁管套。阻浆塞子的长度一般可采用 1.5m 的经验数据
灌浆压力的控制	灌浆压力一般是指孔口压力表读数，这里指运行压力。如果灌浆压力超过了设计压力，应及时采取控制措施
灌浆量的控制	在实际灌浆中，采用多次复灌的方法，但不能按平均灌浆量控制，第一序钻孔的灌浆量应占总灌浆量的 60％以上
复灌间隔时间的控制	复灌间隔时间主要由浆体的固结情况来确定，一般应待上一次灌入浆液固结程度达到 90％以上，再进行复灌
位移量的控制	在灌浆时，坝肩的位移量最明显，一般应控制位移每次在 1～2cm 范围内
裂缝的控制	在施工过程中，应尽量做到"先内劈后外劈"
弯曲堤段的灌浆工艺	为了在弯曲处获得连续防渗帷幕，必须采用特别的灌浆工艺，一般可选用随机钻孔灌浆法和一次成孔灌浆法
岸坡堤段的灌浆工艺	土堤基础地形起伏较大的坡段应力条件比较复杂，岸坡段的小主应力不一定沿着堤轴线分布，因此有其特殊的灌浆工艺
终止灌浆标准和封孔	缝内浆面基本不下降，即可终灌，之后将孔内析出的清水抽出，填入较大稠度的泥浆，直至浆面与坝顶齐平

4.5.2.2　工程实例——七雄险工

1. 险工概况

如图 4-40 所示，七雄险工位于沭阳县梦溪街道和七雄街道境内，新沂河右堤，桩号 50+000～61+000，长度为 11000m。该处堤顶高程为 12.79～13.7m，迎水面滩地高程为 5.79～6.79m，滩地宽 43～78m，背水滩地高程为 5.31～6.89m。该段堤防堤身单薄，临水滩面较宽，堤外地面低于临水滩地，临水侧进行过浆砌石护坡处理。该段河道防洪标准为 50 年一遇，设计流量 7800m³/s，设计洪水位 11.21m（沭阳）。

2005 年，根据不同的地质条件，对该段采取两种防渗处理措施。从地质勘探资料可以看出，在 51+000～54+000 段，堤基除表层重粉质壤土有一定透水性外，在第 2 层黏土夹之下，还有一层透水性较强的轻粉质沙壤土层，其顶板高程在 2m 左右，底板高程在-2.5m 左右，而该段南偏泓底高程不足 3m，局部极有可能挖穿覆盖层，需进行截渗处理。

2. 2005 年治理方案

1）机械垂直铺膜设计：如果从堤顶垂直铺膜至该层底部，开槽深度达 16m 左右，从大小陆湖防渗处理工程的实践看，施工机械还不能达到这一深度。因此，对这 3km 工段的处理措施同大小陆湖段，采取在防浪林台上机械开槽铺膜与坡面人工铺膜相结

图 4-40　七雄险工位置示意图

合的方法进行该段堤基、堤身防渗处理。机械开槽铺膜顶高程为 8.5m，底高程以插入相对不透水层 0.5m 左右为控制，长度按 51+000~54+000 计，长 3000m。对于 54+000~57+000 段仍采取从堤顶开槽铺膜至堤基第 2 层，将透水性较强的覆盖层截断。高程平大堤顶，底高程以插入相对不透水层 0.5m 左右为控制。与 51+000~54+000 段的搭接采取超长 100m 解决，即大堤顶开槽铺膜自 53+900 开始至 57+000 止，全长 3100m。

2）坡面铺膜设计：七雄段坡面铺膜设计顶高超本次设计水位 1m，坡比为 1∶3。膜底与机械垂直铺膜顶边相连接，高程为 8.5m。坡面铺设防渗土工膜必须设有保护层，以防受紫外线照射迅速老化及避免其他因素造成的损坏。本工程对采用黏、壤土作为坡面铺膜的保护层。根据大小陆湖施工实践，并考虑到土源问题，设计土工膜黏、壤土覆盖垂直厚度为 0.6m，顶高程超本次设计水位 1m，边坡与铺膜坡比同为 1∶3。为不使保护层覆土被冲蚀，需加做干砌块石护坡予以保护。设计干砌块石厚 0.3m，垫层为 250g/m²，长纤维土工布加覆 0.08m 厚碎石，封顶为 0.3m×0.4m 浆砌块石，齿坎为高×宽＝0.5m×0.4m 浆砌块石。

用土工膜作为防渗斜墙，保护层往往会沿土工膜表面滑动，土工膜又沿堤坡面滑动。由于土工膜强度高，整体性好，又可锚固在堤坡上，因而在做稳定分析时，可把土工膜防渗层视为大堤的一部分，只对保护层进行稳定分析。经计算，如果采用塑膜（聚乙烯）为防渗墙，与黏性土接触界面的摩擦系数 $f=0.14$，结果抗滑安全系数 $k=0.588$，坡面将会滑动，必须更换防渗塑膜材料，经比较，如改为 380g/m² 二布一膜复合土工膜，则摩擦系数可达到 $f=041$，这样抗滑安全系数 $k=1.72$，可以满足保护层稳定的需要。因此，选定本工程坡面人工铺膜材料为复合土工膜。

3）劈裂灌浆

（1）灌浆范围：1978 年大旱，新沂河南北大堤在约 90km 堤段范围内出现严重裂缝，最大缝宽 0.3m，深 6～7m，缝长达 40m 左右，严重危及堤身安全。当时在严重裂缝堤段顺缝开挖，填土夯实，一般裂缝堤段采取充填灌浆。在以后出现的干旱年，堤顶仍有裂缝出现，这些堤段在汛期行洪时，常在堤坡上出现渗水情况。本次根据 1998 年汛期出现的渗水情况，结合以往设计编列的相关灌浆堤段，确定灌浆长度 27.9km。

（2）灌浆孔布置：针对新沂河堤防已建成近 50 年这一情况，沿堤身轴线进行单排布孔，以便构造浆体防渗帷幕。

为保证泥浆对堤身隐患部位和堤身与堤基接触的层面得到充分浸透、充填和挤压密实，孔深应超过堤身高度或人工填土深度 0.5m。

根据有关资料，结合新沂河堤防的特点，将设计孔距初定为 6m，在本工程开始实施前进行试验，由试验确定。

根据目前我国通用的造孔机械和本次灌浆的结孔深度，可用锥探机或锤击机造孔，锥孔直径为 50mm。

根据工程分段，灌浆堤段较长的分为两序孔；灌浆堤段较短的分为三序孔。各堤段的钻孔设计见表 4-5 所列。

（3）浆体帷幕设计：根据灌浆孔的布置，帷幕沿大堤堤顶中心线延伸，分段累计总长度 27.9km，浆体帷幕深至堤基。参照有关的工程实践，本次帷幕厚度设计为 10～15cm，并以此计算分析灌浆后的防渗效果。经计算，在大堤上下游水位差 4.55m 情况下，未进行劈裂灌浆前，大堤下游坡浸润线出逸点高度 $h_0 = 1.03$m；通过劈裂灌浆，并达到设计要求后，下游坡浸润线出逸点高度降至 $h_0 = 0.26$m，防渗效果较为显著。

表 4-5 七雄险工钻孔位置表

堤别	桩号位置	长度/m	钻孔深度/m	终孔间距/m	孔径/mm	孔序
南堤	沭城西关涵洞	100	10	6	50	3
	93+000～108+100	15000	7.5	6	50	2
	110+800～111+400	600	7.0	6	50	3
	115+400～115+600	200	7.0	6	50	3
	118+700～118+900	200	7.0	6	50	3
	126+000～126+500	500	7.0	6	50	3
北堤	33+900～34+200	300	14.5	6	50	3
	92+000～103+000	11000	7.5	6	50	2

4.6　深层搅拌加固技术

深层搅拌加固技术是在深层搅拌桩基础上发展起来的堤防防渗加固的一种新办法。它是利用水泥、石灰等材料作为固化剂的主剂，通过特制的专用深层搅拌机械，在地基土中边钻进边喷射固化剂，边旋转搅拌，使固化剂与土体充分拌和，水泥和软土之间所产生的一系列物理化学反应，使软土改性形成具有整体性和抗水性的水泥土或灰土桩柱体。

4.6.1　深层搅拌加固技术的发展

我国由冶金建筑研究总院和交通水运规划设计院于 1977 年开始进行深层搅拌法的室内研究和机械研制工作。1978 年试制成功第一台 SB1 型双搅拌轴中心管输浆陆上型深层搅拌机及其配套设备，加固深度为 10～12m，1979 年在塘沽新港开始进行机械试验和搅拌工艺试验，1980 年在上海宝山钢铁总厂设备软土基础处理中获得成功。

1980 年初，天津市机械施工有限公司与交通部第一航务工程局科研所等单位合作，将日本进口的螺旋钻孔机先后改装制成单搅拌头和双头叶片输浆型深层搅拌机。浙江大学和浙江省临海市第一建筑工程公司机械施工处共同研制成功了 DSⅢ 型单头深层搅拌机，最大加固深度可达 22m，桩径为 400～700mm。1983 年，铁道部第四勘察设计院开始进行粉体喷射搅拌法的试验研究，并于 1984 年在软土地基加固工程中应用。经过实践和改进，上海探矿机械厂、原铁道部武汉工程机械研究所等单位先后生产了 GPP 型和 PH 型步履式单头喷粉搅拌机。1992 年，交通部第一航务工程局开发了我国第一代深层水泥搅拌船，搅拌深度可达 28m 以上，并设有自动定位系统和施工参数自动监控系统，使我国的深层搅拌技术在某些方面跨入了国际先进行列。1997 年，水利部淮河水利委员会与原铁道部武汉工程机械研究所合作，研制成功的多头小直径搅拌机成功地应用于堤防防渗加固处理，得到了良好的效果，并通过了水利部的鉴定。如今，我国在深层搅拌技术方面已广泛应用于水利、建筑、交通、港口和国防等建设事业。

水泥深层搅拌法堤坝和地基处理对解决软土地区多层民用建筑天然地基承载力不足问题，控制沉降及差异沉降具有较好的效果，尤其当浅表层有俗称的"硬壳层"时，尽管其厚度有时只有 5～10m，其加固效果更加明显。水泥深层搅拌法地基处理在我国沿海软土地区曾因造价低廉、节省材料、施工期短、加固后建筑物沉降小且均匀而发挥过积极的作用。

我国对深层搅拌法技术的推广应用十分重视，不仅有很多科研单位、高校积极参与实践，而且主管部门也不断总结国内外的先进经验，2009 年颁布了《深层搅拌法技术规范》（DL/T 5425—2009），为推进我国深层搅拌法技术的快速发展起到积极的作用。

4.6.2　水泥土加固的特性

软土与水泥采用机械搅拌的基本原理是基于水泥加固土的物理-化学反应，在反应过程中减少了软土中含水率，增加了颗粒之间的黏结力，从而增大了水泥土的强度和足够的水稳定性。在水泥加固土中，由于水泥掺量较少，一般仅占被加固土重的 7%～15%，水泥的水解和水化反应完全是在具有一定活性的介质——土的环绕下进行的，所以硬化速度缓慢且作用复杂。水泥土的主要特性如下。

1. 水泥土的物理力学性质

水泥土的容重与天然土的容重相近，但水泥土的密度稍大些。据材料试验证明，水泥土的无侧抗压强度一般为 $300\sim4000kPa$，要比天然软土高几十倍至数百倍，但影响水泥土无侧抗压强度的因素有很多，如水泥掺量、龄期、水泥强度、试样含水率、有机质含量和外加剂等。

2. 水泥的物理化学反应

1）水泥与水的作用。水泥中的各种矿物成分（如氧化钙、二氧化硅、氧化铁、氧化铝等），遇水后会发生强烈的水解和水化反应，形成新的化合物。这些化合物以细分散状态的胶体析出，悬浮于溶液中形成胶体。

水泥土搅拌后，随着时间的推移，水化物有的自身继续硬化，形成水泥石骨架，有的则与周围具有一定活性的黏土颗粒发生反应，形成新的矿物。

2）水泥水化物与黏土颗粒的反应。材料试验证明，水泥水化物与黏土颗粒的反应，主要有离子交换作用、水泥水化物的团粒化反应和凝结硬化反应。

（1）离子交换作用。在一般的土质地基中均含有一定数量的钠离子（Na^+）和钾离子（K^+），这些离子活性较强，遇水化物后与地基中的钙离子（Ca^{2+}）进行当量吸附，从而增大了土颗粒的体积，即提高了土颗粒的强度。

（2）水泥水化物的团粒化反应。水泥水化物生成后，表面积比原水泥颗粒高 1000 倍左右，表面能很大，在其强烈的吸附作用下使土颗粒进一步结合起来，形成水泥土的团粒结构并封闭，缩小各个土团之间的空隙，形成一个坚固的连接体，从而增加水泥土的强度和水稳定性。

（3）凝结硬化反应。水泥水化物反应过程中会产生大量的钙离子（Ca^{2+}），在碱性环境下与土中二氧化硅（SO_2）、氧化铝（Al_2O_3）发生反应，逐渐形成难溶而稳定的结晶化合物，这些新生的化合物在水和空气中逐渐硬化，从而提高水泥土的强度，而且由于其结构比较致密，水分子不易侵入，因此水泥土具有足够的水稳定性，相应地在防渗墙中就起到了防渗（截渗）的作用。

3）碳酸化反应。水泥水化物中游离的氢氧化钙 $[Ca(OH)_2]$ 与水、空气中的二氧化碳（CO_2）发生碳酸化作用，生成难溶于水的碳酸钙（$CaCO_3$），这样也在一定程度上增强了水泥土的强度。

总之，水泥、水、土体经过上述各种反应，使搅拌的水泥土逐渐形成一种具有一定强度的"桩体"，"桩体"相互切割即可成为防渗墙。

4.6.3 多头小直径深层搅拌桩

多头小直径深层搅拌桩截渗技术，是近年来地下连续墙施工中的一种较新的施工工艺，该技术是利用深层搅拌桩机把固化剂送到软土层深部，同时施加机械搅拌力量，使固化剂和软土之间产生系列物理化学反应，改变原来软土的性质，使之硬结成水泥土体并搅拌形成水泥土墙，用水泥土墙作为防渗墙达到截渗目的。

4.6.3.1 原理及基本要求

1. 多头小直径深层搅拌桩的发展

多头小直径深层搅拌桩截渗技术，是在总结深层搅拌法按钻头形状及数量（单头、双头）搅成桩的基础上发展起来的一项新的截渗技术，在近年来遇到百年一遇的特大洪水时，运用于堤防的垂直截渗加固处理工程上已获得成功，且日趋成熟，具有工效高、造价低、投入省、截渗性能好、无环境污染的特点。用水泥浆作为固化剂，随多头小直径深层搅拌防渗桩机一次多头钻进，将水泥浆喷入土层，同时钻头在下沉、上升过程中进行搅拌和拌和，利用水泥、土体和水之间产生的一系列物理化学反应，使之硬结成具有良好的整体性、稳定性和不透水性。多头小直径深层搅拌桩示意图如图4-41所示。

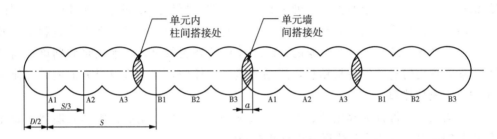

图4-41　多头小直径深层搅拌桩示意图

多头小直径深层搅拌桩技术，是在单头和双头基础上发展起来的一项堤坝防渗技术，该方法用双动力多头深层搅拌桩机，通过主机的双驱动力装置，带动主机上的多个并列的钻杆转动，并以一定的推动力使钻杆的钻头向土层推进到设计深度，然后提升搅拌至孔口。在上述下钻提升过程中，通过水泥浆泵将水泥浆由高压输浆管输进钻杆，经钻头喷入土体中，在钻进和提升的同时，水泥浆和原土充分拌和。桩机横移就位调平，多次重复上述过程形成一道防渗墙。

2. 相关机理

多头小直径深层搅拌桩截渗技术主要是利用水泥作为固化剂，通过特制的深层搅拌机械，把水泥浆（固化剂）喷入地层中，使土体与水泥浆被强制搅拌，利用水泥浆和土体之间产生的一系列理化反应，使相继搭接水泥土硬结成连续截渗墙体，形成具有整体性、水稳性、抗渗性及一定强度的优质水泥土截渗墙体。水泥和土的固化机理有以下物理化学反应。

（1）水泥的水解和水化反应。生成氢氧化钙、含水铝酸钙、含水铁酸钙及含水铁铝酸钙等化合物，在水和空气中逐步硬化。

（2）离子交换与团粒反应。钙离子与土中交换性钾离子发生交换作用，使黏土颗粒集成较大团粒。

（3）硬凝和碳酸化反应。水泥水化物中游离氢氧化钙吸收水和空气中的二氧化碳生成不溶于水的碳酸钙等项效应，能增加水泥土强度和水稳定性。

3. 施工原理及工艺

多头小直径深层搅拌桩截渗墙技术，适用于加固淤泥、淤泥质土、黏土、粉质黏土、粉土、沙土以及含少量砾石的直径小于 50mm 中粗砂层，甚至在土体存在架空、松散夹层、渗漏通道或洞空等情况时也可施工，而且在汛期也不影响施工；加固处理深度不大于 18m。具体工艺如下。

桩机定位、调平—下钻搅拌至设计深度—提升搅拌至孔口—桩机纵移定位、调平，多次重复上述过程形成连续截渗墙体。

（1）第一步：桩机定位、调平。根据施工桩位平面图，将多头小直径深层搅拌桩机就位，并把桩机调正水平，采用三根标杆上刻度标记与各处的连通器管中油液面重叠的方式来控制水平，以保证施工中不倾斜、不偏位，做到垂直度、桩位对中偏差均满足设计要求。

（2）第二步：桩机下钻及提升。通过主机的双驱动力装置，带动主机上的多个并列的钻杆转动，并以一定的推进力使钻杆的钻头向土层钻进，同时钻头喷浆，达到设计深度时，钻杆提升复搅，直到设计截渗墙顶标高时，停止喷浆。在上述过程中，通过一、二级搅拌系统，用可调泵速的三缸单作用活塞泥浆泵，将水泥浆分别单独向三根高压输浆管均匀输送到各根钻杆，经钻头喷入土体中，在钻进及提升的同时，使水泥浆和原土充分拌和。

（3）第三步：桩机纵移定位、调平。重复第二、三步，就能完成单元墙体，如此连续重复完成单元墙体，就能形成连续截渗墙体。

4.6.3.2 工程实例 1——常州市长江主江堤

常州市长江堤防防洪能力提升一期工程，工程范围为常州市长江主江堤，江堤全段施工时分为 6 个标段，总长度共 17.187km。其中，结合该堤防性质以及地形地质条件，第 1~5 标段江堤（常州段长江堤防起点至澡港河段）主要采用多头小直径深层搅拌桩截渗技术进行防渗处理，多头小直径深层搅拌桩防渗加固典型断面如图 4-42 所示。这种防渗技术施工工效高，工艺简单，成墙效果好，墙体连续，可满足堤防防渗要求，且成墙造价较低。

该次工程施工机械选用一机三钻头，单排布孔，钻头直径 370mm，钻杆间距320mm，水泥渗入量 15%，防渗墙厚度 180mm，渗透系数 k 小于 $1×10^{-6}$cm/s，防渗墙穿过堤身土深入相对不透水层深度不小于 1m。

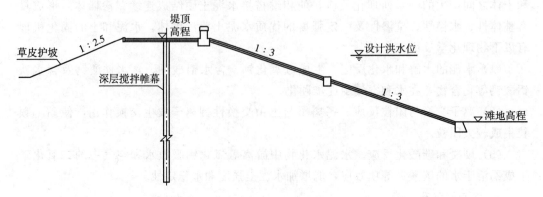

图 4-42　多头小直径深层搅拌桩防渗加固典型断面图

4.6.3.3　工程实例2——郭家险工

1. 工程概况

如图 4-43 所示，郭家险工段（桩号为 13+300～13+850）位于邳州市港上镇石家村西北郭家附近，险工段长度为 520m。该险工段堤防堆筑在砂基上，堤身系沙土构筑，且堤顶与滩地高差 8m 左右。迎水滩地窄小，主河槽由西北直冲此岸后折向西南流去，中泓逼近堤脚，坐弯迎溜。因此，主流直冲河岸堤脚，河床加深，护岸基础架空翻滚，河岸形成陡立。背水堤后深塘洼地。堤身受雨水洪水袭击，土壤饱和、大面积坍塌。

郭家险工段堤防为砂性土地基，砂性土层分布范围为 34.4～24.6m，砂性土层厚度为 8.6m。

1997 年曾对该险工段进行了河岸石护加固，增设了迎水坡护坡。2008 年对该险工段实施了多头小直径深层搅拌桩截渗墙治理。

图 4-43　郭家险工位置示意图

2. 1997 年治理方案

根据险工性质及现场地形条件，本次工程采用河岸石护加固，增设迎水坡浆砌块石护坡的处理方式。

（1）河岸石护加固：在原石护基础以下抛石固基。抛石顶高程与基础顶高程平齐，抛石平台宽 1m，边坡坡比为 1:1.3。同时增设多条长 3m、宽 1.5m 的短丁坝，每条短丁坝间隔 30m，迫使主流偏移河岸，并使泥沙淤积固基。

（2）迎水坡护坡：在 520m 长的迎水坡做浆砌块石护坡。护坡顶高程超设计水位0.5m 即 33m，护坡底高程即平原滩地高程 28m，护坡厚 30cm，下铺碎石垫层 10cm。护坡以下设宽×高＝（60～80）cm×100cm 浆砌块石齿坎，护坡顶及两侧做高×宽＝50cm×60cm 浆砌块石封顶压边，并在护坡底部设排水孔。每隔 30m 设沉陷伸缩缝一道。

3.2008 年治理方案

根据沂河砂堤工程实际情况，本次工程选用多头小直径深层搅拌桩截渗墙方案作为沂河砂堤防渗处理方案。

沂河堤防设计堤顶宽 6~8m，截渗墙布置在堤顶靠近迎水侧距迎水坡堤肩 1m 处，墙中心线基本平行于大堤中心线，墙顶高程高出设计洪水位 0.5m 且不低于现状堤顶高程下 1m，截渗墙底高程穿过透水层进入相对不透水层 1m。

郭家段险工截渗墙墙顶高程为 30.7~35.7m，墙底高程为 27.6~28.7m，平均墙高为 7.3m。

4.7 河道流态控导工程措施

4.7.1 丁坝

如图 4-44 所示，丁坝是河道整治与航道整治中最常见的建筑物。其坝根与河岸或顺岸联结，坝头伸向河心，坝轴线与水流方向正交或斜交，在平面上与河岸构成"丁"字形，从而能形成横向阻水。当丁坝长度很短时，习惯上称为"垛"，实际上就是短丁坝。在工程实践中，一般以丁坝为主，垛为辅，在坝、垛之间有时还修有护岸。丁坝坝身较长，突入河中，挑流能力强，保护岸线长，用以调整水深、导流和迎托水流离开堤岸。

4.7.1.1 丁坝变流

丁坝、垛、矶等可以导引水流离岸，防止近岸冲刷。这是一种间断性、有重点的护岸形式，在堤岸除险加固中常有运用。

在突发岸险情的抢护中，采用这一方法困难较大，见效较慢。但在急流顶冲明显、冲刷面不断扩大的情况下。也可应急地采用石块、石枕、铅丝石笼、砂石袋等堆成短坝，调整水流方向，以减缓急流对坡脚的冲刷。

在抢险中，难以对短丁坝的方向、形式等进行仔细规划，但要求坝长不影响对岸。修建丁坝势必会增强坝头附近局部河床的冲刷危险，因此要求坝体自身（特别是坝头）具有一定的抗冲稳定性。应尽量采用机械化施工，以争取时间，赢得主动。

在治河工程中，丁坝是被广泛应用的水工建筑物；在交通建设、河滩围垦和海涂工程中，丁坝也是常用的建筑物之一。丁坝有长短之分，长者使水流动力轴线发生偏转，趋向对岸，起挑流作用；短者起局部调整水流、保护河岸的作用。由丁坝组成的护岸工程，能控导流势，保护堤岸，又有束狭河床、堵塞岔口和淤填滩岸的作用。

丁坝可分潜水坝或非潜水坝，在设计时，潜水坝顶可以过水，非潜水坝顶不能过水。坝身透水的称透水丁坝，不透水的称不透水丁坝。不透水丁坝控制水流的作用较强，由石料、土料、混凝土预制构件或沉排铺砌构成。透水丁坝可将一部分水流挑离河岸，起控导水流作用，另一部分水流透过丁坝流向坝下，减缓流速，使泥沙沉积，缓流落淤效果较好。透水丁坝可用桩柳、桩等构筑，亦可用混凝土桩，设计丁坝时，

图 4-44　丁坝（柳庄险工）

要根据流势与治导线的要求，确定轴线方向、坝头位置及丁坝间距等。重要河段的丁坝布设，应根据水工模型试验确定。丁坝建成运用后，须经常进行观测，看其是否稳定，是否达到了预期目的，必要时应加以调整。

4.7.1.2　丁坝的功能

在控导工程中，丁坝主要功能是固定整治线、调整河床宽度、控制水流并增加近槽的流速，使河床产生适量的冲刷，以达到增深航道的目的。丁坝被用作护岸工程时，丁坝可以发挥其间断性护岸的优点，减缓近岸流速，促使泥沙淤积，达到保护堤岸的目的。不仅如此，在道路、桥渡工程中，丁坝可用于防护路基，引导主流通过桥孔。在围海造地工程中，修建丁坝可以促进淤积，保护海塘。在河口、海岸地区，丁坝在减缓和防止波浪作用方面也发挥着重要作用。近年来，随着对河道生态环境问题的逐渐重视，丁坝也开始用于改善河道的生境条件，增强河道的形态多样性。

丁坝是广泛使用的河道整治和维护建筑物，其主要功能为保护河岸不受来流直接冲蚀而产生掏刷破坏，同时它也在改善航道、维护河相以及保护水生态多样化方面发挥着作用。它能够阻碍和削弱斜向波和沿岸流对海岸的侵蚀作用，促进坝田淤积，形成新的海滩，达到保护海岸的目的。

4.7.1.3　丁坝的种类

丁坝的种类很多，按平面形状分类有直线型、拐头型和抛物线型等。直线型丁坝是常用的型式。坝头的外形有流线型、圆头型和折线型。按与河宽的相对尺度分类，有长丁坝、中长丁坝与短丁坝。按与水流方向的夹角分类有上挑丁坝、正挑丁坝、下挑丁坝。按布置的数量来分，可分为单坝和群坝。当在河道上只布置一道坝，或者两道坝间距较大，其相互影响可忽略不计时，称之为单坝；当河道上连续布置两道或两道以上丁坝，组成丁坝群联合作用时，称之为坝群。而就其作用来说，应分为护岸丁坝、航道整治丁坝以及为其他目的服务（如引水、分流、堵汊、造滩等）的河道整治丁坝，这与上文所提到的丁坝的作用是相对应的。

用作防护近堤的丁坝，坝顶与坝身相连，坝顶高程略低于堤顶高程，一般不被洪水淹没。用于防护河滩崩塌，而离堤较远的丁坝，坝身与河漫滩相连，丁坝高程通常是按整治水位确定的，为了达到最佳导沙效果，往往丁坝须淹没一定程度，低于最大输沙率时的水位。而用于护岸工程的丁坝，在高水位往往也是淹没的。

丁坝按作用和性质又分为控导型和治导型两种。控导型丁坝坝身较长，一般坝顶不过水，其作用是使主流远离堤岸，既防止坡岸冲刷又改变河道流势。治导型丁坝工程的主要作用是迎托水流，消减水势，不使急流靠近河岸，从而护岸护滩、防止或减轻水流对岸滩的冲刷。丁坝修建后，局部地改变了河流的流动形态，而坝体尾部旋涡的产生、分离和衰减会使水流呈现很强的三维紊动特性，相应流动结构变得十分复杂。

4.7.1.4 工程实例——柳庄险工

1. 险工概况

沭河柳庄险工段（左堤桩号 32+050～32+950），柳庄丁坝位于柳庄石护上下游处，座弯顶冲，主流靠左堤，进入汛期降雨较多，水大流急，水流冲刷影响致使岸坡淘刷严重，危及滩地、石护及村庄安全。特别是 2008 年汛期，滩地在中小洪水冲刷下，坍塌十余米，最窄处靠近老石护岸仅 2m 左右，对石护安全构成严重威胁。

2008 年在左堤桩号 32+050～32+410 处做了 6 条抛石坝跺，对此处滩地守点固线起到了一定的效果，但当时由于 2008 年控导经费不是很充足，仅对严重威胁石护安全的滩岸进行了应急抛石坝跺处理，河水流势未得到较大改善，上下游滩地冲刷险情仍未解除，需进一步进行治理。因此 2009 年对原 6 条抛石坝跺进行接长，上下游各做 2 条抛石丁坝，防止滩岸进一步被冲刷破坏。

2018 年，对位于临沭县白旄镇柳庄村西，堤防左堤桩号 32+620～32+820 段进行加固，岸坡防护长度 200m。堤防等级为 3 级，堤顶高程为 70.1m，堤防高 5m，堤顶宽 4m。沭河左堤 32+620～32+820 段实测水位 54.5m，此段为沙塘河，部分地段底高程低于 41m，滩地高程 58～62.6m，滩地土质为壤土，河床为粗砂。

2. 2009 年治理方案

（1）平面布置形式：丁坝间距为 40m，丁坝桩号为沭河左堤 32+050、32+090、32+130、32+170、32+210、32+250、32+290、32+330、32+370、32+410。

（2）丁坝轴线：丁坝为下挑式，丁坝轴线与水流方向夹角为 40°。

（3）丁坝尺寸：

沭河左堤 32+050、32+090 处丁坝的坝长均为 19.5m，坝高 4.5m，坝顶高程为 61.6m，基本与滩地持平。

沭河左堤 32+130、32+170、32+210 处在原抛石坝跺基础上接长 11m，坝高 4.5m，坝顶高程为 61.6m，基本与滩地持平。

沭河左堤 32+250、32+290、32+330 处在原抛石坝跺基础上接长 11m，坝高 3.5m，坝顶高程为 60.6m，基本与滩地持平。

沭河左堤 32＋370、32＋410 处丁坝的坝长均为 18m，坝高 3.5m，坝顶高程为 60.6m，基本与滩地持平。

丁坝坝顶宽度均为 1.5m，迎水面、背水面、坝头边坡比均为 1：1.5。

（4）丁坝结构：如图 4-45 所示，采用抛石坝结构形式，乱石抛填，要求石块单块重量不小于 30kg。

丁坝抛石要求对外层进行排整，大石在外层，小石在里层，内外咬茬，层层密实，坡面平顺，做到没有浮石、小石及凹凸不平等现象。务必使石块内外相衔接，上下层层压茬，并尽量避免出现对缝和直缝问题。

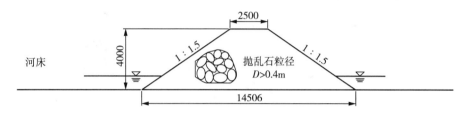

图 4-45　柳庄险工横断面图（尺寸单位：mm）

3.2018 年治理方案

采用 200mm 厚 C20 活络块模袋砼护底及 C20 模袋砼护坡方式，活络块护底宽度 4.5m，护坡按照切滩回填水下坡的方式进行护砌；水下至高程 58.5m 部分，采用 200mm 厚 C20 模袋砼护坡方式，边坡比 1：2；高程 58.5m 处设 1.5m 宽平台，平台上设宽 1.3m、高 0.5m 的浆砌乱石压顶，浆砌乱石顶高程 59m，水面以上模袋混凝土护坡两端采用 M10 浆砌乱石裹头，水下部分裹头采用抛石，水上水下裹头宽度均为 2m，厚 1m，具体如下。

（1）模袋布选型：根据本工程的水文、气象条件，参考类似已建工程，选择矩形 FWG/B（50/50-C600）型模袋布。该类型模袋价格便宜，且能满足一般工程的要求，从技术、经济角度考虑，选用涤纶材质。

因有反滤排水点的模袋只能用于冲灌砂浆，所以选用的模袋无反滤点。

（2）模袋厚度确定：模袋砼的厚度应能抵抗护坡坡面局部架空引起的弯曲应力，风浪产生的浮力及因冰推力导致的模袋沿坡面滑动等。取模袋的充填厚度为 20cm。

（3）模袋砼的配合比：参照已建工程经验，模袋砼设计强度等级为 C20；骨料最大粒径为 20mm，砼坍落度为 22±1cm，为了提高砼的耐久性，砼水胶比不大于 0.55，为了改善砼的可泵性和冲灌性，掺用粉煤灰 25%～30% 及适量的泵送剂。

（4）护坡：本工程采用模袋混凝土护坡，护坡顶部设宽×高＝1.3m×0.5m 的 M10 浆砌石压顶，柳庄险工砼预制块浆砌石压顶大样图如图 4-46 所示，模袋的顶端埋置在底宽 0.4m 的沟槽中，填 M10 浆砌乱石压顶（压顶形式详见图纸）。在 58.5m 高程处设 1.5m 宽平台，平台以下部分护坡坡比 1：2，模袋底端为避免回填土方有沟壑而采用活络块式模袋，即使模袋底端河岸受淘刷形成淘刷坑，活络块式模袋也可随之下沉护住坑内侧，阻止进一步淘刷。根据河床的冲刷深度，确定活络块式模袋宽

4.5m，模袋及活络块均采用 C20 砼，厚度 0.2m。

（5）裹头：模袋平台及水上部分的模袋护坡两端采用 M10 浆砌乱石裹头保护，深 1m，宽 2m，坡比同护坡比，表面采用 M10 砂浆抹面。模袋混凝土护坡高程 54.5m 水位以下采用抛乱石裹头保护，单侧抛石长 35.5m（包括活络节模袋砼长度），均宽为 2m，均厚度为 1m。

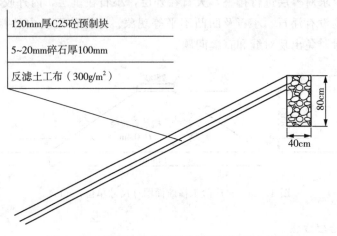

120mm厚C25砼预制块

5~20mm碎石厚100mm

反滤土工布（300g/m²）

80cm

40cm

图 4－46 柳庄险工砼预制块浆砌石压顶大样图

4.7.2 顺坝

顺坝又称"导流坝"，是沿整治线与水流方向平行或成一锐角的引导水流的建筑物。其坝根与河岸（或边滩）连接，坝身与整治线重合，坝头伸入到下深槽且水流平顺的地方，使其形成适应河性的新枯水岸线。

4.7.2.1 顺坝的功能

顺坝的作用为集中散流、导水归槽、增加流速、改变流态、产生环流、控制横向移动、壅高水位和调节比降等。在天然河流的航道整治中，常用于调整岸线、平顺水流、增加航道水深。

4.7.2.2 顺坝的种类

顺坝的主要形式有普通顺坝、倒顺坝和丁顺坝等。坝型可以是轻型的，也可以是重型的。它具有束窄河宽、调整水流流向和比降、改善航道等作用。普通顺坝的坝根与上游的河岸相连，坝身与整治线重合，坝头延伸到下方的深槽。在急弯凹岸建造的顺坝，顶高较低，它能够增大航道的弯曲半径，拦阻横向水流，增加航深，但导沙作用较差。倒顺坝是一种倒置的顺坝，坝根与下游的河岸或洲滩相连，坝头向上游延伸。它除了能够导引或调整水流流向以外，还能够把泥沙导入坝田内淤积。丁顺坝是由丁坝和顺坝二者相结合的坝，如山区河流上用来调整水流的勾头丁坝。其勾头部分的长度略大于丁坝坝身在水流方向的坐标长度，这种坝能同时起到丁坝和顺坝的作用。顺坝的高度是根据整治目标确定的，应用较多的是较矮的淹没顺坝，且坝顶应略有倾斜，其纵向坡度略大于水面的坡度。顺坝的优点是导流的作用较好，坝头附近水流平顺，对航行的干扰较小。缺点是坝身建在深水部分，施工困难，导沙作用较差，新岸线的形成较慢，建成以后，整治线就不允许再更改，如布置不当，则要全部拆除。

4.7.2.3 顺坝布置原则

（1）沿航道整治线方向布置，在弯道上呈平缓曲线，以形成新的河槽平面轮廓。

（2）与中水流向交角不宜太大，避免因水流漫顶时产生"滑梁水"以对船舶航行和航道的稳定不利。

（3）避免在两岸同时建顺坝，以便于调整整治线的宽度。

（4）坝头必须绕过危及船舶安全航行的石嘴、石梁、冲积堆及取水口等处，延伸到水流平顺的地方。

（5）坝头一般延伸到下深潭，避免水流骤然扩散形成口门段浅区。

（6）坝根应布置在主流转向点的上游，充分发挥顺坝导流作用，并避免坝根遭受水流冲刷。

（7）顺坝较长且有泥沙活动的地区，为加速坝田内的淤积，在顺坝与河岸之间加建格坝，格坝坝根和河岸连接，其高程比顺坝顶稍低。

4.7.3 短丁坝群

4.7.3.1 原理及基本要求

短丁坝是指坝身长度小于等于 1/3 河宽的丁坝，河道内出现的多个排列的短丁坝称为短丁坝群，如图 4-47 所示。

图 4-47 短丁坝群（授贤险工）

在山区公路临河侧建丁坝，路基以防止水流冲刷、侵蚀为首要任务，对水流奔向河岸的约束要求较高，而对河道主流方向的变化态势无太高要求，因而其导流防护方式多选用短丁坝类型为主，起到护坡、防冲和稳定河势的路基防护效果，同时还起到迎托主流、保护滩岸的作用。

4.7.3.2 工程实例——授贤险工

1.险工概况

如图 4-48 所示，沂河西堤授贤险工（桩号 10+900～11+860），位于邳州市官湖镇授贤村东授贤二队附近，沂河右岸，险工长度 960m。该段险情严重，主要为块石护坡、根石及挑流短丁坝出现坍塌、滑动下沉现象。因修筑沂河堤防时当地缺少壤土、黏土等筑堤材料，故堤身采用"土包沙"结构和迎水坡面做石护、挑流短丁坝相结合构筑，汛期堤后经常发生渗水现象。1998年东调南下工程虽做部分灌浆加固处理，堤后渗水应有所改善（至今未经高水位洪水考验），但迎水堤坡面坐弯迎流顶冲，水流速度大，又无护堤滩地，造成该段河岸严重坍塌，部分块石护岸、护坡已经塌陷、滑动，基础冲刷严重；原有的挑流短丁坝出现塌落、下滑、下沉情况，有的已完全失去挑流保护作用。

图 4-48　授贤险工位置示意图

授贤险工段堤防类别为砂堤，砂性土层分布范围为34.85～28.6m，砂性土层厚度为5.6m。

2000年曾对该险工段护坡石护、抛石护基及挑流短丁坝进行整修加固处理。2008年再次对该险工段实施了多头小直径深层搅拌桩截渗墙方案，以提高砂堤防渗能力，确保堤防渗流安全。

2.2000年治理方案

根据该险工性质及现场地形条件，本次工程采用护坡及抛石相结合的工程处理形式，即整修干砌块石护坡、抛石固基及整修抛石短丁坝，共分为三部分进行治理。

（1）老石护坡整修（桩号10+900～11+720）和护岸整修（桩号11+315～11+860）。整修面积为1626m²，整修材料采用干砌石块，厚度为30cm，抛石坡比采用原坡比，铺设20cm厚砂石反滤层。

（2）老石护抛石固基（桩号10+900～11+860）。抛石固基顶高程与基础齿坎顶高程平齐，顶宽2m，边坡坡比为1∶1.5。

（3）抛石短丁坝整修（桩号11+000～11+860，每条间距20m，共计41条）。丁坝原长 4m，顶宽 2m，加固维修后保证短丁坝结构尺寸符合原尺寸，对下沉下滑的短丁坝抛石补齐，补齐后的短丁坝顶高程与护坡下齿坎顶高程平齐一致。

3. 2008 年治理方案

根据沂河砂堤工程实际情况，为加强治理效果，2008 年选用多头小直径深层搅拌桩截渗墙方案作为沂河砂堤防渗处理方案。

沂河堤防设计堤顶宽 6～8m，截渗墙布置在堤顶靠近迎水侧距迎水坡堤肩 1m 处，墙中心线基本平行于大堤中心线，墙顶高程高出设计洪水位 0.5m 且不低于现状堤顶高程下 1m，截渗墙底高程穿过透水层进入相对不透水层 10m。

授贤段险工截渗墙墙顶高程为 30.7～35.7m，墙底高程为 27.6～28.7m，平均墙高为 7.3m。

4.7.4　分水鱼嘴

4.7.4.1　原理及基本要求

分水鱼嘴是建立于江河中分水流为两道的石工建筑物，因其形如鱼嘴而命名为分水鱼嘴（咀），如图 4-49 所示。

图 4-49　分水鱼嘴（沙湾险工）

分水鱼嘴有调节分流比例的功能。鱼嘴的设置极为巧妙，它利用地形、地势，巧妙地完成分流引水的任务，而且在洪水、枯水季节不同的水位条件下，起着自动调节水量的作用，同时鱼嘴所分的水量有一定的比例。

4.7.4.2　工程实例——沙湾险工

1. 险工概况

如图 4-50 所示，沙湾险工位于沭阳县颜集镇和新河镇境内的沙湾至龙埝，新沂河左堤相应桩号 18＋000～33＋000，全长 15000m。该段临水滩地宽 32～170m，滩面高程 10.71～15.61m，堤顶高程 17.81～21.21m，堤后地面高程 13.61～14.11m，是新沂河北堤最主要的险工段。该段河道设防标准为 50 年一遇，设计流量 7800m³/s，上游设计洪水位 16.64m（口头），下游设计洪水位 11.21m（沭阳）。

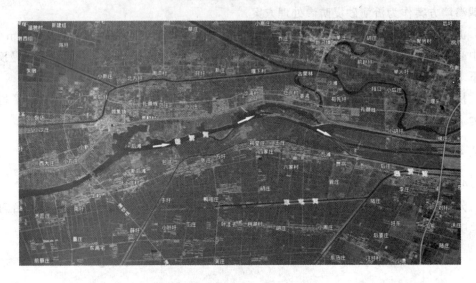

图 4-50　沙湾险工位置示意图

该段系老沭河旧槽，坐弯迎溜，行洪 4000m³/s 以上，主流直冲大堤，河滩受严重冲刷。1982 年，经研究采用短丁坝作为大堤的前区防护，促淤固堤，防冲保堤。原设计仅以锁坝方案，即沿堤修筑些护堤丁坝和于老沭河旧槽内做些护岸防冲工程等。1985 年 10 月、1987 年 3 月对沙湾险工的防护又先后编报了"修正初步设计"。报告中指出，沙湾河段河面窄流速大，新沂河沭阳以西，河面宽一般都在 1.2～1.5km，而沙湾河道除进口处（30＋400）为 880m，出口处（32＋600）为 1100m，从进口到出口约 2km 河段，南被大人抬山相隔，北为高滩地（亦称小人抬山）所阻，分为南、北两个叉流，北泓即老沭河旧槽。两泓相加，该段河面宽只有 800m 左右（包括滩地宽 400m），比上下游河槽缩窄 400～700m，过水断面减少了 29%～39%，使断面流速剧增，沙湾河段断面平均流速要比其他河段大一倍左右，这是沙湾河段一个重要特性。

其次，沙湾河段中泓土质好，北泓土质砂，加上地形南高北低，致使沙湾险工段北泓处于坐弯迎溜的顶冲点，流势乱，水流急，冲刷剧烈，造成河岸倒塌，深泓逼岸，严重威胁北大堤的安全。沙湾河段地形、土质、水流的这些特点，也给工程处理带来一定难度。再则由于北泓河床内的砂层已经露头且砂质好（多为中粗砂），当地群众把砂子当作建材资源，不断淘捞开采，使之愈掏愈深、愈陡，河床下切，人为加剧了险工的发展。

1987 年 8 月，水利部淮河水利委员会在沭阳县召开了技术研讨会，会议认为沙湾险工应采取护岸和拓宽中泓改变分流比的办法进行整治，并委托原安徽省水利科学研究所做气流模型试验，提供设计数据。1988 年 3 月初，根据试验成果重新编报了《险工处理补充初步设计》，其中主要工程措施如下。

（1）护岸工程。有龙滩挑流坝加高接长；龙埝锁坝加高，桩号 30＋530～32＋000 段四道护岸丁坝。

（2）兴建分水鱼嘴工程，控制分流。

（3）结合复堤和护岸工程的土方，扩大中泓，从现状 100m 拓宽到 200m。

同年 3 月水利部淮河水利委员会同意所报设计，随即部署开工。在工程即将完工时，水利部淮河水利委员会电告分水鱼嘴靠北泓一侧垂线平均流速和底部流速较大，要求对分水鱼嘴底脚采取防护措施。经原安徽省水利科学研究院研究，提出《底脚防护的设计报告》，于 1989 年 1 月报水利部淮河水利委员会同意开工。

1997 年，分水鱼嘴工程（桩号为 30＋545）处发现其裹头及平台前水塘与中泓相连通处，与北偏泓仅有 10m 宽的河滩地，如河滩地被冲，必然出现北偏泓与中泓直接相通情况，改变北中泓分流比，对北堤构成威胁，此外，裹头前原抛石体因堆筑在新采吸黄砂后的砂层上，整体未稳定，加之雨水冲刷，部分抛石下沉，部分干砌块石翻滚，新旧石护间出现"脱空"，裹头北侧平台因底部土体被掏空，出现裂缝损坏。因此，需再一次对分水鱼嘴工程进行彻底修复。后 1997 年再次对沙湾险工增做挑流坝消能。

2. 1982 年治理方案

1982 年编制的《新沂河除险加固工程初步设计》中，沙湾险工处治理方案以锁坝治理为主，结合复堤工程等险工治理技术，对沙湾险工进行了系统治理。

沙湾险工段复堤工程（桩号 29＋500～33＋000），因其特殊的地理环境，适当加大了大堤断面，顶宽 10m，前戗 10m，戗顶高出设计洪水位 1m，边坡洪水位以上为 1∶3，以下为 1∶5。

其次，沙湾险工段（桩号 30＋500～31＋500）增做短丁坝群防护。为不过分改变原河水流机理，丁坝在平面布置上选用短、小群体系，由 26＋900 至 31＋600 共 16 条，其中 26＋700～27＋450，28＋700～29＋450，坝长 90m，间距 250m，30＋200～31＋600 坝长 60.4m（其中有两条因滩面狭窄，为 40m），间距 200m，坝顶平 3000m³/s 流量水面线，故在行洪 6000m³/s 时为一潜没丁坝。而根据有关资料，对于潜没丁坝，为使近岸部位易于发生淤积，应布置成上挑形式，坝顶高程由上游向下游每条递减 0.1m，呈阶梯式下降，以有利于底流进入坝田区，促进淤积。

对于老沭河旧槽内，则采用锁坝护岸，锁坝间距 400m，共 7 条，长一般 150m 左右，坝顶 1∶100 斜向对岸，以调整单宽流量。锁坝方案有利于中、小水时河槽落淤，对调整分流比，减少北叉分流量有好处。

3. 1987 年治理方案

1987 年沙湾险工治理方案是由中泓取土半填泓加建锁坝并结合复北堤方案。

该方案主要是：填北泓所用土源是由中泓北侧取土；北泓填土高程为 8m 左右。8m 以上北岸砂层出露部位仍需采取黏土贴坡处理。同时为防冲促淤，减少锁坝工程造价，保留为复北堤修筑的铲运机施工路埝（每条约 50m），另外，每间隔 400m 再做一干砌块石浅锁坝。进口处即 30＋400 附近加做一浆砌块石挑流坝，这样处理后，由于保留小人抬山从而避免了两泓水流贯通，防止或减轻横向流速对北岸可能造成的冲刷，对北大堤的安全是有利的。

其中，填泓的长度和高程：从 30＋200～32＋700，工段总长为 2.5km；填土高程为 8m，并对北泓南、北两岸砂层出露处进行黏土贴坡。贴坡水平厚度定为 5m，由铲运机在中泓北侧取土。填泓及贴坡均须分层碾压，干容重不得小于 $1.55g/cm^3$。根据计算，在中泓北侧取土深至高程 8.5m，其宽度为 80～120m，取土区要开挖整齐，使之形成顺直的河槽，以利洪水畅通。

复堤工程为节省投资，充分利用险工处理中抽水填泓，做防冲刷隔埝等有利条件，故将 29＋000～33＋000 长 4km 复北堤与沙湾险工结合起来考虑。复堤标准：背水面复堤加高至 6000m³/s 流量设计洪水位以上 3m，堤顶宽 8m，平设计水位加做后戗，戗顶宽 8m；戗台以上边坡比为 1：3，以下为 1：5。考虑到在中泓北侧取土运距大以及复堤对土料的要求，在小人抬山北侧取土，取土区挖深控制在高程为 11m，要求分层碾压，干容重不得小于 $1.5m^3/s$。

在 30＋800、31＋200、31＋600、32＋000、32＋400 处建锁坝五道；在 30＋400 处建挑流坝一道。其结构参照新沂河已建的丁坝、锁坝，定为土心面石结构；坝顶宽 3m，上游坡坡比为 1：2，下游坡坡比为 1：3，护面块石厚 0.3m，其中锁坝为干砌块石护面，挑流坝为浆砌块石护面；锁坝垫层为 0.1m，挑流坝垫层为 0.2m；为防止过坝回流冲淘坝脚，坝后 20m 河床亦用同样块石护砌。

沙湾险工段具体施工的顺序是：填北泓—筑施工路埝—复北堤—做干砌块石锁坝和浆砌块石挑流坝。

4.1997 年治理方案

1997 年对沙湾险工段的分水鱼嘴工程进行了除险加固。

新沂河沭西分水鱼嘴工程位于沙湾险工段小人抬山西段，相应北堤桩号为 30＋545，控制北、中泓分流比，分水鱼嘴裹头呈半圆形，端石灌砌石块护坡，裹头顶高程为 15.8m，护坡坡比为 1：2.5。裹头中心线北侧设有灌砌块石平台，平台顶高程为 11～11.2m。具体设计方案如下。

（1）裹头前端新老石护坡脱空部分，用干砌块石重新砌护，并增做 100♯ 浆砌块齿，顶宽 50cm，高 80cm。

（2）裹头及平台前坡脚下进行抛石护基，抛石顶面高程同水面（即 8.4m），顶宽 1m，坡比 1：1.5。

（3）对裹头前端左侧浆砌石护坡下干砌块石翻滚下滑部分进行重新整理，按原标准护砌，左侧增做 5m 宽护坡，并用 100♯ 浆砌块石封顶，压边，尺寸均为宽 50cm，高 40cm，水面以下抛石同上。

（4）拆除裹头北侧平台浆砌石裂缝损坏部分，并按原标准重新砌筑。

（5）裹头右前端水塘增抛石坝一道，石坝顶宽 1m，坡比均为 1：1.5，顶面齐滩地，即高程 9.2m 左右，坝后填土夯实。坝头西增做 15m 宽抛石护滩，顶宽 1m，坡比为 1：1.3。

5.2008 年治理方案

2008 年，沙湾险工分水鱼嘴两侧滩面出现塌方，因此对分水鱼嘴工程再次进行加固。加固措施为调土填平分水鱼嘴前部滩面坍塌部分。分水鱼嘴填平范围长约 180m，宽平均 80m，深 4m 左右，调土填平洼塘至滩面高程 9.5m。由于鱼嘴附近滩面不能取土，土源为河对岸小人抬山处。

6.2013 年治理方案

水流冲刷造成基础掏空，根石不稳，裹头北侧坍塌，危及分水鱼嘴工程的安全。对该处险工进行抛石固基修复。水下抛石坡比为 1:2，抛石平台顶高程为 9.1m，顶部采用 0.5m 厚人工抛石压顶，宽 2m。水上抛石分两部分：测量桩号 0+000～0+070 段水上抛石坡比为 1:2，抛石顶高程为 11.65～12.5m，与现有平台衔接起来。测量桩号 0+070～0+151 段水上抛石坡比为 1:2，抛石顶高程为 13m，顶部采用 0.5m 厚人工抛石压顶，宽 2m。

❺ 险工治理新型材料及技术

随着现代科学技术水平的不断提升，各类新型材料以及新的技术形式在水利工程项目中得到了推广、普及，给水利工程施工带来了非常显著的变化，并且有效地改进了水利工程施工方法，提高了水利工程建设效率，解决了大量工程施工中的难题。新型材料和技术的发展，推动了水利工程不断朝着现代化的方向发展。不断创新探索施工新技术，加强新材料的应用，对于提高水利工程质量水平是非常必要的。如何及时、充分运用科学成果，运用新技术、材料，解决过程建设和管理中的问题，提高水利工程质量、寿命和效益，是每一个水利工作者应该长期关注的问题，只有不断吐故纳新，才能为水利工程可持续发展和水利事业进步提供源源不断的活力和动力。

5.1　新型材料的应用

5.1.1　聚合物纤维混凝土

聚合物纤维是一种现代化合成纤维，在以人工聚合的高分子材料为主要原料的基础上，以多种添加剂为辅料所制成，按其生产方式的不同，主要分为单丝纤维和网状纤维。在险工治理实际施工中，聚合物纤维混凝土具有良好的应用价值，能够有效地缓解混凝土易开裂、易冲磨以及耐久性低等问题。

与普通混凝土相比，聚合物纤维混凝土具有更加优良的力学性能、变形性能、抗渗性和抗裂性。

1. 力学性能

对聚合物纤维混凝土进行力学性能试验（抗压强度试验、抗拉强度试验、抗折强度试验），试验结果见表 5-1 所列。其中，混凝土掺入纤维品种选择聚合物单丝纤维和网状纤维，纤维掺量分为 $0.5kg/m^3$、$0.9kg/m^3$、$1.2kg/m^3$ 三个等级，聚合物纤维混凝土与普通混凝土材料配合比相同。

表 5-1　聚合物纤维混凝土的力学性能

编号	纤维品种	纤维掺量/(kg·m⁻³)	水灰比	抗压强度/MPa		抗拉强度/MPa		抗折强度/MPa	
				7d	28d	7d	28d	7d	28d
1	—	—	0.65	12.0	17.9	0.95	1.41	2.25	3.27
2	单丝纤维	0.5	0.65	12.6	19.1	1.01	1.60	2.46	3.42
3		0.9	0.65	13.2	20.0	1.25	1.77	2.58	3.58
4		1.2	0.65	13.3	20.7	1.27	1.79	2.69	3.64
5	网状纤维	0.5	0.65	15.3	20.7	1.19	1.71	2.65	3.44
6		0.9	0.65	16.0	22.2	1.33	1.90	2.87	3.64
7		1.2	0.65	16.7	22.9	1.44	1.94	3.15	3.67

由表 5-1 可得以下结论：

在保持水灰比和水泥用量不变的前提下，掺纤维的混凝土抗压强度比不掺纤维的混凝土有所增加，抗拉强度和抗折强度有明显增加，早期龄期（7d）的增幅高于后期龄期（28d）。7d 龄期的抗拉强度增加 6%～52%、抗折强度增加 9%～40%，28d 龄期的抗拉强度增加 13%～38%、抗折强度增加 5%～12%、抗压强度增加 7%～28%。

（1）掺不同品种纤维对混凝土的强度指标有显著影响，掺网状纤维混凝土的抗拉强度增幅明显高于掺单丝纤维混凝土。这主要是因为单丝纤维的截面为圆形，而网状纤维的截面不规则、近似矩形，而且纤维之间有横向连接而成网状，因而加大了与水泥材料的握裹力，使网状纤维混凝土抗拉强度高于单丝纤维的混凝土。对于 28d 龄期，掺单丝纤维的混凝土抗拉强度和抗折强度分别增加 13%～27% 和 5%～11%，掺网状纤维混凝土抗拉强度和抗折强度分别增加 21%～38% 和 5%～12%。

（2）纤维的不同掺量对混凝土的强度指标也有显著影响。无论掺单丝纤维还是掺网状纤维，随着纤维掺量的增加，混凝土抗拉强度和抗折强度亦随之增加。纤维掺量在 0～0.9kg/m³ 时，强度增加的幅度较大。纤维掺量超过 0.9kg/m³ 时，强度增加的幅度很小。

2. 变形性能

对聚合物纤维混凝土进行变形性能试验（弹性模量试验、极限拉伸值试验），试验结果见表 5-2 所列。其中，混凝土掺入纤维品种选择聚合物单丝纤维和网状纤维，纤维掺量分为 0.5kg/m³、0.9kg/m³、1.2kg/m³ 三个等级，聚合物纤维混凝土与普通混凝土材料配合比相同。

表 5-2　聚合物纤维混凝土的变形性能

编号	纤维品种	纤维掺量/(kg·m⁻³)	水灰比	弹性模量(28d)/GPa	极限拉伸值(28d)
1	—	—	0.65	25.8	71
2	单丝纤维	0.5	0.65	24.8	84
3		0.9	0.65	24.4	94
4		1.2	0.65	24.5	95

（续表）

编号	纤维品种	纤维掺量/(kg·m⁻³)	水灰比	弹性模量(28d)/GPa	极限拉伸值(28d)
5		0.5	0.65	26.7	83
6	网状纤维	0.9	0.65	25.6	96
7		1.2	0.65	24.5	103

由表 5-2 可得出以下结论：

（1）掺纤维混凝土弹性模量比普通混凝土降低 4%～5%，极限拉伸值提高 17%～45%。纤维混凝土的低弹性模量和高极限拉伸值，说明掺纤维可使混凝土的传统脆性弱点得到改善，提高混凝土的变形能力，因而有利于改善混凝土的变形特征和提高混凝土的抗裂性。

（2）掺不同品种纤维对混凝土极限拉伸值有显著影响。掺网状纤维的混凝土极限拉伸值提高幅度高于掺单丝纤维的混凝土，其原因如前所述。掺单丝纤维的混凝土极限拉伸值提高 18%～34%，掺网状纤维的混凝土极限拉伸值提高 17%～45%。

（3）纤维的不同掺量对混凝土极限拉伸值也有显著影响，对混凝土弹性模量影响较小。随着纤维掺量的增加，混凝土极限拉伸值亦随之提高。纤维掺量在 0～0.9kg/m³ 时，混凝土极限拉伸值提高的幅度较大。纤维掺量超过 0.9kg/m³ 时，极限拉伸值提高的幅度较小。

3. 抗渗性

聚合物纤维混凝土抗渗性试验采用测定混凝土在恒定水压下的渗水高度的方法，比较不同混凝土的抗渗性。将水压一次加到 0.8MPa，在此压力下恒定 24h，观测渗水高度。试验结果见表 5-3 所列。其中，混凝土掺入纤维品种选择聚合物单丝纤维和网状纤维，纤维掺量分为 0.5kg/m³、0.9kg/m³、1.2kg/m³ 三个等级，聚合物纤维混凝土与普通混凝土材料配合比相同。

表 5-3　聚合物纤维混凝土的抗渗性能

编号	纤维品种	纤维掺量/(kg·m⁻³)	水灰比	渗水高度(28d)/cm	渗水高度比/%
1	—	—	0.65	13.2	100
2		0.5	0.65	11.5	87
3	单丝纤维	0.9	0.65	9.0	68
4		1.2	0.65	8.5	64
5		0.5	0.65	11.7	89
6	网状纤维	0.9	0.65	5.8	44
7		1.2	0.65	4.8	36

由表 5-3 可以得出以下结论：

（1）混凝土掺入聚合物纤维后，其抗渗性能明显提高。聚合物纤维掺量在 0.5～

1.2kg/m³ 时，其渗水高度比普通混凝土减少 11%～64%，聚合物纤维混凝土的抗渗性能明显优于普通混凝土。这是因为混凝土渗水主要是由内部产生的微细裂缝或孔隙形成连通的渗水孔道而造成的，掺入聚合物纤维有助于抑制和减少微细裂缝的产生和发展，从而提高了混凝土的抗渗性。

（2）纤维的掺量和品种对混凝土的抗渗性能有显著影响。纤维掺量越大，混凝土抗渗性越高。但纤维掺量超过 0.9kg/m³ 时，抗渗性能提高较少。在掺量相同的条件下，网状纤维混凝土的抗渗性优于单丝纤维混凝土。

4. 抗裂性

聚合物纤维混凝土的抗裂性试验采用非约束法和约束法两种方法进行。①非约束法；将聚合物纤维混凝土试件浇筑于尺寸为长×宽×高＝120mm×50mm×20mm 的钢模中，钢模底板为玻璃板，底板与内侧均涂上润滑油。浇筑后不养护，立即放置于温度（7℃±3）℃、相对湿度 20%～30% 的鼓风式干燥箱中，连续鼓风 24h 后，测定试件表面的裂缝长度以评定其抗裂性。②约束法：将试件浇筑于尺寸为长×宽×高＝900mm×600mm×20mm 的木模中，木模底板与内侧铺塑料薄膜，以防木模吸水，在木模的厚度中间固定长×宽＝15mm×15mm 钢丝网，以形成对混凝土收缩变形的约束。在室内浇筑后不养护，立即用电风扇（风速约 5m/s）吹试件表面，加速试件表面水分蒸发，连续吹 24h 后，测定试件表面的裂缝长度以评定抗裂性。

试验结果表明，不掺纤维砂浆的混凝土出现的裂缝数量明显多于掺纤维砂浆的混凝土，而且不掺纤维砂浆的裂缝是长而粗的，掺纤维砂浆的裂缝是短而细的。采用约束法试验的砂浆裂缝较均匀分布在整个面板上，其产生的裂缝也明显比采用非约束法试验的砂浆裂缝粗。采用约束法试验来评定抗裂性与实际情况较为符合。采用非约束法试验，掺纤维砂浆混凝土比不掺纤维砂浆混凝土裂缝数量减少 72%～86%；采用约束法试验，掺纤维砂浆混凝土比不掺纤维砂浆混凝土裂缝数量减少 65%～79%。可见，聚合物纤维混凝土早期硬化阶段的抗裂性显著高于普通混凝土，掺网状纤维的混凝土的抗裂性优于掺单丝纤维的混凝土。

通过以上试验可以发现，聚合物纤维混凝土相比于普通混凝土而言，具有以下优点：

（1）聚合物纤维混凝土能有效防止和减少塑性收缩裂缝数量；

（2）聚合物纤维混凝土的抗渗性能明显提高；

（3）在保持水灰比不变的情况下，聚合物纤维在混凝土中的增强作用明显；

（4）聚合物纤维混凝土能够有效抑制裂缝产生，使混凝土抗渗、抗冻融和抗冲磨能力得到明显改善；

（5）聚合物纤维混凝土的配合比与普通混凝土的配合比基本相同；

（6）聚合物纤维混凝土的施工工艺与普通混凝土的施工工艺基本相同。

5.1.2 高抗裂性水工抗冲磨混凝土

混凝土抗冲磨性是指混凝土抵抗高速水流或挟沙水流的冲刷、磨损的性能。我国的许多河流含沙量一般都较大，含沙的高速水流对于泄水建筑物的冲刷和磨损会造成混凝土的磨蚀和空蚀，进而影响水工建筑物的使用可靠度和服役年限。而通过掺用矿物掺和料、纤维以及优质外加剂，优化混凝土配合比设计并对比分析混凝土拌合物性能、力学性能、耐久性能以及抗裂性能，可以配制出高抗裂性水工抗冲磨混凝土，提高水工混凝土耐久性。

高抗裂性水工抗冲磨混凝土采用多组分胶凝材料、复合外加剂及聚丙烯单丝纤维后，施工方法与普通混凝土基本相同，不需要增加专门的施工设备。而且与普通混凝土相比，高抗裂性水工抗冲磨混凝土具有经济效益、环境效益和社会效益三方面优势。

1. 经济效益

与普通混凝土相比，高抗裂性水工抗冲磨混凝土成本更低，原材料投资更少，而且明显减少了工程运行维护修复费用，延长了工程的使用寿命，间接的经济效益较为显著；

2. 环境效益

与常规抗冲磨混凝土相比，高抗裂性水工抗冲磨混凝土由于掺入了粉煤灰和硅粉，节省了堆放粉煤灰及硅粉的土地资源，有效避免了因堆放粉煤灰和硅粉而产生的环境污染，同时也减少了水泥用量，从而减少了由于水泥生产所产生的能源消耗与废气排放；

3. 社会效益

高抗裂性水工抗冲磨混凝土以其高抗冲、耐磨性能、高耐久性以及高抗裂性能的优势取代了普通混凝土，强有力地保证了混凝土工程的安全有效运行，为社会经济的发展提供了强有力的保障。

5.1.3 再生骨料混凝土

长期以来，由于砂石骨料来源广泛易得，价格低廉，人们将其视为是取之不尽、用之不竭的原材料而随意开采，从而导致资源枯竭、山体滑坡、河床改道，严重破坏了自然环境。又随着我国城镇化进程的发展，建筑垃圾排放量逐年增长，可再生组分比例也不断提高。若不能很好地处理或利用这些建筑垃圾，不仅会占用土地、浪费资源，还会对环境造成一定的污染；而且随着人口的日益增多，建筑业对砂石骨料的需求量也不断增长。因此，生产和利用建筑垃圾再生骨料对于节约资源、保护环境和实现建筑业的可持续发展具有重要意义。

由废弃混凝土制备的骨料全部或部分取代天然碎石而配制成的混凝土称为再生混凝土。与普通混凝土相比，再生混凝土有以下特点：

（1）抗压强度比普通混凝土高；

（2）劈裂抗拉强度较普通混凝土有所降低；

（3）轴心抗压强度和弹性模量与普通混凝土相比均有一定的提高；

（4）随着再生骨料掺量的增加，混凝土的抗裂性能下降；

（5）掺再生粗、细骨料的大量掺粉煤灰混凝土，抗渗性、抗碳化能力、抗冻性能均优于普通混凝土。

5.1.4 预应力钢筒混凝土管 (PCCP)

预应力钢筒混凝土管 (PCCP)，是一种新型管材，其内壁光滑、阻力小、糙率低，接头具有较好的密封性和抗腐蚀性能，寿命长且造价低，当前这种新型复合管材工艺技术已经在我国水利工程建设过程中被普遍采用。预应力钢筒混凝土管 (PCCP) 利用各种压力与荷载进行管材设计，方法先进，且充分考虑到管壁所面临的各种（非）弹性变形，将混凝土对 PCCP 管所施加的抗拉和抗压应力限值在合理范围内。预应力钢筒混凝土管 (PCCP) 使用钢筒材料，有效避免了普通管材工艺所普遍面临的渗水和腐蚀问题，抗压强度完全符合标准要求，因而比其他管材能承受更大的外力荷载。预应力钢筒混凝土管 (PCCP) 内壁光滑，表明发生瘤节和结垢的情况几乎不会出现，这保证了管道具有较高的通水能力，经试验，预应力钢筒混凝土管糙率 $n=0.107$，远远小于普通管材糙率值。

PCCP 管完全采用钢制承插口式接口，接口孔隙率非常小，且在接口处还配有胶圈、凹槽等设置，这样在接口承接时密封效果和固定效果非常好。除此之外，该工艺技术还具有较好的抗腐蚀性能、抗压性能，造价低、运行安全、使用寿命长且能产生较高的社会经济效益。

预应力钢筒混凝土管已经列入《我国水利工程建设技术规划 (2010)》，规划认为该管材作为由钢管和预应力钢筋混凝土管强强联合、优势互补而形成的新型管材工艺技术，在水利工程建设中发展潜力巨大，能为水利工程带来明显的社会效益与经济效益。

5.1.5 植生生态混凝土

植生生态混凝土是由粗骨料、胶凝材料和水等组成的，胶凝浆体均匀包裹在粗骨料表面，当胶凝浆体经凝结硬化后为骨料与骨料、骨料与浆体之间提供凝聚力，使其形成一个具有连续孔隙的整体。由于植生生态混凝土多用作停车场路面、河流护岸及道路边坡材料，需要直接与自然环境接触工作，因此植生生态混凝土除了要具备一定荷载承载能力外，还应具备抵御环境侵蚀的能力，为了保证植生生态混凝土能够长期有效工作，必须对原材料的类型进行选择，对其品质实施严格控制以保证各材料满足要求。同时，为了满足植生生态混凝土植生性能要求，必须保证植生生态混凝土结构具有足够的孔隙，为植物提供生长空间。植生混凝土的强度主要由凝胶材料提供，因此，为了提高植生生态混凝土的强度，可以适当增加胶凝层的厚度，或选用较高强度等级的水泥和优质的矿物掺合料作为原料。

5.1.5.1 植生生态混凝土的原材料组成

1. 水泥

一般植生生态混凝土为不含细集料的多孔混凝土，其强度主要由粗骨料表面覆盖的胶凝材料与骨料间的黏结作用力提供，由于天然粗骨料的强度明显高于胶凝材料；凝结体结构在受到外力载荷作用破坏时，破坏面往往发生在胶凝体与骨料的黏结界面或凝结体中，因此植生生态混凝土强度与胶凝材料强度密切相关。水泥作为胶凝材料的主要组成部分，对植生生态混凝土结构的力学性能和植生性能都有着巨大影响，所以必须对水泥的品种、强度等级及用量等进行严格筛选和控制。

2. 骨料

粗骨料是植生生态混凝土的主要原材料，是构成混凝土骨架的基本材料，骨料的级配组合、形貌特征、比表面积及吸水率等因素都会对植生生态混凝土的抗压强度、孔隙尺寸、透水性能等产生直接影响。对植生生态混凝土而言，连续级配的粗骨料不利于孔隙的形成，且骨料粒径太小会不利于大孔隙的形成，而粒径过大则会影响混凝土力学性能提高，所以在配制植生生态混凝土时，宜采用单级配或断级配骨料进行制备。骨料的形貌特征即比表面积、几何形状等的差异也会对植生生态混凝土的施工性能、力学性能及孔隙结构等产生影响。骨料中针状体、扁平形等颗粒越少，骨料粒形就越好，因此在配制植生生态混凝土时需要考虑骨料颗粒形貌特征的影响。

3. 矿物掺合料

在植生生态混凝土配制中，将原材料掺入矿物掺合料，既能增强新拌混凝土的工作性能，提高混凝土耐久性，而且矿物掺合料中的活性氧化物还能参与水泥二次水化反应，消耗氢氧化钙，以此降低混凝土孔溶液 pH 值，为植物生长创造适宜的生长环境。同时通过掺加矿物掺合料等量取代水泥，可以大大降低成本、提高经济性、减少环境污染。因此，在植生混凝土配制时要考虑不同掺合料对植生生态混凝土的性能的影响。

5.1.5.2 植生生态混凝土的配合比设计

1. 设计指标

植生生态混凝土是一种具有绿色生态效益的新型材料，除了要满足工程结构的承载力需求，还要能够适应绿色植物生长，有足够的结构孔隙率和适宜的碱性环境为植物生长提供生长条件。因此，在植生生态混凝土配合比设计中技术指标的控制尤为关键。

（1）抗压强度。抗压强度指标是评价植生生态混凝土性能的主要技术指标。本次介绍的植生生态混凝土适用于生态护岸、道路边坡工程，根据日本生态混凝土护岸工法和公路设计排水规范的规定，植生生态混凝土结构 28d 抗压强度应大于 10MPa，7d 浸水抗压强度大于 3MPa。国内学者黄剑鹏的试验结果表明，植生生态混凝土 7d 抗压强度不小于 6MPa，28d 抗压强度不小于 8MPa。

（2）有效孔隙率。自然界植物生长土壤的孔隙率一般在 40%～60%，而保证植物根系能够穿透多孔混凝土，扎入地下的混凝土孔隙率应大于 20%。相关研究表明，为了保证植物有足够的生长空间，植生生态混凝土孔隙率越大对植物生长越有利，但是孔隙率也不宜过大，较大的孔隙率不仅会降低混凝土抗压强度，而且会降低植生生态混凝土的抗冲刷性能。研究表明，植生生态混凝土孔隙率一般为 18%～35%。根据日本生态混凝土护岸工法规定，植生生态混凝土护岸孔隙率应为 21%～30%。

（3）孔隙碱度。普通多孔混凝土由于水泥水化产出大量 $Ca(OH)_2$，孔隙溶液 pH 值通常在 12.5 以上，而自然界中植物生长的土壤环境通常呈弱酸、弱碱性，pH 值一般不超过 9，因此为了植物能够正常生长，必须对植生生态混凝土孔隙溶液碱环境进行改造，使孔隙溶液 pH 值低于 9。

2. 计算方法

目前生态混凝土配合比设计方法主要有三种，分别是体积法、质量法及比表面积法。这几种方法各有优缺点，见表 5 - 4 所列。

表 5 - 4 植生生态混凝土常用配合比设计方法优缺点

配合比设计方法	优点	缺点
体积法	可以有效控制孔隙率	受浆体流动性能影响大，且不能完成混凝土强度预测
质量法	可利用经验图表进行快速计算，适用于现场施工	浆体用量不可控，且混凝土孔隙率难以保证
比表面积法	利用浆体包裹理论，较易控制强度	受骨料性能影响大，且计算过程复杂

5.1.5.3 植生生态混凝土的试件成型

植生生态混凝土与普通混凝土不同，主要表现在其结构形式的特殊性。由于其内部有大量的结构孔隙，如果在制备过程中采用了不当的制备工艺，将对植生生态混凝土性能造成严重影响，因此植生生态混凝土的搅拌、成型及养护也应该采用特殊的方式。

1. 搅拌方法

植生生态混凝土的搅拌与普通混凝土不同，搅拌方式和投料顺序都会对植生生态混凝土性能造成重大影响。目前，植生生态混凝土常用的搅拌方法有一次投料法和水泥裹石法 2 种。其中，一次投料法是将粗集料、水泥及水等原材料一次性投入搅拌机进行拌和；而水泥裹石法是先将胶凝材料和水分次投入搅拌机中，待部分胶结浆体均匀包裹在粗集料表面后，再加入剩余的浆体材料搅拌至均匀。一次投料法工序简单、易操作，但是在搅拌过程中，由于植生生态混凝土胶结浆体流动性较低，在搅拌过程中容易发生无细集料的"滚珠"效应，而且加料顺序不当，会导致部分浆体结团，使得粗集料表面浆体包裹不均匀，影响混凝土性能。

2. 成型工艺

植生生态混凝土的成型方法主要有人工插捣成型法、振动成型法和静压成型法 3 种。由于植生生态混凝土内部孔隙较大，机械振动容易造成粗集料表面浆体层脱落并富集于混凝土底部，导致混凝土上层胶结浆体层薄强度下降，而混凝土下层由于浆体富集而堵孔，影响植生生态混凝土透水性能，同时也不利于植物生长。因此，在植生生态混凝土装模成型过程中，不宜采用振动成型法。

3. 养护条件

植生生态混凝土内部分布了大量孔隙，仅仅依靠水泥浆体的黏结力将粗集料黏结在一起，且由于早期水泥水化不充分，粗集料颗粒间凝聚力有限，受到碰撞很容易脱落，因此应该在拌和物装模后 24h 进行拆模。同时，与普通混凝土相比，由于植生生态混凝土浆体层较薄，拌和水更容易经过孔隙蒸发而损失，因此水泥水化进程因缺水而导致混凝土力学性能下降，所以在混凝土成型后，应该注重试件的保水，防止内部水分蒸发。在试件装模后 24h 进行拆模，并将植生生态混凝土试件直接移入养护室进行养护，养护过程中控制养护室温度为（20±1）℃，湿度为98%。

5.1.6　自密实混凝土

自密实混凝土是一种具有高流动性、黏结性的高性能混凝土，它能够适应各种复杂的工况，不需要振捣，可提高施工速度，缩短工期，减少设备维护和人力资源成本；在普通混凝土无法施工的密集配筋或间隙狭窄的部位，自密实混凝土可依靠自身流动性充满整个仓面，保证建筑质量满足要求；自密实混凝土不需要振捣器进行振捣，还减少了噪声对环境的污染，减少了噪声对工作人员带来的职业危害。

5.1.6.1　自密实混凝土的配合比设计

1. 设计原则及目标

自密实混凝土的关键物理力学性能是其工作性能，主要以流动性、黏聚性、通过性、抗离析性为主。采用哪几种性能及方法来表征自密实混凝土还未得到统一，自密实混凝土的各项工作性能并不需要同时达到最佳，而应根据应用要求着重对其中几项做主要考核。

欧洲标准中较为完善地规定了自密实混凝土工作性的相应表征方法及指标应用范围，可根据工作需要选择各指标范围进行组合；目前试验室和施工现场通常采用坍落度、坍落扩展度、T50时间、"L"形箱、"U"形箱、"V"形箱、"J"形箱和筛析法等其中的一种或几种组合控制自密实混凝土的工作性能。

根据国内外的研究成果及《自密实混凝土应用技术规程》（CECS 203：2006）的要求，在自密实混凝土配合比的设计中应遵循以下原则。

（1）自密实混凝土应满足混凝土结构设计的强度要求和各种使用环境下的耐久性要求。

（2）自密实混凝土配合比应使混凝土具有均匀一致的外观质感、良好的流变性能、内在匀质性能、良好的体积稳定性。

（3）混凝土不离析、不泌水，具有一定的塑性黏度。

（4）新拌混凝土具有较强的均匀性、填充性，骨料均匀分散。

（5）新拌混凝土坍落度经时损失小，具有流动性大、和易性好、可泵性能好的优点。

（6）利用现有条件，在保证混凝土质量的前提下尽量节约水泥，降低成本，以达到良好的技术经济效益。

2. 主要技术指标

以C25强度等级的自密实混凝土为例，混凝土配合比主要技术指标见表5-5所列。

表5-5　C25自密实混凝土主要技术指标

内容	检验指标	内容	检验指标
强度等级	C25	拓展度/mm	550~650
级配	二级	T_{50}流动时间/s	$3 \leqslant T_{50} \leqslant 20$
坍落度/mm	240~270	"U"形箱试验（高差 Δh）	$\Delta h \leqslant 50mm$
适用范围/mm	钢筋最小净间距为60~200	"L"形箱试验（H_2/H_1）	$H_2/H_1 \geqslant 0.8$

3. 设计方法

（1）自密实混凝土配制强度的确定

为使施工中混凝土强度符合设计要求，在进行混凝土配合比设计时，应使混凝土配制强度有一定的富裕度。根据《水工混凝土施工规范》（DL/T 5144）中"配合比选定"的有关要求，混凝土配制强度按下式计算：

$$f_{cu,0} = f_{cu,k} + t\alpha \tag{5-1}$$

式中，$f_{cu,0}$——混凝土的配制强度（MPa）；

$f_{cu,k}$——混凝土设计龄期的强度标准值（MPa）；

t——概率度系数，依据保证率 P 选定；

α——混凝土强度标准差（MPa）。

（2）自密实混凝土配合比的计算

按照《水工混凝土配合比设计规程》（DL/T 5330—2005）中混凝土配合比的计算，采用体积法进行计算，砂石骨料按照饱和面状态计算含水率。

5.1.6.2 自密实混凝土的优点

（1）在大规模使用时，自密实混凝土无须振捣，提高了施工速度，缩短了工期，还可有效提高工作效率，节约了人力资源成本。

（2）自密实混凝土的流动性能好，流动度大，可以自流平。所以，在普通混凝土无法施工的密集配筋或间隙狭窄的部位，自密实混凝土不会因施工技术造成人为的漏振等质量问题。

（3）自密实混凝土不需要振捣器进行振捣，减少了施工荷载，降低了机械维修费用、电费等工程成本，同时还可以减少噪声对环境的污染，尽量避免了因噪声给工作人员带来的职业病。

（4）传统的施工工艺需要采用振捣器对混凝土进行振捣密实，这种工艺费时、费力，若施工作业人员操作不熟练、不规范，就会使施工部位混凝土产生缺陷，尤其是在西藏等高原地区进行混凝土施工，作业人员的劳动能力会比在低海拔地区降低很多，所以，采用传统工艺施工很难保证混凝土的质量，若采用自密实混凝土则可明显改善上述不足之处。

5.1.7 新型超疏水材料

"出淤泥而不染，濯清涟而不妖"语出北宋名儒周敦颐的《爱莲说》一文，其大致意思为："莲花从淤泥中生长出来却不受淤泥的污染，在清水里濯洗过，但并不会因此而显得妖媚。"形成这种现象的主要原因就在于莲花表面有一层超疏水材料，正是这种超疏水材料，才使得水流聚股流下，污泥不会黏附在莲花的表面。

利用这一原理，关于此类似的仿生材料结构特征的形成机制和机理的研究，我国的相关研究机构和科研院所自 20 世纪 90 年代就已相继开展。超疏水材料因具有防水、防污、可有效减少流体阻力黏滞性等优良特性，其相关技术的开发研究引起了学界的广泛关注，并在近年来逐步取得了较大的进展。目前，不同方法提炼制备的超疏水材料也被广泛应用于工业、农业、国防、冶金等相关领域，其应用面已经覆盖了我们生活的方方面面。2014 年 9 月，国务院总理李克强同志在夏季达沃斯论坛上首次提出了"大众创业，万众创新"的时代关键词，号召我国各地创新创业才俊骨干以新技术、新思想推动和助力社会前进发展。号召提出四年以来，创新性发展已逐渐成为我国社会发展的主流，而水利工程作为"功在当下、利在千秋"的惠民事业，新技术与其结合利用就显得尤为重要和突出。在实际工程中，传统水工建筑物的防渗措施普遍存在着技术要求高、施工工艺复杂、效率低下等问题，而针对上述技术问题，新型疏水材料的技术应用将有效地提高防渗措施的施工效率及防渗效果。

5.1.7.1 防水材料简介

超疏水材料是一种新型材料，它可以对需要保持干净的地方自行进行清洁，还可以放在金属表面防治水的腐蚀生锈，目前行业内将其特点定义为表面稳定接触角大于 150°，滚动角小于 10°。超疏水材料因普遍具有显著的疏水、脱附、防黏、自清洁等功能，被广泛应用于防水、防污、自清洁、流体减阻、抑菌等领域。超疏水材料上的微绒毛由乳突及蜡状物构成，其为微米结构，乳突为纳米结构，当水与超疏水材料表面接触时，会有空气存在于微小突起之间，从而大大减小水与超疏水材料表面的接触面积。又由于水的表面张力作用，水滴在这种粗糙表面上的形状接近于圆形，其接触角可达 150°以上，这种纳米与微米相结合的双微管结构正是起到表面防水防污作用的根本原因。具有大触角和较小滚动角的超疏水性材料的表面结构为微米级。

超疏水材料的表面结构通常有用两种形式，一是在疏水材料表面上构建微观结构，二是在粗糙表面上修饰低能表面物质。由于降低表面自由能在技术上比较容易实现，因此超疏水材料表面制备技术的关键就在于构建合适的表面微细结构。当前，已报道的超疏水材料表面制备技术主要有溶胶-凝胶法、模板法、自组装法及化学刻蚀法等。

超疏水材料表面结构具有非常广阔的应用前景，目前在远距离管道运输、建筑物耐水防污、提高船舶浮力、织物面料等方面已有一定的发展，如中科赛纳技术有限公司采用纳米合成技术制备的纳米超疏水自清洁玻璃涂层，具有自清洁、防结冰、抗氧化等功能，应用在建筑外墙、玻璃以及金属框架等处可大大降低建筑物的清洁以及维护成本；德国 STO 公司根据"荷叶效应"的原理开发了有机硅纳米乳胶漆，对传统乳胶漆进行了创新改良，大大提高了性能优势；江苏大学吉海燕用刻蚀法处理玻璃，也成功制备了超疏水玻璃表面；卢思等课题小组把无序碳纳米管黏接在基材铝管表面以形成复合结构表面，然后用聚四氟乙烯修饰该复合表面以形成一层超疏水 PIFE 膜。

虽然国内外现已经研究出了大量关于超疏水材料的成果，但基本仍处在实验室阶段，现阶段超疏水材料较广范围内的应用效果也不是非常理想，民众对其的认知及普遍率也较为有限，制作成本高昂，耐久性能比较低，并且其表面的微纳米结构十分脆弱，容易被破坏，从而使其丧失超疏水性，所以在材料选择、制作工艺以及后续处理上都需要相关领域的专家学者进一步研究，因此超疏水表面在实际应用方面还存在着极大的发展空间。在水利工程水工建筑物的超疏水技术应用方面，王志博、牛志强等专家已率先研究出了对混凝土同时进行引气与超疏水涂层处理的新技术，可有效改善其内部孔隙结构，提升表面的疏水性能和抗冻性能。但真正意义上将超疏水材料应用在处理水工建筑物的防渗漏问题这一技术的研究领域，目前几乎仍为空白。

5.1.7.2 超疏水材料坝面设计

通常处理混凝土坝和浆砌石坝渗漏病害的基本原则是"上截下排，以截为主，以排为辅"，根据渗漏的层次部位、危害程度、施工状况以及修补条件等实际情况制订合理可靠的处理措施，通常处理方式为：①对于建筑物本身的处理，以上游面封堵为主；②对于基础渗漏的处理，以截为主，辅之以排；③对于接触渗漏或绕坝渗漏的处理，应先封堵，以排补救。

根据对超疏水材料和坝面渗漏成因对策的分析研究，可将超疏水材料引入水泥混凝土坝面设计中，通过微纳米坝表构建与超疏水涂层设计相结合，对超疏水材料坝面表层进行疏水设计。超疏水性能坝面由两层结构构成，由左至右依次为主体结构混凝土层和超疏水层（又称表面功能层），其中主体结构混凝土层的厚度占整个坝面板结构厚度的80%至90%（具体比例可根据现场实际工程情况而定），其性能与普通混凝土坝相似；超疏水层通过掺入一定量聚乙烯醇纤维和钢渣，强度和耐磨性得以大幅度提高，同时通过在其表面涂刷经复配得到的超疏水复合功能材料，从而制备出超疏水性能坝面。

5.1.7.3 应用前景

在水利工程中，渗漏是常见的坝体病害之一。传统的渗漏处理措施有表面涂抹、表面贴补、凿槽嵌补、灌浆、构筑防渗层等。虽然这些措施能在短期内达到预期的使用目的，但普遍具有工作量大，影响混凝土完整性及强度，作用效果较小等局限性。目前技术允许范围内，标本兼治的最佳措施就是将超疏水材料覆盖在与水接触的混凝土表面，形成一层空气膜，避免坝面直接与水摩擦接触，减少浸泡，从而达到有效防止渗漏发生的目的，此技术也充分符合"以截为主"的渗漏的主要处理原则。同时，在溢洪道溢流面上覆盖一层高强度超疏水材料，可减小水流对陡坡段和出口处的冲刷，避免溢洪道陡坡段内墙被冲刷，底板被掀起、下滑或局部接缝被破坏以及消能设施被破坏；采用高强度超疏水材料还能防止气蚀破坏，避免产生蜂窝、麻面及混凝土脱落现象，在弯道处布设高强度疏水材料，可以减小阻力而防止翼墙被冲刷破坏。在超疏水材料与建筑物两种材料的黏结性方面，潘洪波等专家对超疏水材料黏结效果进行分析，通过150多次试验发现，硅氧烷与超疏水材料的黏结性能十分理想，这为超疏水材料的应用奠定了积极的基础。

值得注意的是，水工建筑物所处的水环境十分复杂多样，受不同地域内气候、水文、地质等因素影响，水中砂石、冰凌、水生物、矿物质等均会对材料产生不同程度的破坏，这就对超疏水材料在水利工程中的推广应用形成了制约：①混凝土坝上游迎水面面积广，材料需求量大；②水工建筑物运行周期长，建筑材料要求具有足够强度的耐久性；③风吹日晒使得坝体混凝土在不同程度上会出现裂缝，若使用刚性材料，其会伴随混凝土的开裂而开裂，导致自身失去疏水作用。

5.1.8 新型混凝土材料

随着我国经济文化的发展、社会的运转，对水利的依赖度也越来越大，这使得我们对水利工程的质量要求也越来越严格。与此同时，混凝土的制造行业也随着社会经济的进步有了长足的发展。众所周知，水利工程施工中对混凝土的运用十分广泛，所使用的混凝土的种类和质量会极大地影响到水利设施的质量。要想提高水利工程建筑的质量，就要提高施工中所运用的混凝土的质量，就要注重新型混凝土材料在水利工程施工中的应用。故而，推进新型混凝土材料在水利施工中的应用成了势在必行之举。

传统混凝土是指以水泥为胶合的底料，以石子等为粗骨料，以过滤后的砂子等为细骨料，经过均匀搅拌、压实、静置硬化后的质地坚硬的人造建筑石材。而新型混凝土则是在这些的基础上，根据不同的需求加入其他的特殊材料，从而形成具有不同功能、不同名目、不同用途的新型混凝土。如在传统混凝土的材料基础上加入碳纤维、钢纤维等纤维材料制成纤维增强型混凝土，极大地增强了混凝土的延展性和抗拉性，可用于承重建筑中。传统混凝土有很多的优点，但自重大、易脆的缺点亦不容忽视。对于水工建筑尤其是大型水工建筑来说，其建设材料需求大，建筑周边环境也较为恶劣，自重大、易脆的缺点无疑降低了水利建筑的使用周期并且增加了安全隐患。为了规避传统混凝土的这些缺点，新型混凝土应运而生。改变混凝土合成的添加材料或者改变混凝土合成的途径和方法以形成不同种类、不同特性的新型混凝土，可对应不同的工程需求。新型混凝土往往可塑性更强、抗压能力更强，同时，它们的自重往往会减小并更加有韧性，将传统混凝土所具有的优势更好地放大，将传统混凝土的缺点予以缩小或者解决其存在的问题。

由于不同的水利工程有不同的要求，或者是同一水利工程的不同方面有不同的需求，新型混凝土的种类也随之多种多样。①高性能混凝土。高性能混凝土又名 HPC，与传统混凝土相比，其组成多了超塑化剂和额外的矿物掺合料。HPC 在传统混凝土的基础上拥有高稳定性、高强度、高耐久力、低水化热等特点，这极大地拓宽了混凝土和水工建筑的使用领域，提高了水工建筑抵御极端周边环境的能力。由 HPC 参与建造的水工建筑在抵御由江河湖泊水等造成的侵蚀和压力方面有着更高的成效，有效延长了水工建筑的使用周期并节约了维护成本。同时，该种混凝土的运用还减轻了施工损耗和施工强度，使得施工成本大大降低。②纤维增强型混凝土。添加了纤维的新型混凝土可改善传统混凝土脆性大的缺点。根据需求的差异，可加入混凝土的材料有钢纤维、耐碱玻璃纤维、碳纤维等。加入了纤维的混凝土，其抗拉性和抗变性将会显著提高，尤其是在所架设的薄壁结构中更能体现，加入了纤维的混凝土在减轻水工建筑物的变形方面有极大的贡献。③轻集料混凝土。相较于传统混凝土中包含的砂石、水泥等自重大、隔热性差的材料，轻集料混凝土选择的是自重轻、隔热良好的轻集料、粗集料和轻沙等材料，这使得合成的混凝土密度小、自重轻，从而予以水工建筑的自重压力也更小，材料间隙的增大也使得水工建筑的热传导性降低，减小了由热胀冷缩带来的危害，这对水工建筑很是适用。

新型混凝土的运用可以大大节约工程成本、改善工程质量、延长工程寿命，还可以减轻施工的强度和缩短施工时间，对工程周围环境的维护也有很大的益处。总之，新型混凝土材料的应用可以带来极大的环境效益、社会效益和经济效益，在水利施工中运用新型混凝土有大好的发展前景，值得科技工作者们进行探索。相信随着科学技术水平的提高，新型混凝土在水利施工中的应用将越来越广泛，技术也将越来越成熟。

5.1.9 新型生态防护材料

目前，在河岸边坡的生态防护中常用的高分子材料主要有 SH 高分子材料、聚氨酯高分子材料和聚醋酸乙烯酯（STW）高分子材料。

SH 高分子材料为生态护坡材料中的一种新型材料，具有较强的亲水性，可与水进行无上限比例的混合。在常温下，SH 高分子材料会与土体发生反应，进而提高土体的强度，且后期土体强度很高，耐水性非常优越。SH 高分子材料的施工工艺也十分简便，只需将其按着一定的比例进行稀释后，均匀地喷洒到河岸边坡表面，进行一定的击实即可满足工程要求。SH 高分子材料本身不会对环境产生影响。当使用的 SH 高分子材料浓度较低时，被喷洒的土体表面还可进行植被的种植以增强土体生态性。

聚氨酯高分子材料的主要成分是聚氨酯树脂，拥有大量的—NCO 官能团。聚氨酯高分子材料是一种淡黄色黏稠状液体，pH 值在 6~7 之间，黏度值为 600~750MPa·s，比重为 1.18g/cm³，固体含量为 85%，凝固时间在 30~1800s 之间，保水性大于等于40 倍。聚氨酯高分子材料遇水后极易溶解，可以任意比例与水反应生成乳白色胶体，该胶体遇水后不再溶解。另外聚氨酯高分子材料具有稳定性能好、施工简便、实用性强等特点，可广泛应用于砂性土坡面的生态防护、防治水土流失、治理沙漠化和防止扬尘等领域。

STW 高分子材料是醋酸乙烯酯单体通过乳液聚合制成的一种新型水溶性土壤稳定材料。其分子中含有大量亲水的羧基（—COON）和羟基（—OH）。STW 高分子材料的外观为乳白色乳状液体，pH 值为 6~7，比重为 1.05~1.07g/cm³，黏度为 400~3000MPa·s。其特点是稳定土效果好、价格低廉、施工方便、环保等。

高分子材料作为一种新型的土壤改良材料，可以改变土壤的物理结构，同时不影响植被生长，优化生态环境，可用于边坡的生态防护等生态环境问题，其社会效益和经济效益难以估量，具有重要的现实意义。然而，高分子材料在水利工程上的实用效果需要经过长时间来验证，其与土壤和水的物理化学作用机理需要进一步研究。

5.2 新技术的应用

5.2.1 钠基膨润土防水毯技术

钠基膨润土防水毯是目前具有国际领先水平的生态环保型防水防渗材料，它由两层土工合成材料夹封优质防渗钠基膨润土，通过集束针刺复合而成，如图 5-1 所示。自 20 世纪 80 年代后期问世以来，几十个国家在人工湖、园林绿化、房屋建筑、市政工程、水利工程、垃圾填埋场等许多领域广泛应用该材料。最近几年我国在生态水利的防渗工程中使用了该产品，普遍反映其效果甚佳，具有较好的推广前景。

图 5-1 钠基膨润土防水毯

5.2.1.1 发展历史

钠基膨润土防水毯学名为"土工合成材料黏土衬垫",英文缩写为 GCL (Geosrnthetics Clay Liner),俗称"防水毯",由德国"诺威"公司在 20 世纪 80 年代后期研制成功,1988 年后陆续在防水工程中应用,许多发达国家已经拥有该产品的生产工艺及广泛使用的工程实践经验。

我国开始引进并研发生产钠基膨润土防水毯是在 21 世纪初,主要用在广东、深圳、上海、青岛、北京等沿海及经济较发达地区,开始时主要用在垃圾填埋场等环保工程上较多,近两三年来得以在水利、园林、市政等一些工程中应用,例如:北京元大都遗址公园水景防渗工程、太原汾河二期综合治理工程等。其衬砌渠道结构示意图如图 5-2 所示。

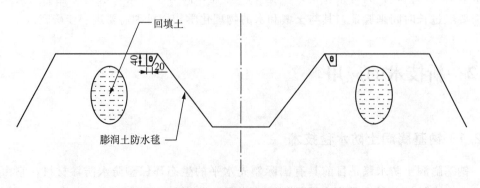

图 5-2 膨润土防水毯衬砌渠道结构示意图

5.2.1.2 防渗机理

膨润土,是火山喷发后火山灰及各类矿物质在地质中沉积而成的一种以蒙脱石为主要成分的黏土矿物,其重要特征之一是遇水后膨胀,其膨胀系数大于或等于 24mL/

2g，并且其结构及性能不受干湿、冻融反复循环的影响。膨润土防水毯的防渗功能，主要是利用夹封在材料中间的膨润土吸水后，在上下两层土工织物及回填保护层的压力下，其局限在一定的空间内膨胀，从而形成紧密的凝胶体实现的。

5.2.1.3 生产工艺

简单来讲就是在一层特种土工布上（一般为有纺布）铺撒钠基膨润土，然后其上覆盖另外一种土工布（一般为无纺布），中间经过高强度针刺（每平方米百万次）将钠基膨润土紧密交织在土工布上，制成防水衬垫，因其外形像地毯一样，故称"膨润土防水毯"。根据需要，还可再覆膜，制成加强型防水毯。钠基膨润土参数见表 5-6 所示。

5.2.1.4 产品特性

（1）防渗性：本产品厚度在 6mm 左右时，渗透系数小于或等于 5×10^{-11} m/s，相当于 1m 厚压实黏土的防渗效果；

（2）柔韧性：产品整体稳定性好、抗拉强度高，其良好的柔韧性可适应不同的地形以及不均匀沉降造成的变形；

（3）自保性：产品不怕冻融破坏而且具有自我修补 2mm 裂缝的修复能力，水中植物根系穿刺后仍然防渗；

（4）结合性：由于它是土工聚合体，增加了摩擦力，提高了与地基和保护层的结合能力；

（5）耐久性：因钠基膨润土为天然无机矿物质，吸水后高度膨胀，形成不透水的凝胶防渗体，不会出现老化、腐蚀现象，耐久性强，使用寿命可达 50 年以上；

（6）环保性：产品原材料为天然无机材料，对人体和环境无害，属于优质环保防水材料；

（7）施工性：本产品可直接在土层或砼基面上施工，铺设简单、施工方便、工期短，而且是一种可以用钉子钉的防水材料；

（8）性价比：产品价格适中，性能优越，使用寿命长，施工方便快捷，总体性价比高。

表 5-6 钠基膨润土参数表

物理技术性能指标	单位	指标值
钠基膨润土重量	g/m	4500
防水毯厚度	mm	≥6
材料单位重量	g/m	≥4830
渗透系数	m/s	$\leqslant 5 \times 10^{-11}$
膨胀指数	mL/2g	≥24
剥离强度	N/10cm	≥40
抗拉强度	N/10cm	≥600
吸蓝量	g/100g	≥30
最大负荷伸长率	%	≥10

5.2.1.5 施工注意事项

（1）基底：防水毯铺设基底可以是素土或砼，凸凹小于 25mm，无积水无尖锐物体，使用素土做基层，其密实度要达到 85％以上。

（2）及时做好保护层，当天铺设要求当天覆盖，可用沙壤土夯实，厚度不小于 30cm，如渠道可用 2～10cm 厚水泥砂浆做防冲保护层，立墙或陡坡外侧可用砌砖、砌石或混凝土做保护层。

（3）搭接长度：纵向不小于 30cm，横向不小于 50cm，搭接区域两层防水毯之间添加膨润土粉，搭接口要密实。

（4）防水毯铺设要平整，雨雪天不能使用。

（5）坡面遇上口为土质时，需挖掘宽度×深度不小于 50cm×50cm 的锚固沟进行锚固。立墙（或浆砌石）面上铺设时，固定面每平方米不应少于 3 颗锚固钉。

5.2.2 混凝土桩复合地基技术

混凝土桩复合地基是以水泥粉煤灰碎石桩复合地基为代表的高黏结强度桩复合地基，近年来混凝土灌注桩、预制桩作为复合地基增强体的工程越来越多，其工作性状与水泥粉煤灰碎石桩复合地基接近，可统称为混凝土桩复合地基。

5.2.2.1 技术内容

混凝土桩复合地基通过在基底和桩顶之间设置一定厚度的褥垫层，以保证桩、土共同承担荷载，使桩、桩间土和褥垫层一起构成复合地基。桩端持力层应选择承载力相对较高的土层。混凝土桩复合地基具有承载力提高幅度大、地基变形小、适用范围广等特点。

5.2.2.2 技术指标

根据工程实际情况，混凝土桩可选用水泥粉煤灰碎石桩，常用的施工工艺包括长螺旋钻孔、管内泵压混合料成桩，振动沉管灌注成桩及钻孔灌注成桩三种施工工艺。其主要技术指标为：

（1）桩径宜取 350～600mm；

（2）桩端持力层应选择承载力相对较高的地层；

（3）桩间距宜取 3～5 倍桩径；

（4）桩身混凝土强度等级满足设计要求，一般情况下要求混凝土强度等级大于等于 C15；

（5）褥垫层宜用中砂、粗砂、碎石或级配砂石等，不能选用卵石，最大粒径不宜大于 30mm，厚度 150～300mm，夯填度小于或等于 0.9。

实际工程中，以上参数根据场地岩土工程条件、基础类型、结构类型、地基承载力和变形要求等条件或现场试验确定。

5.2.2.3 适用范围

混凝土桩复合地基适用于处理黏性土、粉土、沙土和已自重固结的素填土等地基。对淤泥质土应按当地经验或通过现场试验确定其适用性。就基础形式而言，既可用于条形基础、独立基础，又可用于箱形基础、筏形基础。采取适当技术措施后亦可应用于刚度较弱的基础以及柔性基础。

5.2.3 真空预压法组合加固软基技术

5.2.3.1 技术内容

真空预压法是在需要加固的软黏土地基内设置砂井或塑料排水板，然后在地面铺设砂垫层，其上覆盖不透气的密封膜使软土与大气隔绝，然后通过埋设于砂垫层中的滤水管，用真空装置进行抽气，将膜内空气排出，因而在膜内外产生一个气压差，这部分气压差即变成作用于地基上的荷载。地基随着等向应力的增加而固结。

真空堆载联合预压法是在真空预压的基础上，在膜下真空度达到设计要求并稳定后，进行分级堆载，并根据地基变形和孔隙水压力的变化控制堆载速率。堆载预压施工前，必须在密封膜上覆盖无纺土工布以及黏土（粉煤灰）等保护层进行保护，然后分层回填并碾压密实。与单纯的堆载预压相比，加载的速率相对较快。在堆载结束后，进入联合预压阶段，直到地基变形的速率满足设计要求，停止抽真空，结束真空联合堆载预压。

5.2.3.2 技术指标

真空预压法的主要技术指标为：

（1）真空预压施工时首先在加固区表面用推机或人工铺设砂垫层，层厚约 0.5m。

（2）真空管路的连接点应密封，在真空管路中应设置止回阀和闸阀；滤水管应设在排水砂垫层中，其上覆盖厚度为 100～200mm 的砂层。

（3）密封膜热合黏结时宜用双热合缝的平搭接，搭接宽度应大于 15mm 且应铺设两层以上。密封膜的焊接或黏结的黏缝强度不能低于膜本身抗拉强度的 60%。

（4）真空预压的抽气设备宜采用射流真空泵，空抽时应达到 95kPa 以上的真空吸力，其数量应根据加固面积和土层性能等确定。

（5）抽真空期间真空管内真空度应大于 90kPa，膜下真空度宜大于 80kPa。

（6）堆载高度不应小于设计总荷载的折算高度。

（7）对主要以变形控制设计的建筑物地基，地基土经预压所完成的变形量和平均固结度应满足设计要求；对以地基承载力或抗滑稳定性控制设计的建筑物地基，地基土经预压后强度应满足建筑物地基承载力或稳定性要求。

5.2.3.3 适用范围

真空预压法的主要技术指标为该软土地基加固方法适用于软弱黏土地基的加固。在我国广泛存在着海相、湖相及河相沉积的软弱黏土层，这种土的特点是含水量大、压缩性高、强度低、透水性差。该类地基在建筑物荷载作用下会产生相当大的变形或变形差。对于该类地基，尤其需要大面积处理时，如在该类地基上建造码头、机场等，真空预压法以及真空堆载联合预压法是处理这类软弱黏土地基的较有效方法之一。

5.2.4 装配式支护结构施工技术

5.2.4.1 技术内容

装配式支护结构是以成型的预制构件为主体，通过各种技术手段在现场装配成为支护结构。与常规支护手段相比，该支护技术具有造价低、工期短、质量易于控制等特点，从而大大降低了能耗，减少了建筑垃圾，有较高的社会效益、经济效益与环保作用。

目前，市场上较为成熟的装配式支护结构有：预制桩、预制地下连续墙结构、预应力鱼腹梁支撑结构、工具式组合内支撑等。

预制桩作为基坑支护结构使用时，主要是采用常规的预制桩施工方法，如静压或者锤击法施工，还可以采用插入水泥土搅拌桩、TRD 搅拌墙或 CSM 双轮铣搅拌墙内的方法形成连续的水泥土复合支护结构。预应力预制桩用于支护结构时，应注意防止预应力预制桩发生脆性破坏并确保接头的施工质量。

预制地下连续墙技术即按照常规的施工方法成槽后，在泥浆中先插入预制墙段、预制桩、型钢或钢管等预制构件，然后将自凝泥浆置换成槽用的护壁泥浆，或直接以自凝泥浆护壁成槽插入预制构件，以自凝泥浆的凝固体填塞墙后空隙和防止构件间接缝渗水，形成地下连续墙。采用预制的地下连续墙技术施工的地下墙面光洁、墙体质量好、强度高，并可避免在现场制作钢筋笼和浇混凝土及处理废浆。近年来，在常规预制地下连续墙技术的基础上，又出现了一种新型预制连续墙，即不采用昂贵的自凝泥浆而仍用常规的泥浆护壁成槽，成槽后插入预制构件并在构件间采用现浇混凝土将其连成一个完整的墙体。该工艺是一种相对经济又兼具现浇地下墙和预制地下墙优点的新技术。

预应力鱼腹梁支撑技术，由鱼腹梁（高强度低松弛的钢绞线作为上弦构件，H 型钢作为受力梁，与长短不一的 H 型钢撑梁等组成）、对撑、角撑、立柱、横梁、拉杆、三角形节点、预压顶紧装置等标准部件组合并施加预应力，形成平面预应力支撑系统与立体结构体系，支撑体系的整体刚度高、稳定性强。本技术能够提供开阔的施工空间，使挖土、运土及地下结构施工便捷，不仅可显著改善地下工程的施工作业条件，而且大幅缩短和减少了支护结构的安装、拆除、土方开挖及主体结构施工的工期和造价。

工具式组合内支撑技术是在混凝土内支撑技术的基础上发展起来的一种内支撑结构体系，主要利用了组合式钢结构构件截面灵活可变、加工方便、适用性广的特点，可在各种地质情况和复杂周边环境下使用。该技术具有施工速度快、支撑形式多样、计算理论成熟、可拆卸重复利用、节省投资等优点。

5.2.4.2　技术指标

预制地下连续墙结构、预应力鱼腹梁支撑结构、工具式组合内支撑相应的主要技术指标为：

1. 预制地下连续墙

（1）通常预制墙段厚度较成槽机抓斗厚度小 20mm 左右，常用的墙厚有 580mm、780mm，一般适用于 9m 以内的基坑；

（2）应根据运输及起吊设备能力、施工现场道路和堆放场地条件，合理确定分幅和预制件长度，墙体分幅宽度应满足成槽稳定性要求；

（3）成槽顺序为先施工"L"形槽段，再施工"一"字形槽段；

（4）相邻槽段应连续成槽，幅间接头宜采用现浇接头。

2. 预应力鱼腹梁支撑

（1）型钢立柱的垂直度控制在 1/200 以内；型钢立柱与支撑梁托座要用高强螺栓连接。

（2）施工围檩时，牛腿平整度误差要控制在 2mm 以内，且不能下垂，平整度用拉绳和长靠尺或钢尺检查，如有误差则进行校正，校正后焊接固定。

（3）整个基坑内的支撑梁要求必须保证水平，并且支撑梁必须能承受架设在其上方的支撑自重和来自上部结构的其他荷载。

（4）预应力鱼腹梁支撑的拆除顺序是安装作业的逆顺序。

3. 工具式组合内支撑

（1）标准组合支撑构件跨度为 8m、9m、12m 等；

（2）竖向构件高度为 3m、4m、5m 等；

（3）受压杆件的长细比不应大于 150，受拉杆件的长细比不应大于 200；

（4）进行构件内力监测的数量不少于构件总数量的 15％；

（5）围模构件为 1.5m、3m、6m、9m、12m。

5.2.4.3 适用范围

（1）预制地下连续墙一般仅适用于 9m 以内的基坑，适用于地铁车站、周边环境较为复杂的基坑工程等；

（2）预应力鱼腹梁支撑适用于市政工程地铁车站、地下管沟基坑工程以及各类建筑物工程基坑。预应力鱼腹梁支撑适用于温差较小地区的基坑，当温差较大时应考虑温度应力的影响；

（3）工具式组合内支撑适用于周围建筑物密集、施工场地狭小、岩土工程条件复杂或软弱地基等类型的深大基坑。

5.2.5 地下连续墙施工技术

5.2.5.1 技术内容

地下连续墙，就是在地面上先构筑导墙，采用专门的成槽设备，沿着支护或深开挖工程的周边，在特制泥浆护壁条件下，每次开挖一定长度的沟槽至指定深度，清槽后，向槽内吊放钢筋笼，然后用导管法浇注水下混凝土，混凝土自下而上充满槽内并把泥浆从槽内置换出来，筑成一个单元槽段，并依此逐段进行，这些相互邻接的槽段在地下筑成的一道连续的钢筋混凝土墙体便是地下连续墙。地下连续墙施工技术，主要指的就是承载建筑物荷载的连续墙体。主要应用于地面之下，而且还能够有效防渗截水，并且起到良好的挡土支护作用。由于地下连续墙体具有良好的刚度、抗渗透性能等优点，因此被广泛应用在水利工程建设当中。地下连续墙施工如图 5-3 所示。

地下连续墙具有如下优点：

（1）施工低噪声、低震动，对环境的影响小；

（2）连续墙刚度大、整体性好，基坑开挖过程中安全性高，支护结构变形较小；

（3）墙身具有良好的抗渗能力，坑内降水时对坑外的影响较小；

（4）可作为地下室结构的外墙，可配合逆作法施工，缩短工期、降低造价。

目前，建筑领域地下连续墙深度已经超越了110m，随着技术的进步和城市发展的需求，地下连续墙将会向更深的深度发展。例如软土地区的超深地下连续墙施工，利用成槽机、铣槽机在黏土和沙土环境下各自具备的优点，以抓铣结合的方法进行成槽，并合理选用泥浆配比，控制槽壁变形，优势明显。

由于地下连续墙是由若干个单元槽段分别施工后再通过接头连成整体的，各槽段之间的接头有多种形式，目前最常用的接头形式有圆弧形接头、橡胶带接头、工字型钢接头、十字钢板接头、套铣接头等。其中橡胶带接头是一种相对较新的地下连续墙接头工艺，通过横向连续转折曲线和纵向橡胶防水带延长了可能出现的地下水渗流路线，接头的止水效果较以前的各种接头工艺有大幅改观。

目前，超深的地下连续墙多采用套铣接头，利用铣槽机可直接切削硬岩的能力，用其直接切削已成槽段的混凝土，在不采用锁口管、接头箱的情况下形成止水良好、致密的地下连续墙接头。套铣接头具有施工设备简单、接头水密性良好等优点。

5.2.5.2　技术指标

地下连续墙根据施工工艺，可分为导墙制作、泥浆制备、成槽施工、混凝土水下浇筑、接头施工等。其主要技术指标为：

（1）新拌制泥浆指标：比重1.03～1.1，黏度22～35s，胶体率大于98%，失水量小于30mL/30min，泥皮厚度小于1mm，pH值为8～9；

（2）循环泥浆指标：比重1.05～1.25，黏度22～40s，胶体率大于98%，失水量小于30mL/30min，泥皮厚度小于3mm，pH值为8～11，含砂率小于7%；

（3）清基后泥浆指标：密度不大于1.20，黏度20～30s，含砂率小于7%，pH值为8～10；

（4）混凝土：坍落度（200±20）mm，抗压强度和抗渗压力符合设计要求。

在实际工程中，以上参数应根据土的类别、地下连续墙的结构用途、成槽形式等因素适当调整，并通过现场试成槽试验最终确定。

5.2.5.3　适用范围

一般情况下地下连续墙适用于以下条件的基坑工程：

（1）深度较大的基坑工程，一般开挖深度大于10m才有较好的经济性；

（2）邻近存在保护要求较高的建（构）筑物，对基坑本身的变形和防水要求较高的工程；

（3）基坑内空间有限，地下室外墙与红线距离极近，采用其他围护形式无法满足留设施工操作空间要求的工程；

（4）围护结构亦作为主体结构的

图5-3　地下连续墙施工

一部分，且对防水、抗渗有较严格要求的工程；

（5）采用逆作法施工，地上和地下同步施工时，一般采用地下连续墙作为围护墙。

若欲有效减少水利工程险工的数量，在建设水利工程的过程中，就应该重视提高水利工程基础质量，不断提高对技术质量的控制程度。在水利工程建设过程中，充分合理的应用地下连续墙技术，从而进一步推进工程整体质量，最终推动水利工程更加稳定持续的进步与发展。

5.2.6　混凝土裂缝控制技术

在水利工程建设中，混凝土作为基础材料之一，其质量对水利工程的安全性能有着直接影响。混凝土浇筑完成后容易受到外界环境及自身功能的影响而出现裂缝，裂缝的存在直接会影响水利工程的承载能力和耐久性，尤其是防水性方面，对工程的安全稳定造成严重的威胁。因此，在水利工程的建设以及运行过程中，及时有效地对混凝土裂缝进行控制是十分必要的。

5.2.6.1　技术内容

混凝土裂缝控制与结构设计、材料选择与施工工艺等多个环节相关。结构设计主要涉及结构形式、配筋、构造措施及超长混凝土结构的裂缝控制技术等。材料方面主要涉及混凝土原材料控制和优选、配合比设计优化。施工方面主要涉及施工缝与后浇带、混凝土浇筑、水化热温升控制、综合养护技术等。

1. 结构设计对超长结构混凝土的裂缝控制要求

对于超长混凝土结构，如不在结构设计与工程施工阶段采取有效措施，将会引起不可控制的非结构性裂缝，严重影响结构外观、使用功能和结构的耐久性。超长结构产生非结构性裂缝的主要原因是混凝土收缩、环境温度变化在结构上引起的温差变形与下部竖向结构的水平约束刚度的影响。

为控制超长结构的裂缝，应在结构设计阶段采取有效的技术措施。主要应考虑以下几点：

（1）对超长结构宜进行温度应力验算，进行温度应力验算时应考虑下部结构水平刚度对变形的约束作用、结构合拢后的最大温升与温降及混凝土收缩带来的不利影响，并应考虑混凝土结构徐变对减少结构裂缝的有利因素与混凝土开裂对结构截面刚度的折减影响；

（2）为有效减少超长结构的裂缝数量，对大柱网公共建筑可考虑在楼盖结构与楼板中采用预应力技术，楼盖结构的框架梁应采用有黏接预应力技术，也可在楼板内配置构造无黏接预应力钢筋，建立预压力，以减小由温度下降引起的拉应力，对裂缝进行有效控制；除了施加预应力以外，还可适当加强构造配筋、采用纤维混凝土等用于减少超长结构裂缝数量的技术措施；

（3）设计时应对混凝土结构施工提出要求，如对大面积底板混凝土浇筑时采用分仓法施工，对超长结构采用设置后浇带与加强带，以减少混凝土收缩对超长结构裂缝的影响；当大体积混凝土置于岩石地基上时，宜在混凝土垫层上设置滑动层，以减轻岩石地基对大体积混凝土的约束作用。

2. 原材料要求

（1）水泥宜采用符合现行国家标准规定的普通硅酸盐水泥或硅酸盐水泥；大体积混凝土宜采用低热矿渣硅酸盐水泥或中、低热硅酸盐水泥，也可使用硅酸盐水泥同时复合大掺量的矿物掺合料；水泥比表面积宜小于 $350m^2/kg$，水泥碱含量应小于 0.6%；用于生产混凝土的水泥温度不宜高于 $60℃$，不应使用温度高于 $60℃$ 的水泥拌制混凝土。

（2）应采用二级或多级级配粗骨料，粗骨料的堆积密度宜大于 $1500kg/m^3$，紧密堆积密度的空隙率宜小于 40%；骨料不宜直接露天堆放、曝晒，宜分级堆放，堆场上方宜设罩棚；高温季节的骨料使用温度不宜高于 $28℃$。

（3）根据需要，可掺加短钢纤维或合成纤维的混凝土裂缝控制技术措施；合成纤维主要是抑制混凝土早期塑性裂缝的发展，钢纤维的掺入能显著提高混凝土的抗拉温度、抗弯强度、抗疲劳特性及耐久性；纤维的长度、长径比、表面性状、截面性能和力学性能等应符合国家有关标准的规定，并根据工程特点和制备混凝土的性能选择不同的纤维。

（4）宜采用高性能减水剂，并根据不同季节和不同施工工艺分别选用标准型、缓凝型或防冻型产品；高性能减水剂引入混凝土中的碱含量（以 $Na_2O+0.658K_2O$ 计）应小于 $0.3kg/m^3$；引入混凝土中的氯离子含量应小于 $0.02kg/m^3$；引入混凝土中的硫酸盐含量（以 Na_2SO_4 计）应小于 $0.2kg/m^3$。

（5）采用的粉煤灰矿物掺合料，应符合现行国家标准《用于水泥和混凝土中的粉煤灰》（GB/T 1596—2017）的规定；粉煤灰的级别不宜低于 Ⅱ 级，且粉煤灰的需水量比不宜大于 100%，烧失量宜小于 5%。

（6）采用的矿渣粉矿物掺合料，应符合《用于水泥和混凝土中的粒化高炉矿渣粉》（GB/T 18046—2000）的规定；矿渣粉的比表面积宜小于 $450m^2/kg$，流动度比应大于 95%，28d 活性指数不宜小于 95%。

3. 配合比要求

（1）混凝土配合比应根据原材料品质、混凝土强度等级、混凝土耐久性以及施工工艺对工作性的要求，通过计算、试配、调整等步骤选定。

（2）配合比设计中应控制胶凝材料用量，C60 以下混凝土最大胶凝材料用量不宜大于 $550kg/m^3$，C60、C65 混凝土胶凝材料用量不宜大于 $560kg/m^3$，C70、C75、C80 混凝土胶凝材料用量不宜大于 $580kg/m^3$，自密实混凝土胶凝材料用量不宜大于 $600kg/m^3$；混凝土最大水胶比不宜大于 0.45。

（3）对于大体积混凝土，应采用大掺量矿物掺合料技术，矿渣粉和粉煤灰宜复合使用。

（4）纤维混凝土的配合比设计应满足《纤维混凝土应用技术规程》（JGJ/T 221—2010）的要求。

（5）配制的混凝土除满足抗压强度、抗渗等级等常规设计指标外，还应考虑满足抗裂性指标要求。

（6）大体积混凝土宜采用长龄期强度作为配合比设计、强度评定和验收的依据。

基础大体积混凝土强度龄期可取为 60d（56d）或 90d；柱、墙大体积混凝土强度等级不低于 C80 时，强度龄期可取为 60d（56d）。

4. 施工要求

（1）大体积混凝土施工前，宜对施工阶段混凝土浇筑体的温度、温度应力和收缩应力进行计算，确定施工阶段混凝土浇筑体的温升峰值、里表温差及降温速率的控制指标，制订相应的温控技术措施。一般情况下，温控指标宜符合下列要求：夏（热）期施工时，混凝土入模前模板和钢筋的温度以及附近的局部气温不宜高于 0℃，混凝土入模温度不宜高于 30℃，混凝土浇筑体最大温升值不宜大于 50℃；在覆盖养护期间，混凝土浇筑体的表面以内（40～100mm）位置温度与浇筑体表面的温度差值不应大于 25℃；结束覆盖养护后，混凝土浇筑体表面以内（40～100mm）位置温度与环境温度差值不应大于 25℃；浇筑体养护期间内部相邻两点的温度差值不应大于 25℃；混凝土浇筑体的降温速率不宜大于 2℃/日。

基础大体积混凝土测温点设置和柱、墙、梁大体积混凝土测温点设置及测温要求应符合《混凝土结构工程施工规范》（GB 50666—2017）的要求。

（2）超长混凝土结构施工前，应按设计要求采取减少混凝土收缩的技术措施，当设计无规定时，宜采用下列方法：

分仓法施工：对大面积、大厚度的底板可留设施工缝分仓浇筑，分仓区段长度不宜大于 40m，地下室侧墙分段长度不宜大于 16m；分仓浇筑间隔时间不应少于 7d，跳仓接缝处按施工缝的要求设置和处理。

后浇带施工：对超长结构一般应每隔 40～60m 设一宽度为 700～1000mm 的后浇带，缝内钢筋可采用直通或搭接连接；后浇带的封闭时间不宜少于 45d；后浇带封闭施工时应清除缝内杂物，采用强度提高一个等级的无收缩或微膨胀混凝土进行浇筑。

（3）在高温季节浇筑混凝土时，混凝土入模温度应低于 30℃，应避免模板和新浇筑的混凝土直接受阳光照射；混凝土入模前模板和钢筋的温度以及附近的局部气温均不应超过 40℃；混凝土成型后应及时覆盖，并应尽可能避免在炎热的白天浇筑混凝土。

（4）在相对湿度较小、风速较大的环境下浇筑混凝土时，应采取适当挡风措施，防止混凝土表面失水过快，此时应避免浇筑有较大暴露面积的构件；在雨期施工时，必须有防雨措施。

（5）混凝土的拆模时间除考虑拆模时的混凝土强度外，还应考虑拆模时的混凝土温度不能过高，以免混凝土表面接触空气时降温过快而开裂，更不能在此时浇凉水养护；在混凝土内部开始降温以前以及混凝土内部温度最高时不得拆模。一般情况下，结构或构件混凝土的里表温差大于 25℃、混凝土表面与大气温差大于 20℃时不宜拆模；大风或气温急剧变化时不宜拆模；在炎热和大风干燥季节，应采取逐段拆模、边拆边盖的拆模工艺。

（6）混凝土综合养护技术措施。对于高强混凝土，由于其水胶比较低，可采用混凝土内掺养护剂的技术措施；对于竖向等结构，为避免间断浇水导致混凝土表面干湿交替，从而对混凝土产生不利影响，可采取外包节水养护膜的技术措施，保证混凝土表面的持续湿润。

（7）纤维混凝土的施工应满足《纤维混凝土应用技术规程》（JGJ/T 221—2010）的规定。

5.2.6.2 技术指标

混凝土的工作性、强度、耐久性等应满足设计要求，关于混凝土的抗裂性能的检测评价方法主要如下：

（1）圆环抗裂试验，见《混凝土结构耐久性设计与施工指南》（CCES 01—2004）附录 A1；

（2）平板诱导试验，见《普通混凝土长期性能和耐久性能试验方法标准》（GB/T 50082—2009）；

（3）混凝土收缩试验，见《普通混凝土长期性能和耐久性能试验方法标准》（GB/T 50082—2009）。

5.2.6.3 适用范围

适用于各种混凝土结构工程，特别是超长混凝土结构，如工业与民用建筑、隧道、码头、桥梁及高层、超高层混凝土结构等。

5.2.7 常态混凝土防裂技术

5.2.7.1 技术研究背景

混凝土是当今工程中用量最大的建筑材料，随着混凝土科学研究的不断进步，尤其是各种化学外加剂和矿物掺合料的广泛应用，混凝土的性能得到了极大提高。但是，不论是普通混凝土，还是高性能混凝土，混凝土的开裂问题始终是困扰工程界的一大难题。裂缝一旦产生，一方面会降低混凝土结构的承载力；另一方面，大大加速各种侵蚀介质进入混凝土内部，最终导致混凝土开裂破坏，极大降低了混凝土结构的耐久性。现代混凝土研究证实，在尚未受荷的混凝土中存在着肉眼看不见的微观裂缝。

混凝土的微裂缝主要有 3 种，如图 5-4 所示：

（1）黏着裂缝，是指骨料与水泥石的黏结面上的裂缝，主要沿骨料周围出现。

（2）水泥石裂缝，是指水泥浆中的裂缝，出现在骨料与骨料之间。

（3）骨料裂缝，是指骨料本身的裂缝。

混凝土中微裂缝的存在，对于混凝土的基本物理力学性质如弹塑性、徐变、强度、变形、泊松比、结构刚度等有重要的影响。

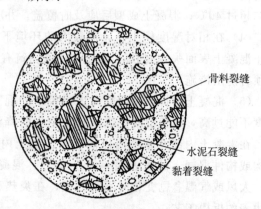

图 5-4 裂缝模型示意图

（骨料裂缝、水泥石裂缝、黏着裂缝）

实际工程结构的裂缝，绝大多数由抗拉强度和抗拉变形不足而引起。产生微裂缝的原因可按混凝土的构造理论加以解释，即认为混凝土为由集料、水泥石、气体、水分等组成的非均质材料。混凝土水化和硬化的同时，产生了不均匀的体积变形：水泥石收缩程度较大，集料收缩程度小；水泥石的热膨胀系数大，集料较小。它们之间的非自由变形产生了相互约束应力。

混凝土微裂缝是肉眼不可见的。肉眼可见裂缝范围一般以 0.05mm 为界，大于或等于 0.05mm 的裂缝称为宏观裂缝，宏观裂缝是微观裂缝扩展的结果。一般工业及民用建筑中，宽度小于 0.05mm 的裂缝对使用功能没有影响，因此可以假定小于 0.05mm 裂缝的结构为无裂缝结构。总的来说，混凝土有裂缝是绝对的，无裂缝是相对的，裂缝控制的目的就是将混凝土控制在无大于 0.05mm 裂缝的状态。近代混凝土亚微观结构的研究也充分证明了微裂缝的存在是材料本身固有的物理性质。

如何提高混凝土结构的抗裂能力，是亟须解决的问题之一。裂缝是混凝土结构中容易产生且难以防止的一种病害现象。其类型众多，形成的因素复杂，尤其是在温差较大的季节和地区，很容易使混凝土结构产生裂缝。混凝土裂缝主要有塑性收缩裂缝、自收缩裂缝、干燥收缩裂缝、温度收缩裂缝、沉降裂缝、冻胀裂缝、施工裂缝等。有统计资料表明，由外部荷载引起的裂缝数量约占总裂缝数的 20%，而由收缩变形荷载引起的裂缝数量约占 80%，研究和解决由收缩变形荷载引起的裂缝问题是解决混凝土开裂的主要手段。抑制混凝土收缩开裂的途径主要有两类：一是减少收缩，如减少水泥用量，降低水化热温升，从而降低温度收缩或使用膨胀剂来补偿收缩；二是提高混凝土的极限拉伸值，从而提高混凝土的抗裂能力，如在混凝土中掺入纤维或各种外加剂等。

5.2.7.2 防裂技术

从前面叙述的混凝土的开裂原因可知，防止混凝土的收缩裂缝，需要从混凝土材料、施工工艺和结构设计等方面进行系统研究。其中，混凝土材料是基础，材料性能指标不仅决定其使用性能，也是设计和施工的基本参数，目前比较成熟的混凝土防裂技术主要有 3 项，即补偿收缩混凝土防裂技术、纤维混凝土防裂技术和低胶低热混凝土防裂技术，这 3 项技术已经在国内得到不同程度的推广应用，取得了预期的使用效果。现分述如下。

1. 补偿收缩混凝土

补偿收缩混凝土是在水泥中掺入膨胀剂或直接用膨胀水泥拌制而成的一种特种混凝土，当膨胀受到约束产生 0.2～0.7MPa 预压应力，能大致地抵消混凝土中出现的拉应力。研究表明，水泥与水拌和后产生的化学减缩约为 7～9mL/100g 水泥，当混凝土中水泥用量为 380kg/m³ 时，其化学减缩达 26.6～34.2L/m³，内部形成了许多孔缝，每 100g 水泥浆可蒸发水达 6mL，故水泥砂浆一般干缩值为 0.1%～0.2%，混凝土为 0.04%～0.06%，当混凝土内外温差为 10℃ 时，其冷缩值约为 0.01%。构筑物产生裂缝的原因是十分复杂的，就材料而言，混凝土的收缩和徐变是主要原因，水泥化学工作者的任务之一就是研究如何使水泥产生适度膨胀，补偿混凝土的各种收缩，使其不裂或少裂，经过几十年的研究，这一难题已得到逐步解决。膨胀混凝土补偿收缩机理是许多研究者感兴趣的问题之一，围绕这个问题各国学者提出了不同的看法。传统的补偿收缩模式认为只要混凝土的收缩不超过 S_k（混凝土的极限延伸率），混凝土便不会开裂。从这个观点出发，限制膨胀时，膨胀率大，收缩后达不到 S_k，因此混凝土不会出现开裂现象。

不能单纯地把膨胀值作为衡量补偿收缩混凝土抗裂性能好坏的标准。除膨胀值外，混凝土本身的某些性能（包括强度、徐变等）也是有关混凝土开裂的重要因素。大量试验已经证明，对补偿收缩混凝土施加限制后，其强度有不同程度的增加，从而提高了混凝土的抗裂性能。

补偿收缩混凝土的特点主要有：①由于补偿收缩混凝土在养护期间产生 0.2～0.7MPa 的自应力值，可大致抵抗由于干缩、冷缩等引起的拉应力，并由于在膨胀过程中推迟了混凝土收缩发生的时间，混凝土抗拉强度得以进一步增长，当混凝土开始收缩时，其抗拉强度已可以或基本可以抵抗收缩应力，从而使混凝土不开裂。②若采用普通混凝土，则总收缩的量比较大，所以，规范要求约 30m 设伸缩缝或后浇带，用以释放因收缩变形产生的拉应力，采用补偿收缩混凝土后，设伸缩缝或后浇带一般可延长至 60m。③补偿收缩混凝土的另一特点是抗渗能力强，这是由于水泥水化过程中形成了膨胀结晶体——水化硫铝酸钙，它具有填充、堵塞毛细孔缝的作用。

补偿收缩混凝土与普通混凝土的主要区别在于：①限制膨胀的作用改善了混凝土的应力状态；②由于钙矾石填孔的作用，水泥石中的大孔变小，总孔隙率减小，这改善了混凝土的孔结构，从而提高了混凝土的抗渗性。

2. 纤维混凝土

纤维混凝土属于纤维复合材料，只是与玻璃钢等材料相比，纤维用量较少，且混凝土基体的破坏应变比纤维小很多，所以其中的纤维不是用来增强基体的刚度和强度的，而是提高基体开裂后的韧性。研究表明，当纤维的掺加量达到临界纤维体积时，纤维将承担全部荷载，有可能产生多缝开裂状态，这是人们希望的情况，因为它基本上改变了混凝土材料的单缝开裂、断裂性能低的情况，而成了一种假延性材料。这种材料能吸收暂时的、较小的过载荷重及冲击荷重，很少看得出损坏。

已经用于水泥混凝土中的纤维有许多种，如钢纤维、玻璃纤维、碳纤维和聚丙烯纤维（杜拉纤维）等，其中碳纤维由于价格高昂，目前仅在加固修补中少量使用；玻璃纤维因为在普通混凝土中存在腐蚀问题，也没有使用于承重结构方面，仅作为维护结构和装饰制品，如 GRC 制品；在混凝土结构工程中使用较多的还是钢纤维和聚丙烯纤维，钢纤维混凝土中乱向分布的短纤维的主要作用在于阻碍混凝土内部微裂缝的扩展和阻止宏观裂缝的发生和发展，因此对于其抗拉强度和主要由主拉应力控制的抗弯、抗剪、抗扭强度等有明显的改善作用，当纤维体积率在 1%～2% 范围内，抗拉强度提高 40%～80%，抗弯强度提高 60%～120%，用直接双面剪试验所测定的抗剪强度提高 50%～100%，抗压强度提高幅度较小，一般为 0%～25%。钢纤维混凝土中，纤维体积率、长径比、几何形状、分布和取向以及纤维与混凝土之间的黏结强度都是影响钢纤维混凝土力学性能的主要因素。当纤维含量较小时，对混凝土起不到增强作用，钢纤维混凝土仍然呈现普通混凝土的破坏特性，因此钢纤维体积率不应小于 0.5%。

但是，纤维体积率也不能过大，纤维过多将使施工拌和更加困难，纤维不可能均匀分布，同时，包裹在每根纤维周围的水泥胶体少，钢纤维就会因纤维与基体间黏结不足而被过早破坏。长径比越大，其对混凝土的增强效果就越好，但过长、过细的钢纤维在与混凝土拌和过程中容易结团弯折，使纤维难以均匀分布和配向良好。只有在适当的纤维体积率和纤维长径比内，钢纤维混凝土的力学性能才会随纤维体积率和长径比的增大而得到明显改善。

钢纤维混凝土弹性阶段的变形性能与其他条件相同的普通混凝土没有显著差别，受压弹性模量和泊松比与普通混凝土基本相同，受拉弹性模量随纤维掺量增加有 0%～20% 的小幅度提高，在设计中可以忽略这种差别。在通常的纤维掺量下，抗压韧性可提高 2～7 倍，抗弯韧性可提高几十倍到上百倍，弯曲冲击韧性可提高 2～4 倍。国内使用较多的聚丙烯纤维也称 PP 纤维，掺量约 0.8～1.0kg/m³，短切乱向分布于混凝土中，与钢纤维相比具有价格低、施工性好的特点，但因弹性模量比混凝土低，且掺量太少，故对混凝土物理力学性能没有贡献，仅在混凝土凝结硬化初期对塑性裂缝有一定的抑制作用，混凝土凝结硬化之后，强度和弹性模量增加，聚丙烯纤维即不起作用。

3. 低胶低热混凝土

多年来，国内外的水泥混凝土专业科技人员做了很多研究及开发工作，使混凝土技术从普通强度混凝土发展到了高强度混凝土与高性能混凝土。近年来国外已有研究人员在研究低水泥用量的混凝土；国内吴中伟院士也提出"环保高效水泥基材料"的命题。低水泥用量混凝土，就是以较大幅度节约自然矿产资源、节约能源、控制和减少污染、控制环境负荷为目的，拟通过试验研究，使大宗混凝土中的水泥用量降低 30% 以上。目前我国水泥混凝土配制中，每立方普通强度混凝土消耗水泥 300～400kg，占拌和物总重量的 12.5%～16.7%；每立方较高强度的混凝土消耗水泥 500～550kg，占拌和物总重量的 20.8%～23%；在低水泥用量混凝土中，水泥用量占拌和物总重量的比例应努力降低至 6%～12%，争取实现在水泥熟料年产量与目前相比基本不增加的前提下，满足混凝土用量翻一番的社会需求。

近百年来，混凝土的发展趋势是强度不断提高。20 世纪 30 年代平均为 10MPa，20 世纪 50 年代约为 20MPa，20 世纪 60 年代约为 30MPa，20 世纪 70 年代已上升到 40MPa，发达国家越来越多地使用强度为 50MPa 以上的高强混凝土，这是由于使用部门不断提高强度的要求。片面提高强度尤其是早期强度而忽视其他性能，造成水泥生产向大幅度提高磨细程度和增加硅酸三钙、铝酸三钙的含量发展，水泥 28d 胶沙抗压强度从 30MPa 猛增到 60MPa，增加了水化热，降低了抗化学侵蚀的能力，流变性能变差。提高混凝土强度的方法除采用高标号水泥外，更多的是增加单方水泥用量，降低水灰比与单方用水量。因此混凝土的和易性随之下降，施工时振捣不足，易引起质量事故。直到 20 世纪 80 年代，混凝土耐久性问题愈显尖锐，因混凝土材质劣化和环境等因素的侵蚀，混凝土建筑物出现破坏失效甚至崩塌等事故，造成巨大损失，加上施工能耗、环境保护等问题，传统的水泥混凝土已显示出不可持续发展的缺陷。

水工混凝土防裂问题是当今水电工程建设中面临的主要技术难题。解决水工混凝土的裂缝，首先应优化水工混凝土配合比，解决水工混凝土绝热温升和温控问题。经应用研究表明：采用普通硅酸盐水泥、I 级粉煤灰等无特殊要求的混凝土原材料，辅以高性能减水剂配制的低热高性能混凝土，粉煤灰掺量在碾压混凝土中达 70%～80%，在常态混凝土中可提高到 40%～60%。混凝土的工作性能、耐久性能均有较大幅度的改善，混凝土的抗裂性能得到提高，同时具有较明显的经济效益、环保效益和社会效益，在水电工程中具有很好的推广价值。

低热混凝土具有常规混凝土所不具备的早期低热、后期强度发展快等优点。除了经济因素外，目前制约着低热混凝土广泛使用的主要因素是其早龄期的低强度，但是低强度并不一定意味着低的抗裂性能。水工大体积混凝土开裂的主要原因是温度应力，其产生与温度梯度和混凝土的自身性质均有关，而温度断裂试验是个可以综合考虑混凝土自身性质和外界温度条件的试验手段，值得深入进行研究探讨。

综上所述混凝土的抗裂性能首先从配合比上进行优化，良好的配合比离不开优选的混凝土原材料，如水泥、粉煤灰、砂石骨料、外加剂等。水泥宜优先采用中热或低热硅酸盐水泥；粉煤灰宜选用需水量比低的Ⅰ级粉煤灰或准Ⅰ级粉煤灰，其在混凝土中具有较好的减水效应；砂石骨料尽量选择表面黏结良好、弹性模量低、级配良好的骨料，例如灰岩、白云岩等碳酸盐骨料，其混凝土线膨胀系数明显低于板岩、砂岩、花岗岩、天然骨料等硅质岩骨料的混凝土线膨胀系数，从而提高混凝土抗裂性能；外加剂宜选用减水率高、有一定含气量的优质减水剂，如聚羧酸系高性能减水剂，并和优质引气剂复合使用，可以最大限度地减少混凝土中的用水量，从而降低混凝土中的胶凝材料用量及温升值，达到提高混凝土抗裂性能的目的。

另外混凝土的抗裂性能与混凝土的极限拉伸值、轴心抗拉强度成正比；与混凝土的线膨胀系数、抗拉弹性模量成反比。

补偿收缩混凝土是在混凝土中掺入膨胀剂或直接用膨胀水泥拌制而成的一种特种混凝土，产生适度膨胀，膨胀受到约束产生的预压应力，能大致地抵消混凝土自身出现的拉应力，补偿混凝土的各种收缩，使其不裂或少裂。

纤维混凝土属于纤维复合材料，混凝土中的纤维不是用来增强基体的刚度和强度的，而是提高基体开裂后的韧性。所以纤维混凝土的重点在于提高水泥混凝土基体开裂后纤维的承载能力，将裂缝控制在无害的范围。

对低热高性能水工混凝土采用高掺Ⅰ级或Ⅱ级粉煤灰的思路，将常态混凝土中的粉煤灰掺量提高到40%～60%，突破了现行规程、规范的技术标准要求。粉煤灰掺量大幅度提高后，使得混凝土的水胶比、用水量大幅度降低，水胶比的降低和粉煤灰的微集料填充作用、二次水化作用，使得混凝土微结构中的有害孔隙（毛细孔）大幅度减少，干燥收缩程度明显小于普通混凝土，抗渗性能明显优于普通混凝土，有利于降低混凝土的开裂风险，有效改善了混凝土的抗裂性能，简化了温控措施，降低了混凝土的综合造价，加快了施工进度，取得了显著的经济社会效益，推动了行业的技术进步。

5.2.8　超高粉煤灰掺量技术

5.2.8.1　技术研究背景

人类能源消费的剧增、化石燃料的匮乏乃至枯竭，以及生态环境的日趋恶化迫使我们不得不思考人类的能源问题。国民经济的可持续发展依靠能源的可持续供给，这就使得人们必须研究和开发新能源和可再生能源。然而，由于种种原因，包括太阳能、风能、水能在内的巨大数量的能源，可以利用的仅占微乎其微的比例，因而，继续发展的潜力是巨大的。水电能源作为可再生、清洁能源之一，越来越受到各国的高度重视，近年来，许多发展中国家相继制定了一系列发展水电能源的政策。

水泥混凝土已经成为当今筑坝工程建设中使用的最大宗和最主要的结构材料。据不完全统计，世界水泥年产量已超过 15 亿 t，折合成混凝土应不少于 60 亿 m^3。与其他常用建筑材料（如钢筋、木材、塑料等）相比，水泥混凝土具有生产能耗相对较低、原料来源广、工艺简便，同时有耐久、防火、适应性强、应用方便等特点，因此在今后相当长的时间内，水泥混凝土仍将是应用最广、用量最大的建筑材料。大坝建设中大量使用的水泥是能源和资源消耗大户，在水泥的生产过程中会产生大量的 CO_2，一般生产 1t 水泥熟料将排放 1t 的 CO_2 气体，给全球造成环境污染、温室效应和全球气候变暖等一系列不利影响。而且我国水泥行业已经进入低速发展期，不得不直面产能过剩在加剧、能源和环境的约束力在加强等问题，在全球可持续发展的进程中，迫切需要用其他辅助胶凝材料来大比例替代水泥，减少水泥用量，降低水泥带来的不利影响。

自 20 世纪 80 年代末期至 20 世纪 90 年代初期，我国水电工程筑坝混凝土材料研究人员开始研究在工程中使用粉煤灰作为掺合料代替水泥。我国是煤炭资源丰富的国家，是世界最大的煤炭生产国和消费国，至 2013 年底，全国粉煤灰产生量为 5.8 亿 t，按一亩地堆放约 1500t 粉煤灰计算，估计占用 40 万亩农田，而且大量存储的粉煤灰会造成空气、水环境的污染，破坏生态平衡，产生严重的环境和社会问题。因此，如何充分发挥我国水电资源优势，全面提升混凝土筑坝材料的性能，通过混凝土筑坝材料的科学技术创新，将会造成二次污染的大量粉煤灰建筑材料资源化，在混凝土筑坝材料中高值化综合利用并借此全面提升混凝土筑坝材料的性能，尤其是提高混凝土筑坝材料的可施工性能、适宜的强度，满足设计要求的力学性能特别是耐久性能，建设安全、高效、耐久的水电工程，并节约资源和能源、保护环境，走可持续发展的水电建设道路，这便是技术的背景。

5.2.8.2 技术特点

超高粉煤灰掺量的水工混凝土是一种既能大规模利用工业废料来大幅度减少水泥用量，并满足早期强度发展需要，又能显著降低水化温升、减小开裂风险的既经济又环保的混凝土。超高粉煤灰掺量技术的特点表现在以下方面。

（1）采用普通混凝土所用的传统材料——P.O42.5 普通硅酸盐水泥、Ⅱ级粉煤灰人工砂石骨料，通过"三低一高"（低水胶比、低用水量、低水泥用量、高粉煤灰掺量）这种配合比设计理念的更新和技术的创新，赋予普通混凝土材料以高性能，使得混凝土结构的性能得到大幅度提升。以各组成材料的相容性、协调性和协同效应为目标，以混凝土的工作性能、力学性能和耐久性能为控制指标，优化各组成材料的比例，在宏观性能方面充分发挥粉煤灰的火山灰效益，平衡出机混凝土工作性、硬化混凝土强度与强度发展以及抗冻耐久性之间的关系，为工程应用提供可靠的数据支持；并从微观结构方面研究混凝土材料的作用机理及其反应机理，从材料学理论原理解析混凝土的高性能。

（2）在超高粉煤灰掺量、低水胶比、低水泥用量和低用水量条件下，以满足设计要求的强度等级为控制指标，研究用于不同结构部位的超高粉煤灰掺量水工混凝土的各种龄期强度与强度发展，尤其是长龄期强度的变化。根据发展变化的规律，充分利用粉煤灰在胶凝体系中的二次水化活性作用，提出以 60d、90d 甚至是 180d 为超高粉煤灰掺量的水工混凝土结构强度等级设计龄期的理论依据。

（3）利用 F-SEM、EDXA 以及无电极非接触式电阻率测定仪等现代微观测试技术，对超高掺粉煤灰水工混凝土胶凝材料微观结构的形成机理以及传输特性进行分析，研究粉煤灰与水泥熟料组合后的火山灰反应活性与胶凝性，掌握根据组分相反应程度来预测水化相组构关系的规律，构建基于微观结构参数的超高掺量的粉煤灰混凝土性能理论基础。

（4）以贵州省北盘江董箐水电站（钢筋混凝土面板堆石坝，坝高 150m）、贵州省芙蓉江沙阡水电站（碾压混凝土重力坝，坝高 50m，第一次全坝段采用了超高粉煤灰掺量碾压混凝土技术）、贵州省北盘江马马崖一级水电站（碾压混凝土重力坝，坝高 109m，百米级大坝全断面采用了超高粉煤灰掺量碾压混凝土及三级配混凝土防渗的筑坝技术）等具有代表性的水电工程为依托，实施超高粉煤灰掺量的水工混凝土材料施工及其应用研究。实践表明：通过"三低一高"的配合比设计理念，常态混凝土的粉煤灰掺量能提高到 40%～60%，碾压混凝土的粉煤灰掺量能提高到 65%～75%，而且各种混凝土出机性能符合施工需要，硬化后的结构各项性能均满足设计要求，特别是在董箐水电站 C30 溢洪道边墙混凝土的应用中，50% 粉煤灰掺量的单个浇筑块内未出现一条裂缝，充分体现了超高粉煤灰掺量混凝土高抗裂性的特点。

超高粉煤灰掺量的水工混凝土技术大幅度减少了水泥用量、降低了混凝土温升、简化了结构温控防裂措施、节约了工程成本，更重要的是通过对固体废弃物——粉煤灰的更充分利用，体现了环境保护、资源节约型的筑坝材料的节能环保先进理念，它对支撑水电水利工程建设及其技术水平的提高与可持续发展，具有战略性和高瞻性的科技创新作用，为国家社会与经济发展做出了相应的贡献。

5.2.9　岸坡防护生态工程技术

传统的河道整治工程从稳定河道的目的出发，常采用抛石护岸、砌石护坡等岸坡防护措施。这些工程措施会对河道岸坡自然栖息地环境造成不同程度的影响。在水泥等现代材料出现以前，岸坡防护工程主要采取木、石、柴排等天然建筑材料，这些材料相对比较自然，对生物栖息地环境的冲击比较小。但伴随着混凝土、土工膜等材料的应用，河流渠道化问题凸现，造成生物栖息地丧失或连续性中断，加速了栖息地破碎化与边缘效应的发生，同时也造成了水体物理及化学过程的变化，使河流廊道的潜在栖息地消失，水体质量下降，进一步加重了人类干扰对河流生态系统的冲击。

随着社会的发展，人们对生态和环境的要求越来越高，水利工程中河流岸坡防护设计除应考虑结构安全、稳定和耐久性等技术要求，还要兼顾改善河流周边生态环境和城市景观的需求。传统的护坡形式如浆砌石、现浇混凝土、预制砼板等，不太适应现阶段生态环保和可持续发展的理念，因此需考虑引入一些新的生态护坡结构形式。近年来，开发和应用兼具生态保护、资源可持续利用以及符合工程安全需求的岸坡防护生态工程技术，已经成为河流整治工程的创新内容。所谓生态工程技术是指人类基于对生态系统的认知，为实现生物多样性保护及可持续性发展所采取的以生态为基础、安全为导向，对生态系统损伤最小的可持续系统工程的设计总称。它所遵循的原则可概括为：规模最小化、外形缓坡化、内外透水化、表面粗糙化、材质自然化及成本经济化。

下面将介绍近几年在国内水利工程中应用较多的新型护坡技术，其中包括岸坡植被、梢料排、梢料层、梢料捆、三维土工网垫、底柱表孔型现浇绿化混凝土、生态袋柔性护坡技术等。

5.2.9.1　岸坡植被

岸坡植被系统可降低土壤孔隙压力，吸收土壤水分。同时植物根系能提高土体的抗剪强度，增强土体的黏聚力，从而使土体结构趋于坚固和稳定。此外，还可截留降雨，延滞径流，削减洪峰流量，调节土壤湿度，减少风力对土壤表面的影响。岸坡植被系统通过拦截、蒸发蒸腾和存储等方式来促进土壤水循环，促进土壤发育和表层活土的形成，调节近地面温度和湿度以促进植物生长。因此植被系统能减少水流和波浪对河道岸坡的侵蚀淘刷，提供并改善多种生境，有助于水陆过渡带的生态功能和生物多样性的恢复。

目前，在很多河道整治工程中，为了营造园林景观，广泛采用在堤坡种植草皮的工程方案。但是，园林绿化草皮或根系浅的植物只适于水土保持以及浅层土体的防护，不适合河道岸坡的侵蚀防护，对栖息地的修复效果也不显著。因此，需要结合工程区本土物种的调查，选择适宜的本土物种进行岸坡植被防护，并适当引入观赏植物和水质净化功能强的植物，增强自然审美情趣，改善水质。在植物物种选择中，必须根据河流生态修复目标，选择与目标要求相一致的多种本土物种。

对于采用植被措施进行岸坡防护的工程，一般要在工程初期采取一些辅助工程措施进行临时性的岸坡侵蚀防护。在淘刷侵蚀比较严重的区域可先种植一些发育比较快、适于不同季节要求的草类或其他物种，如冬小麦等。也可以采用可降解植物纤维垫等生态工程技术。岸坡的长期稳定性主要依赖于在岸坡区域内靠自然恢复能力所逐渐形成的植物群落，这些植物群落也具有其他的物理、化学和生物作用。浙江省海宁市辛江塘河流生态修复示范工程中对于岸坡植被进行了有效利用。

5.2.9.2　抛石

抛石措施在国内外河道整治工程中应用非常广泛。如能在传统技术的基础上结合植被种植等措施，即可达到兼顾加强和改善河岸栖息地的目的。抛石措施应符合粒径和级配要求，如果经济和施工条件允许，还应在抛石结构底部设置碎石或土工布后滤层，以达到促淤效果，为植物生长创建必要的基础条件。可在块石间隙扦插活枝条和木桩，或在水流相对平缓的区域内将大型树木残骸规则地放置在块石之间，也可以依赖自然修复力，在抛石缝隙间形成野生植被。

该项技术施工简单，块石适应性强，已抛块石对河道岸坡和河床的后期变形可做自我调整。块石有很高的水力糙率，可减小波浪的水流作用，保护河岸土体抵御冲刷侵蚀。但在水流长期作用下，部分石块会逐渐损失，因而需要进行经常性的维护加固。

如果在抛石底部设置碎石或土工布反滤层，则可有效解决土体侵蚀和块石流失问题，且具备促淤作用。

块石孔隙可为鱼类和其他野生动物提供多样性的栖息地环境，活枝条生长后形成的植被既可消散能量、减缓流速、促进携带营养物的泥沙淤积，也可为野生动物提供产卵环境、遮阴和落叶食物，同时也是河流的一个营养物输入途径，同时形成天然景观，提升岸坡的整体美学价值。大型木头残骸可为鱼类提供遮蔽层、低流速区域，并为河流提供营养物质，也可减少河床冲刷、促进泥沙淤积。植被或大型植物残骸促使的泥沙淤积也为其他植被的生长提供了基质条件。

抛石工程设计和施工中应注意如下几方面的技术问题：

（1）块石最小粒径要满足防止波浪和水流冲刷两方面的作用。

（2）可用级配良好的碎石和土工合成材料作为反滤层。

（3）在块石间隙扦插活枝条或者木桩时，应确保块石间隙已被土壤填实，并且在块石间隙中的土体厚度至少应达到块石平均厚度的一半。对于已经完建的抛石工程，可使用钢桩创造植被所需的间隙。对于施工中的抛石工程，可以同时种植插条。

5.2.9.3　梢料排、梢料层及梢料捆

梢料排是应用活枝条组成的排体结构，可有效减轻河岸侵蚀程度，为河岸提供直接的保护层，能较快形成植被覆盖层，稳定岸坡。梢料排可以截留洪水期间的泥沙，为插条生根创造条件，插条发芽后会恢复河岸植被和河边生境，最终形成自然景观并为小动物提供栖息地。

梢料排一般利用 2～3m 长、直径为 10～25mm 的活体枝条加工而成，枝条必须足够柔软以适应不平整的边坡表面。要用活木桩（长 0.8～1m，直径 50～60mm）或粗麻绳（直径 5～30mm）固定梢料排，并用少量块石（直径约 20cm）压重，如图 5-5 所示。

梢料排的施工一般在植物休眠季节（通常是秋冬季）进行，通常把梢料排的下缘锚定在沟渠内，并使用一个由活枝条加工而成的梢料捆和用若干块石保护其下缘免受水流冲刷破坏。并把麻绳缠在木桩上，使枝条尽可能贴案边坡。夯击活木桩，打进枝条间的土壤中，并使麻绳尽可能地拉紧，从而把枝条压到土坡上。梢料捆和枝条施工完成后，将土置于梢料捆顶端，使其顶部稍微露出。用松土填满枝条之间的空隙，并轻微夯实以促进生根。如需要多段梢料排，应进行有效搭接。搭接处枝条要叠放，并用多根麻绳加固。

梢料层可减轻河岸侵蚀程度，稳定边坡，防止其发生浅层滑动，增强土体整体稳定性。生长的植被能改善河道岸坡栖息地环境，并增强景观效果。

在施工过程中，首先要将活体枝条（长度为 0.8～1m，直径为 10～25mm）置于填土土层之间或埋置于开挖沟渠内。从边坡的底部开始，依次向上进行施工。可用上层开挖的土料对下层进行回淤，依次进行。梢料层安放层面应该稍微倾斜（水平角为 10°～30°）。枝条以与岸线正交的形式安放，并使其顶端朝外，其后端应插入未扰动土 20cm 左右。在枝条上部进行回填，并适当压实。根据坡角、场地和土壤条件及在边坡上的位置差别，梢料层水平层间距保持在 40～90cm 之间，下半部比上半部排列紧密，

最下端可用梢料捆（直径 20～30cm）或纤维卷等进行防护，并用土工布将梢料捆包裹，土工布要留出多余长度，并延伸至下面护岸结构，以起到反滤垫层作用，防止被水流冲刷破坏。

梢料捆是由活的枝条加工而成的，这项技术能减轻河岸侵蚀程度，改善水生动植物的栖息地环境，并能增强景观效果。竣工后，便能为土坡提供直接防护，使其表面免受侵蚀。梢料捆的根系形成后，可有效地稳定边坡。梢料捆将长岸坡分为一系列小段，从而能有效减缓土壤侵蚀速率。

加工梢料捆需要长度为 1.5～3m、直径为 10～25mm 的枝条。并需要应用活木桩（长度约为 0.8m）、死木桩（长度为 0.7～0.9m）和粗麻绳若干（直径为 5～30mm）对梢料捆进行锚固。

枝条和活木桩应在树木的休眠期间（通常是秋冬季）准备就绪，并立即进行施工。枝条用粗麻绳绑成直径为 150～300mm 的捆。从边坡底部开始，沿着等高线挖一条轮廓稍小于枝条捆尺寸的沟。整捆枝条的顶部应均匀错开。把梢料捆放于沟内后，将死木桩直接插进捆内，它们的间隔为 600～900mm。木桩的顶端应与梢料捆保持齐平。沿河岸向上以规则的间隔开挖沟渠。沿着梢料捆两边埋一些湿土，并适当夯实。把梢料捆的少数小枝和叶子露出，而不将其全部掩埋。为了增加根系的深度，应在梢料捆的死木桩之间插入一些活木桩，以增加土坡整体稳定性。

5.2.9.4　三维土工网垫

三维土工网垫（3D-geonet）又被称作三维植被网垫，是一种新型土工合成材料，是采用高分子聚乙烯材料加工而成的复合网包结构，如图 5-5 所示，其内部可充填土壤、砂砾和细石，保证植物生长。三维土工网垫植草防护技术，近几年已在国内外公路、铁路、水利（水库、堤坝）、农业（植草、种花）、环保（绿化）、体育场等工程中得到广泛应用。

三维土工网垫护坡作用机理可分为两个阶段：网垫铺设完成后，在植物幼苗期，土壤基本上处于裸露状态，植物

图 5-5　三维土工网垫

的护坡作用几乎可以忽略，此时的护坡系统主要由铆钉、网垫、填充网垫的客土以及偶尔的降雨径流组成，三维土工网垫受力分析如图 5-6 所示。在植物长成后，植物的根系与网垫网包交错缠绕，深入地表以下，网垫、植被和泥土三者形成复杂的加筋体系，牢固地贴合在土质边坡上，抵抗河道水流冲刷和雨水侵袭，可有效地防止水土流失。试验表明，在基于三维土工网垫的植草护坡情况下，水土流失量仅为草皮护坡的 1/5，为裸地的 1/30。

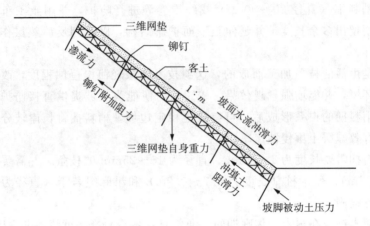

图 5-6 三维土工网垫受力分析示意图

5.2.9.5 底柱表孔型现浇绿化混凝土

普通现浇混凝土护坡在河道中应用较为广泛，但因其结构特性，不利于植物生长，不具有绿化功能，会阻断生物交换。绿化混凝土是一种由粗骨料、胶凝材料（水泥）以及各种添加剂按一定比例混合制作而成的特殊混凝土。它具有孔隙率高、透水透气性好等特点，可以满足植物生长的水土条件。下面将简要介绍近几年在上海及江苏地区应用较多的一种新型绿化混凝土产品——底柱表孔型现浇绿化混凝土，如图 5-7 所示，该产品在上海市宝山区美兰湖水系河道、江苏省启东滨海园区江枫河和南京市秦淮新河岸坡改造等一系列河道治理工程中，都取得了良好的绿化和防护效果。

底柱表孔型现浇绿化混凝土是由碎石、水泥、水与特殊添加剂配制，并采用特殊的设备制作而成的，它的孔隙率高达 25%～35%。其底部采用特殊的方法，产生分布均匀的小柱子，像钉子一样牢牢扎入土中，使护坡更牢固。根据其材料特

图 5-7 底柱表孔型现浇绿化混凝土

性，随着孔隙率的增大，混凝土抗压强度下降，能够适应的抗冲能力也会随之降低。目前该产品主要有 LH1～LH5 五种不同强度的型号，以适用于不同工程的土质条件和河道流速，无论哪种型号的产品，后期植被覆盖率都可以达到 90% 以上。

5.2.9.6 生态袋柔性护坡技术

生态袋以由聚丙烯（PP）或者聚酯纤维（PET）为原材料、由双面熨烫针刺无纺布加工而成的袋子。生态袋护坡技术主要是根据"土力学""植物学"等基础原理以及

通过土工格栅的加筋耐久作用，在生态袋内加入营养土，构建稳定的护坡挡土结构，并在坡面种植草本、灌木等植物，实现治理环境和美化环境的目的。

　　生态袋于2004年被引进中国，2005年在中国开始进行大规模推广，主要运用于建造柔性生态边坡，现已成为河岸护坡、人工湿地、矿山复绿、高速公路边坡绿化等工程领域重要的施工方法之一。通过植物根系和土工格栅的作用，袋体与岸坡土体紧紧联系在一起，与常规的植被防护技术相比，能抵御较大的流速，并起到护脚和增加岸坡稳定性的作用。生态袋袋体柔软，具有较高的挠曲性，可适应坡面的局部变形，在实际应用中可根据地形条件堆叠成阶梯坡状或直立挡墙状，生态袋柔性护坡典型断面图如图5-8所示，因而特别适合岸坡较陡和坡度不均匀的区域。

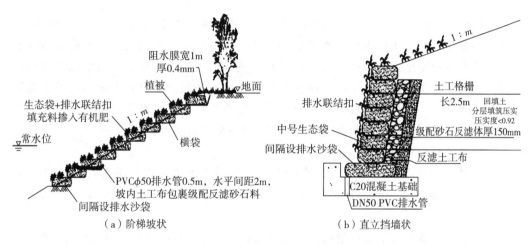

图5-8　生态袋柔性护坡典型断面图

5.2.9.7　木框挡土墙

　　木框挡土墙是由未处理过的圆木相互交错形成的箱形结构，在其中充填碎石和土壤，并扦插活枝条，构成重力式挡土结构。这类结构高度一般不超过2m，长度不超过6m，主要应用于陡峭岸坡的防护，可减缓水流冲刷，促进泥沙淤积，快速形成植被覆盖层，营造自然型景观，为野生动物提供栖息地环境，枝条发育后的根系具有土体加筋功能。木框挡土墙的圆木可向水中补充有机物碎屑，其间隙为野生动物提供遮蔽所。木框挡土墙设计和施工中应注意以下几方面的技术问题。

　　(1) 要对木框挡土墙抗倾倒稳定性进行分析，并核算结构基础的承载能力。

　　(2) 在木框挡土墙内填充时，应避免填充料在圆木间隙漏出，可将粒径大的材料放置在边缘处，由外向内填充料粒径逐渐变小。

　　(3) 圆木直径应为0.1~0.15m，且有满足工程设计要求的足够长度。插条的直径应为10~60mm，并且应有足够长度，以插入木框墙后面的河岸中。

　　木框挡土墙施工前要对坡脚进行开挖，并使水框墙的踵部位置比趾部位置挖深15~30cm，以使木笼墙的顶部能抵在河岸上。首先将第一层圆木以1.2~1.5m的间隔平行于河岸放置，然后将第二层圆木垂直于岸坡表面放置于第一层圆木上，并伸出7~15cm。用钢筋或耙钉把上下两层圆木固定在一起。按照这一工序，依次进行上部结构的施工，直至达到设计高度。随后，在木相挡土墙中填充碎石，达到平均枯水位，然后填充土，埋设活枝条。枝条应埋深至河岸的未扰动土体，交替放置土层和枝条层。要对表层土进行平整并将其顺过渡到上部岸坡。

5.2.9.8 石笼垫

石笼垫是由块石、铁丝做成的长方形笼状结构，铺设在岸坡上抵抗水流冲刷，其厚度通常为 20～40cm。石笼垫底面设置反滤层，上面插种活的植物枝条，并可敷土后撒播草种。

这项岸坡防护技术适用于高流速、冲蚀严重、岸坡渗水多的缓坡河岸。应做好护脚措施，以防止石笼垫下滑。在雨量丰沛或地下水位高的河岸区域可利用其多孔性排水。

石笼垫属柔性结构，挠曲性较好，能适应比较大的岸坡不均匀沉陷。耐冲刷性好，可形成粗糙化岸面，并且内外透水性良好。反滤层可防止土壤流失。由于有金属丝的作用，块石直径变化范围可以较大，对块石的质量要求较低。块石间的空隙能为河流中的微生物、鱼类及其他水生物提供一个优良的生态环境。在块石表面形成的生物膜有利于改善水质；通过间插枝条生长出的植被能为生物提供遮蔽层、避难所以及有机物来源，并可减缓水流冲击，促进泥沙淤积，最终形成自然景观。

石笼垫的结构和施工要点如下。

（1）坡脚处通常设置一单层石笼，为石笼垫提供支承力以及抵御坡脚处的水流冲刷。石笼墙通常由方形石笼排列而成，其在河床下面的埋设深度根据冲刷深度来确定。

（2）石笼内部的石块应尽量选择不规则的石块或者卵石，以增加栖息地的多样性。

（3）石笼垫与岸坡土体间应设置碎石或土工布反滤层，避免淘刷侵蚀。碎石粒径一般在 20～30mm 之间选取。若用土工布作为反滤材料，土工布之间的搭接长度要不少于 30cm。在铺设、拖拉土工布及放置石笼时，要避免对土工布产生损伤。

（4）构成石笼墙的方形石笼及排成石笼垫的长方形石笼的具体尺寸应结合现场情况加以确定。石笼的孔眼为编织成的六边形结构，所采用铁丝的直径一般在 3mm 左右，铁丝经过镀锌处理后，应用 PVC 加以包裹，以防止紫外线照射及增强铁丝的抗磨损性，包裹厚度不少于 0.55mm。石笼边线的铁丝直径应比网格铁丝的直径至少大20%，并用石笼边线类的铁丝以单环、双环间隔的形式进行加固。

（5）植物插条长度一般为 0.5～0.6m，直径为 10～25mm。种植深度应达到反滤层下面 10～20cm，与坡面基本垂直。

（6）石笼墙施工时，应将施工区域的河水排干，在河床坡脚处开挖放置石笼墙的沟渠，沟渠应紧靠坡脚线并与坡面平缓过渡。坡面首先应整平，避免存在凸起或凹坑，以防止对反滤层构成损害。顺着岸坡自下而上的石笼边线，对石笼进行排列，向石笼中放置石块时，抛投高度不应超过 1m，应使石块之间紧密接触，同时防止石笼产生局部凸出现象，最上层的石块应均匀平顺放置，以免产生顶部凸起现象。一个石笼单元的石块放置完毕后，应将顶盖盖好，并用铁丝将其捆绑牢固。施工中的每一步骤都应将石笼适当拉紧，以便完工时其有较好的形状。

石笼表面应做覆土处理，以利于植物生长发育。为促使植被生长，可在石笼上进行插条。

5.2.9.9　生态砖和鱼巢

生态砖是使用无砂混凝土制成的一种岸坡防护块体结构，具有多孔透水性，适合植物的生长发育。鱼巢则是从鱼类产卵需求出发，应用混凝土、圆木等材料所制成的构件或结构，主要用于河岸坡脚的防护。

生态砖和鱼巢砖具有类似的结构形式，常组合应用，适用于水流冲刷严重、水位变动频繁，且稳定性要求较高的河段和特殊结构的防护，如桥墩处和景观要求较高的城市河流的岸坡防护。它不仅有助于抵御河道岸坡侵蚀，而且还能够为鱼类提供产卵栖息地。植物根系通过砖块孔隙扎到土体中，能提高土体整体稳定性。在加固岸坡的同时，还兼有形成自然景观、为野生动物提供栖息地的功能。生态砖和鱼巢砖底部须铺设反滤层，以防止发生土壤侵蚀。可选用能满足反滤准则及植物生长需求的土工织物作为反滤材料。

生态砖是由水泥和粗骨料胶结而成的、由无砂大孔隙混凝土制成的块体，并在块体孔隙中充填腐殖质、种子、缓释肥料和保水剂等混合材料，粗骨料可以选用碎石、卵石、碎砖块、碎混凝土块等材料，粗骨料粒径应介于 5～40mm 之间，水泥通常采用普通硅酸盐水泥。生态砖的抗压强度主要取决于灰骨比、骨料种类、粒径、振捣程度等，一般在 6～15MPa 之间。如果在冬期进行施工，可适当加入早强剂。

鱼巢砖由普通混凝土制成，在其底部可以填充少量卵石、棕榈皮等，以作为鱼卵的载体。鱼巢砖可以上下咬合，从而排列为一个整体。前、左、右三个面留有进口，顶部敞开。

5.2.9.10　土工织物扁袋

土工织物扁袋是把天然材料或合成材料织物，在工程现场展平后，在上面填土，然后把上工织物向坡内反卷，包裹填土。土工织物扁袋在岸坡上呈阶梯状排列，土体包括草种、碎石、腐殖质等材料。

在上下层扁袋之间放置活枝条。天然材料织物扁袋抵御冲刷侵蚀的时间一般为 1～4 年，可为岸坡植被的形成创造有利的条件。在抵抗冲刷侵蚀要求较高的区域，应采用合成材料。这类结构需要用有效的防御措施，如采用石笼、抛石等。

这项技术主要适用于较陡岸坡的侵蚀防护，并起到护脚和增加边坡整体稳定性的作用。与常规的灌木植被防护技术相比，能抵御相对较大的流速。土工袋具有较高的挠曲性，可适应坡面的局部变形，并可形成阶梯状，因此特别适用于岸坡坡度不均匀的区域。

扁袋土体内可掺杂植物种子，生长发育后形成植被覆盖。上下麻袋层之间的活枝条发育后，其顶端枝叶可降低流速，减低冲蚀能量，并可最终形成自然型外观，而在土体内部的根系可提供土体加筋功能。在冲刷较严重的坡脚部位，石笼或抛石可保持岸坡稳定，并提供多样性栖息地环境。设计中应注意如下几方面的问题。

（1）石笼或抛石护脚应延伸到最大冲刷深度，其顶部应高于枯水位。石笼的孔眼为编织成的六边形结构，所采用铁丝的直径在 3mm 左右，铁丝经过镀锌处理后，应用

PVC 加以包裹，以防止紫外线照射及增强铁丝的抗磨损性能。石笼内填充块石的粒径宜取为石笼孔径的 1.5～2 倍。

（2）扁袋由采用自然材料（如黄麻、椰子壳纤维垫）或合成纤维制成的有纺土工布或无纺土工布（孔径 2～5mm，厚度 2～3mm）做成，可为单层或双层，内装卵石（粒径 30～50mm）、不规则小碎石（粒径小于 10mm）、腐殖土及植物种子等材料。土工布包裹后形成的扁袋高度一般介于 20～50cm 之间，可以水平放置，也可与水平方向呈 10°～15°夹角，沿岸坡纵向搭接长度为 50～100cm。必要时用长 50cm 左右的楔形木桩对扁袋加以固定。岸坡面上应铺设土工布或碎石作为反滤层。对应不同水位，可以分别选择不同的反滤措施。土工布应满足反滤准则要求。

（3）土工袋中的植物种子应包括多种本地物种。上下层扁袋之间的插条长度为 1.5～3m、直径为 10～25mm，插条的粗端应插入土体中 10～20cm，其长度的 75% 应被扁袋覆盖。插条的物种种类和直径大小应具有多样性，插条间距为 5～10cm，插条方向应与水流方向垂直或向下游稍微倾斜。

工程施工中，应首先将边坡大致整平，并铺设反滤层，使其与坡面紧密接触。适当开挖坡脚河床，然后安装石笼，并与水平面保持一定角度。扁袋施工时，先铺设底层土工布，随后将腐殖土和碎石的混合物放置其上，植物种子掺杂在较上部位的土体中，然后用土工织物包裹。土工织物至少要搭接 20cm，然后在上面放置插条，并用上层扁袋压实。按此工序依次向上进行施工，最终形成阶梯状坡面结构。施工过程中应高度关注土工织物的搭接及与其他防护形式的过渡连接等问题，并尽量减少对岸边原生植被的扰动。施工应选择在插条冬眠期及枯水位期间进行，并尽量避开鱼类的产卵期和迁徙期。

5.2.10　碳纤维加固修复混凝土结构技术

水利工程中新技术往往来自新材料的应用。随着我国经济的发展，纤维增强复合材料（FRP，如玻璃纤维复合材料、碳纤维复合材料、芳纶纤维复合材料等）方面与运用在工程的修复补强、改善受力状态方面与传统的加固技术相比更具有明显的综合优势。特别是碳纤维加固修复混凝土结构技术，在工业、民用建筑、桥梁等领域应用较多，在水利、电力工程结构中的应用起步不久，它从经济及工期上比传统加固技术更具优势（质轻、强度高等）。

5.2.10.1　碳纤维复合材料

碳纤维复合材料是以碳纤维为增加材料，以合成树脂为基体复合而成的一种工程材料，见表 5-7 所列，用于土木工程结构的碳纤维以聚丙烯腈（PAN）纤维为原料经高温碳化而成。碳纤维原丝纤维方向的抗拉强度可达普通碳素钢的十几倍。用于加固混凝土结构的碳纤维产品主要有碳纤维布和碳纤板。结构补强加固一般多用碳纤维，按碳纤丝布置方向又可分为单轴向和双轴向（0°/90°，45°/−45°）碳化纤维布，可用于不同受力状态的混凝土构件的补强加固，如弯曲、剪切、扭转等受力构件。

表 5-7 碳纤维布材料的主要性能指标

性能参数	碳纤维布材料型号	
	L200-C	L300-C
拉伸强度/MPa	3900	3940
弹性模量/GPa	235	235
延伸率/%	1.7	1.7
设计厚度/mm	0.111	0.167
纤维质量/（g·m⁻²）	200	300

碳纤维加固修复混凝土结构技术是将高性能碳纤维应用于水利工程，利用黏结剂把碳纤维粘贴于结构表面形成复合材料体，通过其与结构的共同工作，达到对结构补强、加固、恢复和改善结构原受力性能的目的。

加固修复混凝土结构所用的材料主要为碳纤维布和黏结剂。

（1）碳纤维布具有高强度（抗拉强度相当于钢材的 10 倍）、高弹模延伸率小、质轻等特性，可充分利用其优异的力学性能，是一种很好的加固修复材料。

（2）黏结材料的性能是确保碳纤维面与混凝土共同工作的关键，黏结剂与被黏构件之间通过界面相互吸引和连接作用形成黏结力。因此，黏结材料应有足够的刚度和强度，保证碳纤维布与混凝土间的剪力传送，同时应有足够的韧性，不会因混凝土开裂而导致黏结脆性破坏。

5.2.10.2 碳纤维复合材料补强特点

碳纤维复合材料加固混凝土结构来提高构件抗弯能力，主要沿构件主轴向贴碳纤维布，在基本不改变构件尺寸和重量的情况下，可显著提高原构件承载力。

沿垂直构件主轴方向粘贴碳纤维布，可提高构件的抗剪和抗扭能力。在立柱周围粘贴碳纤维布可约束立柱发生横向变形，提高混凝土的抗压强度，增加立柱的延性，有效防止混凝土的脆性破坏。

5.2.10.3 碳纤维复合材料加固修复混凝土结构技术特点

1. 高强、高效

由于碳纤维布具有高强度（抗拉强度相当于一般钢材的 10 倍）、高弹模、延伸率小、质轻等特性，可充分利用其优异的力学性能有效地提高混凝土结构的承载力、延性、抗裂性能，达到高强、高效加固修复混凝土结构的目的。

2. 施工非常简便，加固施工周期短

碳纤维布重量轻，一般采用手工作业，不需要使用大型施工机具。施工空间限制小，施工干扰少。在某些情况下可实现在线施工（即不停产便可进行加固施工）。

加固施工周期短，从将碳纤维布粘贴在结构件表面，到粘贴胶固化、满足强度要求、构件可投入使用只需要 2～3 天。

3. 施工质量容易保证

碳纤维布加固构件的施工质量好坏标准主要反映在碳化维布粘贴的密实程度上。

由于碳纤维布是柔性的，很容易粘贴在结构表面上而使碳纤维布与混凝土表面粘贴密实，一般情况下都可以保证碳纤维布的有效粘贴面积占比不小于95％，达到碳纤维布加固技术规范的质量要求。

4. 超强的防水和防腐蚀效果

碳纤维布粘贴固化在混凝土表面，环氧树脂附着在混凝土结构表面，防水效果好，可防止钢筋锈蚀。碳纤维材料具有极佳的耐腐蚀性能，不必担心建筑物经常遇到的各种酸、碱、盐的腐蚀。

5.2.10.4　施工要点

粘贴碳纤维尽管功效高，操作便捷，但受许多具体条件所限，在施工中除要遵循工艺要求外还应注意以下几点：

（1）混凝土基面处理的程度直接影响加固效果，由于混凝土使用年限已达30多年，对碳化、蜂窝、麻面等必须仔细处理，除去表面劣质部分。

（2）用平整材料将贴面处理平滑，防止碳纤维在折角处产生应力集中。

（3）施工中确保粘贴部位的温度在5℃以上（情况特殊时，必须采取措施）。

（4）保证材料之间搭接长度大于15cm。

5.2.10.5　应用案例

湖北省竹溪河水库位于竹溪县城西北部的龙坝乡，于1970年竣工投入运行。水库枢纽工程由大坝、溢洪道、输水隧洞及发电厂房四部分组成。输水隧洞位于左坝肩，为一长230m，内径1.5m的钢筋混凝土衬砌结构，衬砌厚0.35m，承担向竹溪县城供水和发电灌溉的主要任务。输水隧洞中，由于施工质量的缺陷，加之年久失修，洞壁蜂窝麻面问题严重，最大分布面积达8m²，其检测结论为混凝土强度低于设计强度。

混凝土结构常规修补加固方法一般采用粘钢或钢板衬砌等，但这些方法施工复杂、造价高且施工周期长；另外《混凝土结构加固技术规范》（CECS 25：90）规定，当构件强度等级低于C15时不宜采用粘钢法；经检测鉴定竹溪河水库隧洞混凝土强度仅为C10，因此，寻求更合适的加固技术在竹溪河隧洞的加固中显得尤为重要。

针对竹溪河水库输水隧洞存在着混凝土强度偏低、裂缝、蜂窝、麻面、碳化等问题，考虑到碳纤维加固技术具有明显的优势：碳纤维复合材料是柔性的，具有较强的变形性能，能在各种复杂曲面及各种形态结构上进行修补、不受结构形状的限制，同时又具有强度高、耐疲劳、耐腐蚀、抗蠕变、适应面广和施工方便等优点，经比较后，确定采用碳纤维复合材料对隧洞混凝土结构进行补强加固。

加固工程完工以来，隧洞一直正常运行，效果良好。碳纤维材料在本工程应用过程中体现以下特点：

（1）施工方便、易成型。碳纤维布的刚度远小于钢板，属柔性材料，裁剪、加工制作方便，大大缩短了工期。加固方案修改后，施工仅用25天便完成隧洞加固工程，缩短工期4个月。

（2）造价低、投资省、提高经济效益。修改后的加固方案较原方案节省了投资额30％。碳纤维材料加固技术在此项工程加固过程的成功运用，为今后水利工程结构的加固提供一个新的方法和思路。

5.2.11　微生物岩土技术

微生物岩土技术是一项高效环保的土体加固技术，近些年在国际社会上引起了广泛的研究。在应用方面，荷兰代尔夫特理工大学以及莫道克大学展开合作，率先利用基于脲酶菌的微生物技术，开始了生物灌浆研究。近十年来，研究人员已经开展了大量室内试验研究，并通过无侧限抗压试验、弯曲元试验等技术判别加固效果。Liu 等通过无侧限抗压等试验，系统地分析了加固沙土的强度特性，发现加固后沙土的黏聚力随加固因子的增加成指数增长。该技术目前的主要研究方向为地基土的加固、防渗及表面防扬尘等，而方昌航等探讨了利用大豆脲酶处理液加固沙土表面，防止其被径流冲刷的可行性，开展了对土质边坡表面进行加固以使其表面防冲刷的研究。

该技术与传统技术相比，其生物材料能在岩土基质中表现出特有的自发性、重塑性及重生性等特点，被认为是环境友好、生态低碳的材料。然而，岩土工程的建设施工项目通常十分庞大，涉及不同的场地条件、复杂的施工工艺，而微生物本身的生物化学反应又十分复杂，因此，微生物技术的应用必须针对不同的施工环境，选取不同的菌种，并识别、筛选、优化细菌，以得到适合应用环境的最优细菌及生物活性，满足生态安全性及修复的可靠性要求。而在当前的技术方法下，该技术无法与以水泥为主的传统岩土加固方式形成成本上的优势。总体来说，对微生物岩土技术及应用的研究还处于起步阶段，微生物岩土技术走向真正大规模实际应用还有很多问题需要克服。

5.2.12　防渗堵漏技术

防渗堵漏是水利工程建设、施工和管理重要内容之一，是水利工程质量管理不可或缺的重要一环和最显性的考察指标。水利工程渗漏直接危害水利工程安全、耐久性和完美度。水利工程渗漏的主要原因包括：结构渗水导致的渗漏、施工缝以及变形缝导致的渗漏。常见的结构渗水主要有点状渗水和大面积渗水两种。点状渗水通常是由于混凝土振捣不密实等结构局部空洞形成小型、细密通道而造成的。此结构的危害性较小，但处理起来比较麻烦。这样的点渗水在前期施工时需要加强振捣技术管理，后期通过封堵、灌浆等一般方法就可以解决。相比于点状渗漏，大面积渗水危害性较大，容易出现大面积渗水的部位一般为结构的底板。经研究发现出现渗水的原因主要有材料质量不合格，特别是混凝土的质量，在混凝土生产时配合比不恰当、搅拌不均匀或运输过程中离析等，影响混凝土的质量；或由于侧墙、地板等边角位置振捣不到位、不充分，留下较大面积的空洞、裂隙等结构性渗漏通道，影响混凝土的施工质量，造成严重的混凝土结构性渗水。在水利工程施工作业中，施工缝和变形缝是最容易发生渗漏的地方，在水利施工过程中，规模、体积较大工程的混凝土不能连续浇筑，分段作业时接缝凿毛不到位、清理不干净，止水带不牢固、破损或防水层破坏；止水钢板不连续交圈、焊接、出露宽度不合格，搭接长度不足、接缝未满焊、焊渣清理不干净，都会影响防渗效果。另外，变形缝处理不规范、设置位置偏移，止水带粘贴不牢固，混凝土振捣不密实等，都易造成渗漏。

高压灌注挤压法是应用在水利工程建设中的比较简单快捷、安全可靠、效果良好的新技术，尤其是在渗水的情况下，可以在短时间内将渗透通道堵住，且长久耐用、施工方便、快捷、环保、经济。而对于水利工程中出现的大面积结构性渗水，或由工作缝、变形缝等造成的渗漏问题，用传统防水方法很难彻底解决。传统的方法及材料最多可以在短期内达到防渗堵漏效果，但是经过风吹日晒、冻融交替之后，水工建筑物还会重新渗漏。经过高压灌注挤压法，在保持水利工程结构不变的情况下，防水效果可以持续五年甚至更长时间。水利工程传统的堵漏方法容易出现反复渗漏的情况，很难一次性解决，高压灌浆挤压法可以在最短的时间内解决问题。在施工作业时要在裂缝的最低处倾斜钻孔，直至结构厚度之一半深，循序渐进地从低处往高处钻孔、灌浆、封堵。钻孔时须与破裂面有交叉，注射才会有效果。高压灌浆完成后，要及时去除水针头，同时用止漏材料填补、封闭钻孔。

总而言之，水利工程的防渗堵漏问题是不可忽视的问题，渗水问题严重影响着水利工程的质量、寿命和作用的发挥。所以在水利工程施工中，一方面要尽可能避免造成渗漏问题，另一方面也要结合实际，在水利工程中选择合格的防水防漏材料，加大对专业技术人才的培养，提高对防渗堵漏新技术的研发，保障水利项目施工顺利进行，铸造精品工程，造千年大计、百年工程。

5.2.13 水利工程无损检测技术

在水利工程建设过程中，质量检测既是水利工程施工建设中的重要环节和构成部分，同时也是监督水利工程质量是否合格、安全的核心措施，对水利工程施工建设具有重要的保障作用，其现实意义非常重大。

无损检测技术已发展了20余年，经过高速发展后，目前这种检测技术已在各个领域的工程项目中得到了较为广泛的应用，特别是无损检测方法中部分单项技术，无论是在技术研发方面，还是在实际检测工作中的应用方面，都已达到了国际前沿水平。通过不断地开展技术研究和积极实践，目前我国已实现了无损检标准化应用体系，并已制定了一系列针对混凝土强度无损检测的实施规程，例如超声回弹综合方法、拔出法等，而且建立了相应的行业和协会标准，从而有力地推动了无损检测技术在实践应用过程中的标准化发展，全面提高了无损检测的质量水平。

无损检测技术最大的优势就是不会对建筑工程结构及设施造成二次损害，同时还能够对建筑工程内部质量进行准确的反映。因此，该检测技术一经出现，就得到了广泛的应用。目前，无损检测技术的种类有很多，例如超声波检测、激光检测、频谱分析检测等，可以根据实际情况和具体检测要求，选择适合的检测技术，以保证对工程质量检测的科学性、准确性。

在所有类型的无损检测技术中，超声波检测技术是主要技术，已得到较为普遍的应用，其实际应用方法、流程等也日益完善。超声回弹综合法是一种根据实测声速值和回弹值综合推定混凝土强度的方法。这种方法的优点是成本低、操作简便，因此在水利工程质量检测工作中得到了普遍应用，且其应用前景非常可观。

激光检测技术也是无损检测新技术的典型代表，这种检测技术具有更加广泛的应用空间，其优势也非常明显，如具有良好的方向性，微侧强度好、亮度高等，已成为各种建筑工程检测工作中的首选检测技术之一。

频谱分析也是无损检测的新技术之一，其主要原理是利用表面波在不同介质中的传播频率特性，通过综合分析最终检测出工程的质量情况。其具体的应用方法，是利用力锤对建筑工程结构某表面进行垂直冲击，从而产生振动频率，再根据频率表面波的传播情况，借助传感器的检测结果，根据频域互谱和相干分析技术对其进行综合分析。同时，还要参考建筑力学参数，从而有效检测建筑工程的质量情况。

随着科学技术的不断发展，无损检测技术水平也在不断地提高，其检测结果越来越可靠。目前，无损检测技术的检测结果已得到广泛认可，作为质量处理的重要依据。无损检测技术已成为检测处理水利工程质量事故的法定办法，它能够有效预控和监督水利工程质量，对水利工程质量评估及工程评定也具有重要参考意义。虽然我国的水利工程建设水平已得到大幅度提高，但在未来的发展过程中，仍需要加大对水利工程建设技术的研究，以提高水利工程建设功能质量。还应建立完善的水利工程监管机制、无损检测配套体系，并依照相关机制实施质量检测。无损检测技术对水利工程质量检测具有极为重要的作用，而且其优势也非常明确，有极为广阔的发展空间。因此，必须加强对无损检测技术的深入研究，这对水利工程的发展进步以及社会经济的发展具有极为深远的现实意义。

5.2.14 基于全球导航卫星系统（GNSS）的堤防变形监测技术

堤防作为重要的防御洪水屏障，是我国防洪工程的重要组成部分。很多堤防建设较早，又加之多次在原先堤身的基础上加高培厚，存在较多的缺陷和隐患，防洪标准偏低。影响堤防安全的因素众多，如堤线较长、地层条件沿程变化大，采用传统的人工变形观测手段监测效率低，无法实时连续、全天候观测，因此，发展以北斗、GPS为代表的、具有实时连续、全天候、自动化监测的优点的 GNSS 堤防变形监测技术，具有现实意义。

5.2.14.1 GNSS 定位原理及系统构成

GNSS 是一个全球性的位置与时间测定系统，包括多种卫星星座、接收机和完备性监测系统，其定位原理类似于传统的后方交会法。参考站 GNSS 接收机在某一时刻同时接收 3 颗以上 GNSS 卫星不间断发送的导航电文（自身的星历参数和时间信息），解算得卫星至测点的几何距离即可根据后方交会原理确定测点三维坐标。基于主辅站 GNSS 精密定位技术、多星并存兼容的 GNSS 监测系统是一种多基站、多系统、多频和多信号非差处理算法系统，为每个参考站发送相对于主参考站的全部改正数及坐标信息。对网络中所有其他参考站播发差分改正数及坐标差。监测站接收到改正数后可对网络改正数进行简单、有效内插，也可进行严格计算以获取网络固定解。

GNSS 监测系统主要包括空间星座、地面监控和监测用户等三部分。空间星座包揽美国全球定位系统（GPS）、俄罗斯全球导航卫星系统（GLONASS）、欧盟伽利略卫星导航系统（GALILEO）及中国北斗卫星导航系统（BDS）；地面监控部分主要由分布在全球的数个地面站组成，包括卫星监测站、主控站和信息注入站；GNSS 监测用户部分根据工程实际需要由用户进行开发。根据堤防特点，GNSS 堤防变形监测系统应从先进性、环境适应性、可靠性、稳定性、可长期运行、可自动化进行数据采集及分析等方面设计，结合工程实际实现监测数据的自动化采集、数据传输、数据自动化处理、分析预警和综合管理等功能，实时掌握并监控堤防变形性态，适应安全监测技术的数据获取自动化、数据处理模型化、分析评判智能化、结果输出可视化、数据传输和管理网络化的发展。

5.2.14.2 GNSS 变形监测系统功能

1. 数据采集

（1）基准站

基准站为在同一批 GNSS 监测站点中选出点位可靠、对整个变形监测网具有控制意义的测站，采取较长时间的连续跟踪观测，通过站点组成网络进行解算，获取变形监测站点在该时间段的"局域精密星历"及其改正参数，改正监测站的 GNSS 信号误差。建立连续运行基准站（CORS），实现实时卫星定位数据的跟踪、采集、记录、设备完好性监测等功能。GRX1200 接收机整合了同时支持 GPS 和 GLONASS 的高精度 GNSS 测量引擎，可获得比单独使用 GPS 时多出将近 1 倍的卫星，且能同时用两种不同的频率或两种不同通信媒体播发两种不同的格式数据信息。GRX1200 具有信噪比卓越、抗干扰性强、精度高等优点，是连续运行基准站接收机的理想选择。

（2）监测站

监测站用于接收 GNSS 卫星定位信号，通过变形监测站网的网络解算确定监测点位置的三维坐标，动态获取测点三维位移量。GMX902 接收机为功能强大、可不间断工作的双频 24 通道 L1/L2 码和相位的高精度传感器，与 AR25 天线连接在目标点上能以 20Hz 的采样率自动、实时、全天候地采集 GPS 码/相位原始数据。配备有 Smart Track 技术的 GMX902 接收机可实现快速的卫星跟踪、高效的多路径抑制及具有标准的抗干扰性，可保证最佳的定位效果。

（3）供电系统

GNSS 监测系统中每个参考站（监测站）均需要可靠的、不间断的电源供给，供电系统的稳定性关系到监测工作的顺利完成和监测数据质量。可根据测区条件选择直通电、太阳能供电或 UPS 电源供电三种供电方式或组合，供电给天线、接收机及通讯装置等设备以维持正常工作。①在市电方便的情况下，将 220V 交流电通过交直流转换器转换为额定的低压直流电进行供电。②在附近若没有市电且电力线铺设较为困难的情况下，可考虑太阳能，将光能转化为电能，通过蓄电池储存电能的方式进行供电。③当主电源不可靠时，具备稳压、滤波等功能的 UPS 不间断电源可在主电源不能供电情况下，短时间内提供后备电源。常见的 UPS 电源主要有在线互动式、纯在线式和后备式三种。

（4）防雷系统

监测网参考站安装于露天场所，常位于雷电多发区，且 GNSS 接收机抗雷击浪涌的能力十分脆弱（信号从天线端口进入 GNSS 接收机不经带通滤波电路，而直接进入放大电路），需通过避雷装置、雷击浪涌放电器和馈线避雷器等保护设备免遭雷击。

GNSS 防雷需要利用带通滤波的原理对射频信号进行防雷，同时还需要用两级组合的方式对内馈电源进行防雷。①在市电进入 UPS、通讯线进入通信设备前加装浪涌保护器。用于吸收、消耗或泄放浪涌电流能量，消除主回路中载有的暂态过电压（如开关操作过电压或大气过电压），以起到保护作用。在发生事故时，浪涌保护器在主回路间、主回路与大地间建立电通道，并使主电路上载有的暂态冲击电流流向大地。②防直击雷，其装置由接闪器（避雷针）、引下线和接地装置三部分组成。避雷针将雷电吸引至自身，使雷电电流通过引下线至接地装置而泄放至大地，从而使保护对象免遭雷击。③防感应雷。在 GNSS 接收机天线端口加装馈线避雷器，防止从馈线感应雷击冲击过电压而对接收设备造成损害。

2. 数据传输

在 GNSS 监测站网中，参考站到控制中心及控制中心到用户的可靠通信非常关键。前者的数据传输有有线传输和无线传输（GPRS、CDMA、数传电台和无线网桥等）等方式供选择，后者一般通过 Internet 实现。

（1）光纤传输

GNSS 接收机接收到卫星信号数据，通过串口 RS232 传输至数据采集器，数据采集器内含对原始数据的提取程序，并通过 RS232 同光端机相连，光端机可将发送数据由电信号转为光信号，即可通过光缆实现有线传输，再经光端机，利用串口 RS232 与远程控制中心的计算机相连，构成 GNSS 变形监测的数据传输系统。光纤传输具有损耗低、保真度高、频带宽、容量大、抗电磁干扰、无电磁泄漏、温度稳定性高等优点，可使信号的传输质量及系统的可靠性提高。

（2）GPRS 无线传输

GPRS 用于 GNSS 监测系统时，可采用中心对多点的无线 GPRS 通讯传输模式，监测点和基准点所有 GNSS 设备都各配备一个专用无线 GPRS 通信模块。该模块通过移动供应商的通信基站和互联网，采用 TCP/IP 协议，为各基准站/监测点接收机与中心之间建立起一个无线分组数据传输网络，实时将分布在各处的 GNSS 参考站原始数据发送到 Spider 服务器上，同时也将中心发出的各种设置和控制命令传递到 GNSS 监测站点，实现监测系统的无线数据传输功能。

（3）数传电台传输

对在丘陵、山区或 GSM 网络未能覆盖的偏远地方，用数传电台传输 GNSS 监测信息是一种较好的选择。数传电台（Radio modem）又称"无线数传电台"，是指借助 DSP 技术和无线电技术实现的高性能专业数据传输电台。数传电台通过数字调制解调器（MODEM），利用数字信号处理技术，在发送数据时将脉冲信号（即数据信号）转换成模拟信号，接收时将接收到的模拟信号还原成脉冲信号，实现在无线信道上的实时、可靠、高速的数据传输。数传电台传输具有成本低、安装维护方便、绕射能力强、组网结构灵活、覆盖范围远的特点，且具有前向纠错、均衡软判决等功能。

（4）无线网桥

无线网桥是无线射频技术和传统的有线网桥技术相结合的产物，一个无线网桥的功能和电线或电缆相同，但主要应用于连接难以通过有线相连的以太网络或进行长距离传输。无线网桥有点对点型、点对多点型和混合型三种结构，分别适用于不同的场合：①点对点型用于固定的两个位置之间，是无线联网的常用方式，具有传输距离远、传输速率高、受外界环境影响较小等优点。②点对多点型用于一个中心点、多个远端点的情况，具有组建网络成本低、维护简单、设备调试相对容易等优点，但衰减大、网络传输速率低、抗干扰性差、可靠性低。③混合型用于网络中有远距离的、近距离的点，还有建筑物或山脉阻挡的点。在组建网络时，综合使用这两种类型的网络连接方式，远距离的点使用点对点型，近距离的多个点采用点对多点型，有阻挡的点使用中继方式。

3. 数据处理

数据处理是 GNSS 系统数据解算的核心，将数据采集系统获取的数据信息进行加工、整理，计算各种分析指标，采用变形监测所接受的信息形式，并将处理后的信息进行有序贮存，随时通过外部设备或软件输给信息使用者。Spider 是可扩展、模块化、高度集成化的 GNSS 综合软件套装，用于中心化控制和运行单参考站或参考站网，主要功能为数据下载、管理、计算、实时的网络分析和误差建模。GNSS Spider 能控制多台接收机并对其进行设置，管理数据的下载、压缩、存档、分发及用户管理。Spider 定位模块可根据用户设定的时间间隔下载存储在接收机里的数据，以压缩或非压缩的 RINEX 及原始数据格式获取，并自动解算网络内的基线，实时处理用于对短、中基线的解算和监测参考站位置的快速变化，后处理用于长基线的解算和监测站点位置的缓慢变化。

4. 分析预警

GNSS 分析预警系统应能在数据处理系统的基础上计算三维位移分量，分析各向变形速率，自动生成变形历时曲线、变形分布图和多因素相关图；能综合其他监测数据进行初步分析与简单评价；能根据预设警戒值进行风险预警，实时以短信或屏显等形式进行多渠道状态信息发布，紧急状态还能适时通过多渠道、多形式进行预警信息播报。GeoMos 是一个开放式、可升级且可根据用户需求定制的软件，主要包括监测器和分析器两部分。监测器是在线的工作软件，主要负责传感器的控制、数据的收集及事件的管理；分析器是分体式的软件，主要用于数据分析、可视化和后处理。

GNSS Spider 可以通过界面连接到 GeoMos，将定位结果直接输入 SQL 数据库，供 GeoMos 开展数据图形分析和第三方软件访问。通过 GeoMos 软件可实现数据转存、过程分析、报表输出、监测系统站点图预览、位移超限报警等功能。

5. 综合管理

通过计算机网络、Spider 和 GeoMos 软件开展 GNSS 监测系统的用户管理、数据管理、运行管理，确保系统安全和数据安全，根据工程需求进行参数设置、接收并控制各参考站发回的数据、检查各观测站工作状况、实现 GNSS 监测信息的本地/远程浏览、数据本地/远程下载以及数据共享，对数据进行分析、处理、存贮、管理。

综上，GNSS 堤防变形监测技术具有精度高、不受距离限制、实时连续监测等优点。随着自动化技术的不断提升和硬件价格的不断走低、无线互联网技术的拓展，未来该技术在堤防变形监测领域的应用将越来越广泛，具备逐步替代传统人工监测技术的潜力。沂沭泗河流域堤防可结合自身实际情况考虑是否采用该项技术，实现对重要堤防段日常管理的实时监测。

5.2.15　BIM 技术在水利水电工程中的应用

随着社会的发展，市场经济也在不断变化，水电工程企业不断增多，在这样的一个大环境中，水利水电工程施工与 BIM 技术相结合可以为水电企业提高竞争力，给企业带来更多的利益。水电企业中技术的优化可以提高施工质量以及施工水平，在水电企业招标过程中，新技术的管理也是一个重要的衡量标准。新技术优化管理水平在一定程度上也代表了水电企业的发展水平。

BIM 技术有三个主要特点，分别是模拟性、可视性以及相互联系性。首先是模拟性，BIM 技术与传统的计算机构件模型不同，在以往的水利工程模型中，大多是平面图纸或者 3D 模型，BIM 技术属于 4D 的模型，它是在 3D 模型的基础上增加了时间维度，使模型在水利工程管理中使用价值更高。其次是可视性，在传统的水利工程模型设计中，大多是 2D 的平面图纸，水利工程在模型中的立体感比较弱，设计人员在进行工程设计时，设计图纸中可能没有鲜明的特色，可视性较低。但是 BIM 技术下的图纸设计是三维立体图形，在图纸中可以对建筑项目的所有信息进行查看，这个基于 BIM 技术设计的建筑模型可以从施工前开始使用一直到施工结束，每一个水利工程环节都可以在可视化的条件下进行施工。最后一点是相互联系性，人的生老病死就是一生的周期，世间万物都有其自己的周期，这个理论同样适用于工程施工中，无论是建筑工程还是水利工程，都符合生命周期理论。在水利工程的全周期中，每一个环节都有紧密的联系，如果将各个环节分解开，那么水利工程就会显得不完整，BIM 技术可以将建筑周期紧密相连。在 BIM 技术背景下设计的模型，每个工程阶段都是紧密相连的，因此 BIM 技术还具有相互联系性的特点。

BIM 技术在水利水电工程中的应用主要包括：

1. 结合 BIM 技术构建工程安全评价体系

在水利水电施工过程中，水电企业应该始终保持着安全第一的理念，结合 BIM 技术，可以对水利水电工程构建安全评价体系。传统的水利水电工程安全评价体系的构建是需要水利水电方面专家进行研究、比对的，这种评价体系的构建成本比较高。基于 BIM 技术的基础，可以通过立体清晰的模型进行分析，在模型中，水电接口可以实现自动化，用这样的方式构建工程安全评价体系有速度快、准确度高的优点。

2. BIM 技术在施工过程中的应用

在水利水电施工过程中，工程监理人员应该注意施工进度与项目计划进度的一致性，施工之前应该多方考察，制定科学的、严谨的施工计划标准，确保施工方向不偏离进度计划，水利工程项目才能够如期地完成。当施工过程之中，工程监理人员发现问题、改善问题之后，若施工的方向与项目进度计划出现偏离现象，工程监理人员应该对施工方向及时作出调整，确保施工进度与项目进度计划保持一致，只有这样，水利工程项目才能够顺利完成。在这一阶段中，BIM 技术可以在三维立体视图的基础上添加时间维度，在 BIM 模型的管理中，可以对整个水利工程的周期起到监督作用，施工人员也可以通过这个多维度的模型把握进度。除此之外，BIM技术还能够对工程所需要的原材料进行统计与计算，工程监管人员能够通过BIM技术对工程情况进行更好的管理。

3. 结合BIM技术构建安全管理模型

在水利工程施工过程中，对于安全隐患的预防是工程中的工作。BIM技术可以对水利水电工程进行模型的构建，只需要将工程中所有参数都输入到计算机内，BIM软件就可以自动构建模型。在BIM模型中，有工程的所有信息数据，并且对工程中的不足之处一目了然，因此基于BIM技术构建的模型，可以起到找出安全隐患的作用，及早处理安全隐患，营造一个安全的施工环境。

综上所述，科技在不断发展，各行各业都在不断涌现新技术，我国水利水电工程行业也不断发展，水利水电工程行业已经成为我国基础型产业，也逐渐与新技术相结合。BIM技术属于建筑信息化模型，这种技术可以应用在水利水电工程的每一个工作流程中。由于BIM技术具有模拟性、可视性、联系性等特点，在水利水电工程管理中，可以说BIM技术的应用贯穿了建筑工程施工的全过程。通过对BIM技术的应用，水利水电工程施工管理工作有了很大进步，随着水电行业的发展，BIM技术也有了不断改善。

5.2.16 "花盆式"生态框护岸技术

随着社会的快速发展与进步，人们在保留河道原有功能的前提下，愈发注重实现人与水的和谐共生、绿色发展。尤其是城市河道，已由单一的防洪排涝向集生态良好、环境宜居、景观绿化等综合效用为一体的文明场所转变，使人类活动、经济社会发展与生态环境相协调。河道整治工程建设也逐渐从混凝土、浆砌块石、仿木桩等直立式挡墙护岸，不断地转变成"会呼吸""可欣赏"的生态框护岸，为改善城区生态环境、宜居环境做出了一定的贡献。

5.2.16.1 生态框制作工艺

"花盆式"河道护岸的主要材料是框架式生态型混凝土预制构件和自然的土料，外观很像一只花盆，人们形象地称之为"花盆式"生态框，将生态理念贯穿于河道治理的全过程。生态框具有较好的生态保护功能，制作工艺简便，景观效应良好。

生态框的制作工艺：制作模型—搅拌混凝土（将水泥、砂和碎石按照一定的比例，加水搅拌后形成的混合物；如需要色彩，加适度的调料即可）—浇筑成形—专业保养—完成达到设计强度的生态框产品。

生态框采用的是框架式孔洞设计造型，具有良好的透气、透水特性。其主要功能有：改善水体环境，促进地表水与地下水互相渗透，保护微生物生长繁殖；预防水土流失，在生态框内侧铺设土工材料进行水土保持，预防水土流失率达到90%；提高植被覆盖率，在生态框内培土、种植草种、铺设草皮，栽种矮秆植物，河岸土表植被覆盖率超过95%。

5.2.16.2 施工工艺及其特性

"花盆式"河道护岸施工的工艺流程，如图5-9所示。

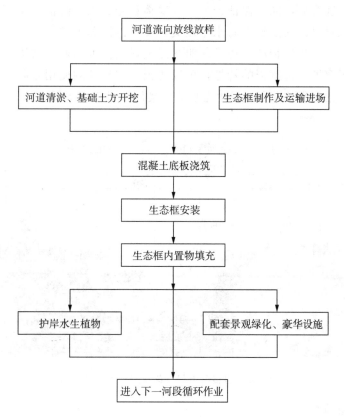

图 5-9 "花盆式"河道护岸施工工艺流程图

"花盆式"河道护岸施工具有以下工艺特点：一是材料的易购性。生态框的主要材料是水泥、砂、碎石以及自然土料，建筑材料市场充足，采购运输都较为便捷，生态框的填充材料一般就地取材，利用自然土料，也可以筛选利用施工现场的废弃物料（如多余的砂石材料，弃土等）。二是制作的方便性。由于河道工程施工都是条状线性的分布特点，因此一般采取工厂化集中制作生态框的方式，可以提前加工预制，或者直接向企业定购生态框成品，成品达到一定的强度后，运输至河道现场安装，既可以保证质量好、速度快、效率高，又可以有效地缩短工期。三是安装的灵活性。采用人机结合的方式安装生态框，操作简单、节省人力，节约辅材，生态框内部填充物最大限度地消化工程废弃土石材料，节约成本，填充物机械化施工，密实效果好，生产效率高。四是环境的适应性。对生态框之间的连接件可以用刚性螺栓，也可以用柔性好、强度适中的绳索，通过调节连接件的长度，适应河道断面弯曲以及坡面变形，不会对工程质量以及整体外观产生影响。

河道护岸工程的主要作用和目的是防止河堤坍塌和防治水土流失，生态框河道护岸能够起到稳固河床、预防水土流失的作用。一是生态框是用水泥混凝土浇筑成形的框架式刚性构件。混凝土强度一般在 C35 以上，能够满足护体表面强度的要求，不会变形，有效地起到稳固河床的作用；二是生态框连接件是可调节的"拉杆"。生态框叠加通过连接件稳固，保证河道走势总体稳定，调节"拉杆"的长度和弯曲变形，适应河道弯曲以及基底变形，同时保证护岸工程整体稳定；三是防治水土流失。通过内设在生态框的土工材料，既能够预防水土流失，又可以涵养土壤水分和养分，还有利于植物根系附着生长，微生物游走通道；四是经久耐用。生态框的结构材料以及内设的土工材料具有耐腐蚀、抗磨损的特性，可以达到工程设计的使用年限，维护运行费用较低。某河道整治工程"花盆式"生态框应用案例如图5-10所示。

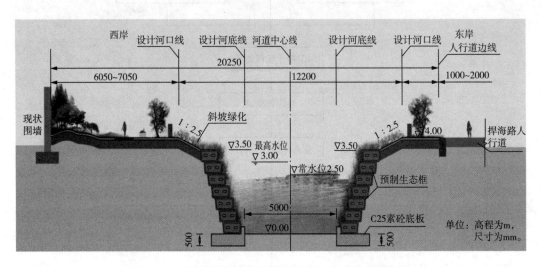

图5-10 某河道整治工程"花盆式"生态框应用案例

5.2.16.3 应用前景

"花盆式"生态框护岸新技术具有广泛且良好的应用前景：一是应用在水利工程中预防水土流失，河道护岸护坡、水库岸边防护、湖泊湿地边坡维护等；二是应用在道路工程施工中如路基边坡边坎防护、生态挡土墙堆砌、路牙生态隔离带维护等；三是应用在山体坡面生态修复工程中如矿山绿化修复、山体植被生态修复等；四是应用在园林景观打造工程中如城市人工园林、河道景观布设、住宅小区外围坡面绿化维护及生态隔离带等；五是应用在应急处置项目工程中如坡体坍塌应急处理、沙漠化周边绿化处理、自然保护区隔离带（边坡界）应急处理、河湖海岸的防浪墙应急处理等。

5.2.17 网架箱型河道护岸加固工程新技术

网架箱是钢筋混凝土护底促淤网架箱的简称，由预制钢筋混凝土构件连接成网（桁）架、聚丙烯编织布制成的网架箱围布和树枝等组装而成，其轮廓形状为八边形台柱。以长为120cm的构件为主要材料的120型单个网架箱，由161根预制钢筋混凝土连杆构件和117m²的围布组装而成120型钢筋混凝土护底促淤网架实物，如图5-11所示。120型钢筋混凝土护底促淤网架箱实体的底边轮廓最大长度为5.8m、最大宽度为4m、底面积为22.05m²，实体的顶面轮廓最大长度为4.75m，最大宽度为3.4m、顶面积为14.97m²、平均厚度为1.1m，单个120型网架箱轮廓体积为20.23m³、重约2.7t。

图 5-11　120 型钢筋混凝土护底促淤网架实物

5.2.17.1　结构设计

1. 预制钢筋混凝土连杆

钢筋混凝土护底促淤网架箱连杆构件的截面尺寸为长×宽＝8cm×8cm，预制钢筋混凝土标号为 C20，连杆构件预埋圆钢直径为 10mm，连接端圆环内直径为 5cm，由圆钢冲压成型，闭合口处点焊接，连杆顶端钢筋到预制混凝面的距离为 12.5cm，如图 5-12 所示。杆件预制凝固后，对出露混凝土的钢筋刷一层防锈漆。连杆的主要作用是构成网架体、支撑网架箱围布、形成构筑物。单个 120 型网架箱由 161 根连杆组成，其中 120cm 长构件有 146 根、138cm 长构件有 5 根、172cm 长构件有 4 根、185cm 长构件有 4 根、208cm 长构件有 2 根。连杆布置如图 5-13 所示。

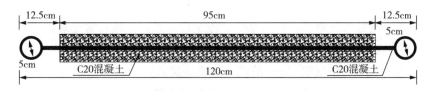

图 5-12　120 型预制混凝土杆件

图 5-13　连杆布置

2. 网架箱围布

网架箱围布由 2 层聚丙烯编织布（或称遮阳布）缝制而成。单层布质量规格：单位重量不小于 $50g/m^2$，围布用料面积为 $117m^2$；5cm 宽加筋条为 39.04m；3cm 宽、50cm 长系结条有 31 根；围布收拢（口）拉绳长 32m，为直径 6mm 的涤纶绳纤维绳。

网架箱围布平展、加筋条和系结条布置如图5-14所示。网架箱围布的主要作用是与网架组成构筑物，网架箱围布分隔河床底流与床砂，使河床面处于被保护状态，避免冲刷下切，从而达到保护河岸线或洲滩稳定的目的。

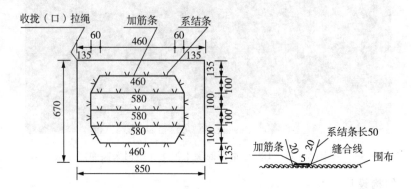

图5-14 网架箱围布平展、加筋条和系结条布置（单位：cm）

3. 网架箱安装与施工配件

用2根涤纶绳穿环完成杆件间的连接，单根涤纶绳抗拉断裂强度不小于135kg。为防止涤纶绳磨损降低强度，用涤纶绳绑扎好网架后，在每个结点用2道直径为2mm的镀锌铁丝进行补强，做到每个结点的多个钢筋环都有2根镀锌铁丝穿过。

面层网架杆件与围布用12根宽为6mm的尼龙扎带固定，每边均匀布置3根扎带。网架箱的起吊绳和控制沉放绳总长25m，采用直径为22mm的丙纶绳。

5.2.17.2 施工工艺

1. 施工准备

（1）施工前测量工区地形，布置水位、流速观测点，并做日常记录。

（2）预埋钢筋材料准备：将钢筋条卷材拉直，按设计长度裁断；在车床上将钢筋两端冲压绕环、点焊；在两端15cm的范围内刷一层防锈油漆。

（3）成品围布的材料准备：按设计尺寸和材料规格要求，缝制网架箱围布。

（4）将成品（两端弯环）钢筋和成品围布运抵施工区仓库待用。

2. 钢筋混凝土连杆预制与养护

（1）配制C20混凝土。

（2）将钢制模具摆放在振捣台上，铺上脱模聚乙烯薄膜。

（3）将两端弯环钢筋放在钢制模具的槽口部位，再向钢制模具内填混凝土。

（4）启动电源，振捣混凝土，补充混凝土以保证每根杆件混凝土足量。

（5）停止振捣，将钢制模具（含混凝土杆件）抬出振捣台，在平地上翻转反扣，抬出模具，取走聚乙烯薄膜。

（6）初凝后洒水养护3日，归堆存放，再集中养护25日。

3. 钢筋混凝土网架箱的组装与运输

可在陆地上或船上完成对钢筋混凝土网架箱的组装；对于岸线场地比较便利的工区，可在陆地上组装，再通过吊车将网架箱转移到运输船上；对于岸线场地不大的工区，可在运输船上直接组装。

4. 钢筋混凝土网架箱的沉放施工

（1）施工船定位。根据施工网格的地形条件、施工当天的水位以及施工断面的流速条件，确定施工定位船的具体位置。施工定位船为 500t 级的起重吊船。

（2）采用牵引法进行网架箱沉放施工。将 2 根牵引绳穿过网架箱侧面的控制绳，船吊挂钩钩住 2 根起吊绳，经位于施工工船一侧的运输船，将网架箱吊运到另一侧，在水面上脱钩，通过 2 根牵引绳控制网架箱的着床位置。

5.2.17.3 优势分析

护坡结构具有较好的耐久性、一定的整体性和较好的适应性。钢筋混凝土护底促淤网架箱护坡结构是目前护岸工程单体轮廓体积最大的型式，具有普通钢筋混凝土强度高、耐久性好的特点。该项技术汇集了钢筋混凝土铰链排、钢筋混凝土四面六边透水框架、软体排（聚丙烯编织布绑扎预制混凝土块）河道护岸技术的优点。

护坡结构取材容易、建造方便。钢筋混凝土护底促淤网架箱结构所用的原材料为钢筋、水泥、砂、聚丙烯纤维编织布和编织布带等，均为普通工程材料。另外，其基本构件为微小型预制钢筋混凝土杆，施工工艺成熟。

该技术已于 2015 年 10 月运用于长江中游下荆江最险要的七号岭、荆江门地段护岸加固工程中。在施工期（枯水期），这两个地段最大水深约为 35m、近岸最大流速为 2.1m/s，从 2016 年汛后工程运行情况来看，工程已达到设计效果。

总体来说，钢筋混凝土护底促淤网架箱护坡结构的耐久性和适应性较好，具有一定的整体性特点，且取材容易、建造便利。该技术应用于河道护岸加固工程，可以达到工程设计目标要求，其推广应用具有一定的社会效益和经济效益。

5.2.18 堤防渗漏监测技术

科学技术的快速发展与进步，推动着堤防渗漏监测技术的与时俱进，传统的监测设备不断更新换代，诸如测压管、渗压计等老式检测仪器逐渐退出了堤防渗漏监测的舞台。渗漏监测技术逐步从单一走向复杂，从估算走向精确，从断点式走向分布式，为水利工程的安全提供了更好的保障。传统的渗漏监测方法十分简单，也很方便，广泛应用于国内外的堤防和大坝。它们的广泛应用为电磁、电容等高精尖监测技术的出现奠定了基础。其中测压管是最为普遍、较为廉价、比较重要的监测设备，它可以进行渗透压力和地下水位的监测，在实际操作的时候往往可以进行人工比测，这大大增加了比测值的可靠性和准确性，但过多的人工介入导致测压管易受破坏，费时费力，滞后时间较长。为了弥补施工过程中出现的不利因素，渗压计应运而生，这种专门测量孔隙水压力和渗透压力的传感器可以较为容易的实现遥控监测，大大减少了人工的介入，克服了时间滞后等不利因素，开启了自动化监测的道路。

现阶段较为前沿的渗漏监测方法有电探法和示踪法。目前，堤防、大坝等挡水建筑物的渗漏监测已经取得了不错的成果，这离不开技术的不断革新和突破。就目前国内外的重大水利工程项目的渗漏监测这一环节来说，电探法、地质雷达探测法、分布式光纤温度传感法、温度示踪法这几种监测技术比较常用，下面将分别介绍以上几种堤防渗漏监测方法。

5.2.18.1 电探法

顾名思义，电探法是利用电学参数的特性来探索堤坝渗漏的方法。当发生渗漏时，渗漏水可以改变介质的电容和电位差，通过电学参数的变化可以很快确定发生渗漏的位置、形态等关键信息，为抢险争取了宝贵的时间。基于直流电阻率来进行监测主要是由于堤防材料有一定的导电性，含水量高的材料导电率也会相应升高，此时绘制堤防电导率等值线图，根据电导率的变化规律，便可以很直观地了解到渗漏路径。直流电阻率法已经成功地应用于各堤防的探测实践中，效果十分显著。

5.2.18.2 地质雷达探测法

地质雷达探测是通过向堤防发射高频电磁波，根据接收到的反射波的波形来判断堤防发生渗漏的空间位置。这种方法最显著的优点就是不受任何地形条件的限制，而且准确率、分辨率高，直观明了，但目前仍然有难题没有攻克，例如在探测时目标堤防反馈的波形图发生了变化，很难确定是由于渗漏导致的，还是因为堤防结构形态和介质性质本身发生变化而导致的，故该技术仍处于研究阶段。

5.2.18.3 分布式光纤传感技术

1. 光纤传感器简介

传感器对于信息系统是十分重要的，在自动控制装备中，传感器提供反馈信号以保证控制系统正常工作。对于工业和民用工程来说，传感器显示出它们的基本状态，诸如应力、应变、振动、温度变化等。人们之所以将光纤与传感器相结合，无疑是想充分发挥光纤的敏感特性，作为敏感器，它具有获取信息和传送信号的双重功能，显示出了独特的优越性，具体表现为：

（1）体积小，重量轻；

（2）抗环境干扰，防水抗潮；

（3）抗电磁干扰（EMI），抗射频干扰；

（4）具有遥感和分布式传感的能力；

（5）使用安全、方便，兼具信号传送功能；

（6）复用和多参数传感功能；

（7）大宽带、高灵敏度。

2. 分布式光纤温度传感器的特点

由于在国家的很多科研项目、工程建设中对温度的把握是重中之重，往往温度的测量与控制是关乎项目成败的关键节点，因此光纤技术拓展到温度测量领域在近些年来的课题研究中变得十分重要。对于许多场合如大型电力变压器内部的温度场分布，桥梁、水坝、建筑、隧道中的温度场分布以及存储易燃、易爆、有毒、有害气体或者其他物质的大型存储罐等热分布场的测试，传统的温度传感器或者因为不能工作在强电磁场环境中，或者因为多点测量的成本过高，或者存在传感器的安装等问题，因而不能胜任此工作。

分布式光纤传感器具有抗强电磁干扰的特点，更为重要的是方便测量，仅仅通过一次测量便可以获取到整个被监测区域的影像，但通常一次测量耗费的时间也较长。

它能在工程实践中被广泛推广的重要原因是由于一条光纤通信线路可以携带数以千计的监测信息，这极大地节省了工程开支，使得成本大大降低。

3. 分布式光纤测温原理

分布式光纤测温技术现如今已成为国内外科研的热点，将科学成果有效转化，投入到工程建设中去，已成为领域内亟待解决的问题。分布式光纤之所以可以实现测温目的，源于其可以智能的将光时域反射技术（OTDR）和拉曼散射原理结合到一起，应用光纤光时域技术对待测点进行定位，应用拉曼散射的温度敏感性完成温度的测量，下面将简单介绍一下 OTDR 技术。

（1）光纤光时域反射原理

激光在光纤中发生全反射时会伴随着瑞利散射和菲涅尔反射，将反射光逆向传输以后，会发现反射光对一些物理参数特别敏感，诸如温度、湿度、压力等，将捕捉到敏感参数的光信号调制解调后输出，以达到对待测参数预警的目的，这就是 OTDR 技术，它是分布式光纤测温系统的理论基础，可用图 5-15 说明其组成温度传感器的工作原理。

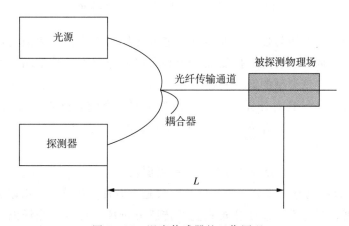

图 5-15 温度传感器的工作原理

根据上图可以看到，部分光信号的传播路径并没有改变，仍沿着原信道进行传播，部分光信号发生了路径偏移，部分光信号被探测器捕捉。

众所周知，光在均匀的介质中沿直线传播，但在光纤中无规律的全反射会产生散射，也就是瑞利散射，与此同时，光纤介质并非理想介质，会存在个别不均匀的交叉点，在这些交叉点上会产生菲涅尔反射，OTDR 技术完美的捕获这些强度很高的反射光，并对其进行定位，来判断这些交叉点的具体位置。从某种程度来说，OTDR 技术类似于雷达，二者都是依靠事先发射出一个信号，然后再利用技术捕获反馈信号，最后分析反馈信号上所携带的信息。

（2）光纤拉曼散射原理

拉曼散射最初是由印度的物理学家拉曼发现，为了纪念他为科学所做出的贡献，特将此类散射现象称为拉曼散射。当光照射到物体表面时，物体会吸收一部分光的能量，分子在能量的驱动下发生不同频率、不同振幅的振动，与此同时发出较低频率的光，这一点和康普顿效应较为类似。物质发出的低频光谱可以反映出物质的特性，所以此时分析所捕获的光信号即可实现对物质的深入分析。在整个温度传感系统中，激光二极管发出光信号，经过双向耦合器作用以后进入系统，光纤拉曼温度传感器及其系统大致的原理如图 5-16 所示。

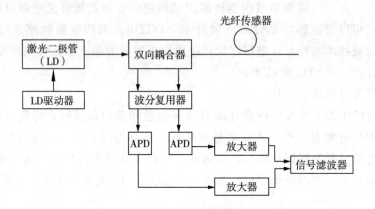

图 5-16　光纤拉曼温度传感器及其系统

由于光纤介质的不均匀性，当外界有光进入光纤时必定会发生散射，但散射光的成分不尽相同，有瑞利散射光、拉曼散射光和布里渊散射光，其中瑞利散射对本实验研究是没有意义的，该类型的散射对温度、压力等物理参数不敏感，布里渊散射虽然可以精准测量温度，但其对外界环境要求极为苛刻，会随着外界条件的变化而变化，不适合作为研究对象，故只有拉曼散射是进行实验最佳的选择。

4. 主要仪器设备

(1) FT320-02D05 高分辨率分布式光纤测温仪

FT320-02D05 高分辨率分布式光纤测温仪是上海拜安传感技术有限公司研制生产的机架式高精度、多通道、连续分布式光纤传感分析仪，可对沿光纤温度场进行连续的分布式测量。

其基本工作原理为：由光纤测温主机按照一定重复频率发射的脉冲光入射到传感光纤，由激光脉冲与光纤分子相互作用产生后向拉曼（Raman）散射效应，一个比光源波长长的斯托克斯（Stokes）光和一个比光源波长短的反斯托克斯（Anti-Stokes）光沿传感光纤后向发射回到光纤测温主机，反斯托克斯光信号的强度与温度有关，斯托克斯光信号与温度无关。所以，从传感光纤内任何一点的反斯托克斯光信号和斯托克斯光信号强度的比例中，可以获取该点的温度。而感温点的空间距离，可以利用 OTDR 技术通过感温光纤中光波的传输速度和后向散射光的返回时间进行准确计算。

FT320-02D05 光纤传感分析仪在光源稳定性、APD 探测灵敏度等方面进行了特殊设计，内置业界最为领先的高分辨率、超高速 AD 转换处理电路，在光纤测温距离、空间分辨率和测温精度、响应时间等多项关键技术指标上处于领先地位。主要技术指标见表 5-8 所列。

表 5-8 FT320-02D05 光纤传感分析仪主要技术指标

技术指标	型号
	FT320-02D05（2 通道，5km 测温距离）
感温通道数	2 个
每通道测温距离	5km
测温范围	−50～350℃
温度分辨率	0.1℃
测温精度	±0.5℃
单通道测温时间	1s
空间分辨率（精确测温的最小光纤感温长度）	1m
定位精度（沿光纤的测温取样长度）	0.4m
系统软件	Windows 2000 及以上版本
通信接口	1000M 以太网，RJ45 接口，RS232，USB
报警分区数	可软件设定
系统工作温度	−25～+50℃
电源输入	180～240V/（50±5）Hz
二次开发接口	提供动态链接库方便二次开发和应用集成
外形尺寸	标准 19 英寸 2U 机箱

（2）FT210 光纤光栅传感分析仪

FT210 光纤光栅传感分析仪是上海拜安传感技术有限公司研发的高精度光纤光栅解调分析设备，适用于温度、应变、压力、位移等多种类型传感器的信号解调。具有 16 通道，同步 25/100Hz 采集频率。其技术指标见表 5-9 所列。

表 5-9 FT210 光纤光栅传感分析仪技术指标

通道数	16 个
每通道最大测点数	25 个
波长范围	1525～1565nm
波长分辨率	0.1pm
波长精度	1pm
同步采集频率	25/100Hz
光纤传输距离	50km
通信接口	100M 以太网

利用分布式光纤进行渗漏监测是一种新兴监测方式，采用分布式光纤传感技术能够对堤防模型的渗漏过程进行监测，通过量测设备，可以较为方便地对所测的数据进行实时校核，获取完整的实测曲线，并以图像、三维数据格式存储，便于对出现的堤

防渗漏进行预警和处理。

5.2.18.4 温度示踪渗流监测技术

示踪法包括环境同位素示踪法和温度示踪法，所谓示踪法就是利用设备来捕捉到所利用的化学元素的异常，通过这些异常来监测渗漏，而这些化学元素可能来自水体本身，或者是为了达到目的额外添加的。

温度示踪渗流监测技术是一种基于地球物理学的探测技术。其原理是，将一组或几组具有较高灵敏度的温度传感器测头埋设在堤（坝）等挡（蓄）水建筑物的基础或内部的不同深度，在温度扰动的影响消散后，测定测量点的温度。如土堤（坝）的土体孔隙介质内无渗流水流动，则其导热性较差，温度场分布较均匀如测量点处或附近有渗流水流通过（渗透流速一般必须大于 10m/s），将打破该测量点处附近温度分布的均匀性及同一组温度测量点之间温度分布的一致性。在研究该处正常温度后，可独立地确定测量点处温度的异常是否是由渗漏水活动引起的，从而实现对土体内集中渗漏点的定位和监测。

早期温度示踪渗流监测技术的实现主要是通过在水工建筑物或其基础内埋设大量热敏温度计来进行温度测量的，尽管用温度示踪法进行渗流监测比埋设测压管及渗压计更灵敏有效，并且还具有一定的成本优势，但这种通过埋设点式温度计的测温技术，同样会因布置的测量点数量有限而出现对温度场分布中不规则区域的集中渗漏漏检的情况。

近年来发展起来的分布式光纤温度测量技术，可通过埋设在建筑物或基础内的光缆实现对沿程各连续测量点进行实时温度采集，并能对测量点进行空间定位。分布式光纤测温系统所使用的光缆为常规通讯光缆，费用较低。这一技术不仅克服了点式温度计测量点数量有限和成本高的缺点，而且大大提高了发现水工建筑物及其基础集中渗漏通道的概率。德国还通过对保护光缆的金属铠进行通电加热的方法，增设渗漏监测点的温度梯度，提高识别渗流异常部位的分辨率。

温度示踪法渗流监测技术，尤其是基于分布式光纤测温的渗流监测技术，作为一种新的堤防渗流监测手段，与堤防传统的渗流监测方法相比具有成本低、在空间上可连续测量、灵敏度高等优势，因而可以利用这一技术分阶段对堤防的重要堤段及险工、险段的渗流状态实施有效监控。分布式光纤测温渗流监测技术适合于对堤防土石坝、面板堆石坝混凝土坝及水渠等水利水电工程的渗流监测，尤其适合于新建工程。测温光缆可以在工程施工期直接铺设，既降低了埋设常规监测仪器会形成的施工干扰概率，又可节约成本，具有较广阔的应用前景。

5.2.19 堤防护岸工程监测技术

堤防护岸工程会使工程范围内的横向河床变形得到有效控制，保证堤防稳定。但近岸未护处仍存在纵向与垂向冲刷，引起深泓刷深并内移，进而对护岸工程产生破坏性影响，严重时甚至会发生大面积崩岸，使得护岸工程失效，失去稳定河岸的作用，易形成险工险段。为预防堤防护岸工程受损或大面积塌岸，定期对护岸工程进行监测和稳定性分析是十分必要的。护岸工程监测主要包括护岸工程的位移监测、渗透压力监测、水下地形量测、地貌调查以及河岸和河床部位的侵蚀状况监测等。

5.2.19.1 水下多波束测深技术

水下多波束测深技术是由声学仪器、GPS、姿态数字传感器、计算机及功能强大的软件组成的高新水下地形测量新技术。它采用广角度发射和多通道信息接收，获得堤防护岸上百个波束的条幅式地势数据，以带状方式对堤防进行监测，对堤防护岸工程的水下地形进行全覆盖测量。水下多波束测深系统采用姿态数字传感器对监测船的船身姿态进行改正，保证了竖直方向水深测量的精度。水下多波束的波束角很窄，可以精确反映水下地形的细微变化、水下目标物的大小和形状，能够全面、准确地反映堤防护岸的地形起伏变化。水下多波束测深技术大大提高了堤防护岸工程监测的精度、分辨率和监测效率。

根据堤防护岸工程的特点和相应的监测规范，采用水下多波束测深技术进行护岸工程监测的作业方法大致如下。

（1）多波束系统 SeaBat 7125 探头支架的安装需要保证和船体成为一个整体，船体姿态测量能够很好反映探头的发射和接收位置。

（2）设置船体坐标系中心参考点 CRP 中心，船右舷方向为 x 轴正方向，船头方向为 y 轴正方向，垂直向上为 z 轴正方向。分别量取 GPS 天线、罗经、声呐探头相对于参考点的位置。

（3）在已知控制点架设基准站，检查 RTK 的流动站选项与流动站无线电设置，待有 RTK 固定解时，设置定位数据（GGA）、时间数据（ZDA）、同步时间触发信号（PPS）、端口、波特率等参数。

（4）在监测船上依次安放 7-P 主机、采集工控机、显示器等，然后通过采集软件 PDS2000，将 GPS 流动站的输出时间信号（PPS，ZDA）、导航定位数据（GGA）、OCTANS 光纤罗经定向数据和运动传感器姿态数据、7-P 水下地形数据与采集电脑连接，各个设备数据工作正常，按照预先布置的测线进行堤防护岸工程变化过程的水下三维地形监测。

（5）护岸工程水下三维地形扫测完成后，选择特殊的地形，采集多波束水下地形数据，并计算探头安置的校正值。

（6）多波束测深系统换能器的高程确定一般采用 RTK 法。流动站 GPS 天线垂直测量精度约为 2cm，考虑到天线高与水下多波束测深系统的换能器高程测量误差、波浪，垂直方向的精度在 4cm 左右。

（7）声速剖面测量。与单波束不同，多波束测量依赖于水体介质对声波的传播、反射、散射，测量各波束的不同到达角，将接收到的数据按角度、旅行时经过的声速剖面折算成深度和侧向水平距离。因此，计算时需要掌握测区的声速变化特征与规律，通过声速剖面软件编辑，并在数据处理时进行声线弯曲改正。

（8）多波束内业数据处理采用 CARIS HIPS and SIPS 软件的 HIPS 模块，对各传感器采集数据进行处理，并设定水深数据过滤参数，删除大部分的假信号，保留高精度的水深数据，生成水底立体三维地形图。将全覆盖的三维数据按照指定的网格抽稀输出并采用 CASS 9.0 绘图软件编制护岸工程水下地形平面图。

（9）原先采用较多的单波束声呐测量技术，是按照一定距离间隔（100m、50m、30m）布设测线，获取各个不同监测断面的地形。它采用逐点测量方法，将测得的断面数据绘制成图，采取直线插补法生成等值线，并不能完全反映地形真实变化。而且单波束声呐测量技术在水下地形量测中仅采用差分GPS技术进行瞬间平面定位，对于监测船身的摇晃引起的测深误差没有采取补偿措施，使得测得的水深不是测点垂直方向的真实水深。单波束声呐测量技术也不能够克服风浪的影响，测量误差大，且不能实现空间上的连续测量，难以满足护岸工程监测的需要。综上所述，从开展的基于水下多波束堤防护岸工程监测技术的研究来看，相较于单波束声呐测量技术，多波束声呐测量技术优势明显，在堤防护岸工程监测中具有较高的推广价值。

5.2.19.2 地面三维激光扫描技术

1. 三维激光扫描仪测量原理

三维激光扫描技术又称实景复制技术，是无合作目标的自动化快速测量系统。三维激光扫描仪主要由测距系统、测角系统以及其他辅助功能系统构成，通过激光扫测快速、准确获取物体三维坐标、反射强度（Intensity）及纹理信息等。

测量原理是扫描得到测站点到待测物体表面任一目标点的距离S，并获得测量瞬间激光脉冲的横向扫描角度观测值α和纵向扫描角度观测值θ，进而得到激光角点在物体表面的基于三维激光扫描仪的内部坐标系统三维坐标值。三维激光扫描仪的内部坐标系统具体如图5-17所示，获取的坐标计算公式如下。

$$x = S\cos\theta\cos\alpha \qquad (5-2)$$

$$y = S\cos\theta\sin\alpha \qquad (5-3)$$

$$z = S\sin\theta \qquad (5-4)$$

以上解算的是内部坐标系统坐标。在实际生产应用中，还需要将其转换到测站坐标系。三维激光扫描仪提供了设置测站工作流和自由设站工作流两种解决方案。设站模式下扫描坐标即为测站坐标系下的坐标；自由设站模式要通过配准实现扫描坐标向测站坐标的转换，一般采用布尔莎七参数法。

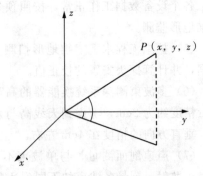

图5-17 三维激光扫描仪的内部坐标系统

2. 测量误差分析及质量控制

三维激光扫描仪获取的点云误差包括数据采集阶段的误差及数据处理阶段的误差。数据采集阶段的误差组成包括仪器误差、目标反射面有关的误差以及外界环境误差；数据处理阶段误差主要是配准误差。

1）仪器误差

圆形发射的激光束到达物体表面形成的光斑大小随扫描距离的增加而呈线性增大。定位的不确定性是指激光回射信号不一定位于光斑中心，其极限误差即为光斑半径r。

2）目标表面因素

激光测距依赖于被测目标反射的激光，反射信号的强度一般均受目标反射特性的影响，且直接影响测量精度。物体反射特性的差异会导致一定的系统性偏差。物体反射特性受材质、表面倾斜度和粗糙度、色彩等影响。如果表面过于光滑和明亮会产生镜面反射，反射信号过强而造成较大的测量误差。

（1）反射面倾斜对点云密度的影响。点云密度可视需求选择扫描仪中不同的工作模式，差别在于激光束间夹角的大小。此外，点云获取的密度还与激光束入射角和距离有关，反射面对点云密度的影响如图 5-18 所示。理论密度计算公式为 $d = S\sin\alpha/\sin\beta$，$\alpha$ 为激光束间的夹角，β 为激光束的入射角，S 为目标距离。

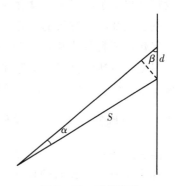

图 5-18　反射面对
点云密度的影响

（2）反射面倾斜对测量精度的影响。反射面倾斜对测量精度的影响主要表现在激光束打到倾斜面上，光斑会扩散成椭圆形，此时因光斑大小导致的极限误差即为椭圆的长半轴半径，其大小为 $r/\cos\beta$。

3）点云配准因素分析

设置测站工作流直接获取测站坐标系下的点云成果，无须配准。自由设站工作流的配准方法有自动配准和手动配准。自动配准是以公共面进行匹配的，系统自动提取特征点对计算；自动配准需要选择参考站和自由站，只能以某站为参考逐站配准，导致累积误差越来越大。当自动配准不通过时，必须采用手动配准再次进行配准。手动配准是通过手工提取特征点对进行计算，当特征点为已知点时，即实现各自由站坐标系的独立转换，避免了误差累积。

4）技术特点

三维激光扫描仪在险工护岸监测中应用研究的试验结果满足相关规范的精度要求，但为了保证该测量技术施测结果的高精度，进行影像扫测系统施测陆上地形时应选择植被覆盖稀少的区域。对该项技术的工程实践结果进行总结，其有以下几个特点。

（1）在山坡陡崖、崩岸险情等监测方面，良好的观测条件加上无接触式测量使得影像扫测系统具有较大优势。

（2）影像扫测系统的观测精度较高，满足大比例尺测图的要求，但植被区域因无法获取原地面，故精度较低。

（3）受地形条件限制，不可避免地出现扫描死角，同时点云密度分布不均。

三维激光扫描仪的应用可参考以下几点建议：测量区域应选择植被覆盖稀疏的区域进行；在点云编辑方面，重点考虑点云分类提取能力和手工编辑能力。宜选取或开发一个点云子区编辑模块，提高编辑精准度，同时在此模块中实现对点云高程编辑的功能，这样就能较为精准地解决密集低矮植被区域点云向原地面的调整问题；应充分考虑后处理软件在制图方面的便利性和高效性。

5.3 新建设标准

随着现代社会经济的发展与科学技术的进步，新材料、新技术层出不穷，这就对建设标准提出了新要求。没有规矩不成方圆，若想让新技术更好的发展和适应工程建设，就必须及时、有效的制定相应的规范，将每项技术规范化、标准化，以便给其他的工程建设项目提供相应可供参考的依据。近年来，生态混凝土、再生骨料混凝土、水工混凝土雷达法检测技术等在水利工程建设中的广泛应用，推动了相关建设标准的发展，下面将会对以上标准做简要的叙述。

5.3.1 《堤防工程安全评价导则》

随着经济社会的飞速发展，堤防工程在保护两岸工农业生产、人民生命财产安全和发挥生态效益等方面的作用越来越大，堤防工程的安全状况也受到社会广泛关注。据 2014 年全国水利发展统计公报：全国已建成五级以上江河堤防 28.44 万 km，累计达标堤防 18.87 万 km，堤防达标率为 66.4%；其中一级、二级达标堤防长度为 3.04 万 km，达标率为 77.5%。全国已建成的江河堤防保护人口为 5.86 亿，保护耕地为 4.28 万 km²。针对堤防长度大、保护范围广而达标率不高的现实，为强化堤防安全管理、掌握堤防安全状况、规范堤防安全评价工作、保障堤防安全运行，水利部安排编制《堤防工程安全评价导则》（SL/Z 679—2015）（以下简称《导则》），并于 2015 年 1 月 21 日发布，2015 年 4 月 21 日起实施。

该《导则》针对堤防工程建设管理的特点和安全评价的难点，考虑到堤防工程安全评价所需要资料缺乏和安全评价工作基础薄弱问题，借鉴水闸安全评价的经验，重视堤防运行管理中出现的问题，在对运行管理、工程质量进行评价的基础上，有针对性地进行防洪标准、渗流安全性、结构安全性复核，再依据现状堤防能够达到现行规范和规划设计标准要求的程度，对堤防安全性进行综合判定，并提出相应处理意见。其编制的较为关键性的问题包括以下几点。

（1）堤防工程安全的定义及分类。工程安全与否是相对的概念，该《导则》将堤防工程安全定义为"堤防现状能够满足现行标准的要求"，并将堤防安全综合评价结果分为三类，即安全、基本安全、不安全。评价为"安全"的堤段经日常养护修理即可在设计条件下正常运行；评价为"基本安全"的堤段需要有针对性地提出汛期查险、抢险工作的重点和局部加固处理意见；评价为"不安全"的堤段应提出除险加固方案建议。评价时，堤防级别应根据防护对象现状或规划的防洪（潮）标准确定。

（2）安全评价周期的确定。鉴于堤防安全比较复杂，在导则中并未对安全评价周期做明确规定。《导则》中规定：应根据堤防的级别、类型、历史和保护区经济社会发展状况等，定期进行堤防安全评价；出现较大洪水、发现严重隐患的堤防应及时进行安全评价。

（3）评价单元及评价范围的确定。科学合理选择代表性堤段和断面是做好堤防安全评价的基础，同时堤防土石接合部位也是需要关注的重点，故《导则》规定：评价单元的划分，宜以独立核算的水管单位管辖的全部堤防或局部堤段进行评价。评价范围应包括堤防本身、堤岸（坡）防护工程，有交叉建筑物（构筑物）的应根据其与堤防接合部的特点进行专项论证，并在附录中提出专项论证的要求。

（4）评价程序及报告要求。将堤防安全评价分为现状调查分析、复核计算、综合评价三个阶段，同时为规范安全评价报告、编制工作，在附录中提出了堤防安全现状调查分析报告、堤防安全复核计算分析报告、堤防安全综合评价报告的编制要求。

综上，该《导则》的发布有利于规范堤防安全评价工作，促进堤防日常管理工作，但在执行中还会遇到评价所需资料不全等瓶颈问题。为提高《导则》的可操作性，一要要求管理单位加强对安全管理有关资料的收集、整编、存档工作；二要要求编制单位注意收集各地在开展堤防安全评价工作中的经验；三要加强有关科研工作，如：适合堤防工程重点堤段和重要部位的安全监测技术、截渗墙和土石接合部等隐患的探测技术、堤防安全评价参数的标准化研究、堤防安全信息多源融合及风险综合评估技术等。

5.3.2 《堤防工程养护修理规程》

堤防工程具有分布广，地域差异大，受自然因素、管理体制、资金来源、当地经济发展水平等因素的影响，管理水平参差不齐等特征。堤防工程线长，有些堤防质量不高，隐患险点较多，养护修理任务繁重。堤防工程以社会效益为主的特殊性和养护修理任务的复杂性，增加了其养护修理工作标准化的难度。

《堤防工程养护修理规程》（以下简称《规程》）充分考虑堤防工程的特殊性和复杂性，本着"全面考虑、统筹兼顾"的指导思想，确定《规程》的总体结构、技术要求和技术指标。在对全国代表性堤防工程进行调研的基础上，明确了堤防工程的含义，并确定养护修理的项目和作业标准，在编制中反复征求国内专家的意见，以高水平的成果为规范全国堤防工程管理工作服务。

《规程》主要内容按"堤防工程"的定义设置，即分为堤防、堤岸防护工程、穿跨堤建筑物和管理设施4个部分；作业层次分为工程检查、工程养护、工程修理；按单元工程（重要单元工程按其工程部位）或其损坏、缺陷的类型规定各作业环节的技术要求。《规程》由正文和条文说明组成。在正文中，除上述内容外，还有总则、附录、用词用语说明3个部分。章节安排上，重点突出，条理分明。作为重点的堤防堤岸防护工程的养护、修理，《规程》将其单独成章，而堤防、堤岸防护工程所共有的抢修、动物危害防治和生物防护工程养护修理则合并编写。

该《规程》对适用范围、堤防工程抢修、坝身裂缝和滑坡处理以及电法探测隐患进行了很好的说明之外，也对"养护"和"修理"进行了界定。界定主要是依据工作性质、工作量大小和经费渠道等因素区分"养护""修理"，认为堤防工程养护是一项经常性的工作，即通过对工程各部位进行经常保养和防护，以维持或恢复工程的原貌，保持工程的设计功能；堤防工程修理是指对发生的工程损坏及存在的缺陷及时进行修复，防止损坏部位或缺陷发展扩大，以致危及堤防安全。养护和修理同样是堤防工程安全运用的保障。在有关"养护"的章节中涉及的"工程本身缺损",限定为"局部、表面、轻微的缺陷和损坏",以明确养护和修理在工作性质上的差别。

总体来说,该《规程》内容较为全面,具有很好的通用性、可操作性、科学性和先进性,能正确处理"安全"与"经济"的问题。

5.3.3 《水土流失危险程度分级标准》

根据《中华人民共和国水土保持法》,为规范水土流失危险程度分级、合理确定水土流失防治重点,制定了《水土流失危险程度分级标准》。该标准适用于全国水力侵蚀、风力侵蚀危险程度等级划分;对重力侵蚀中的滑坡单体和混合侵蚀中的泥石流单沟提出了危险程度等级划分的参考方法。

该标准首先对水土流失危险程度(potential hazard degree of soil erosion)、抗蚀年限(duration of complete soil lost of critical layer after damage of vegetation)以及植被自然恢复年限(duration of natural vegetation restoration)等概念进行定义。其中,水土流失危险程度是指植被遭到破坏或地表被扰动后,引起或加剧水土流失的可能性及其危害程度的大小,亦称土壤侵蚀危险程度;抗蚀年限是指植被遭到破坏或地表被扰动后,超过临界土层厚度的土层全部流失所需要的时间;植被自然恢复年限是指地表植被遭到破坏后,依靠自然能力,植被盖度达到75%所需要的时间。

在基本规定中,该标准将水力侵蚀、风力侵蚀危险程度等级划分为微度、轻度、中度、重度、极度共5级。将滑坡、泥石流危险程度等级划分为轻度、中度、重度共3级。水力侵蚀危险程度等级应按其地表裸露时,水土流失对表土资源的损毁或植被自然恢复难易程度进行判别。风力侵蚀危险程度等级应按地表形态遭扰动后,生态系统自然恢复的难易程度进行判别。

该标准对于分级标准也有相应的规定,其中水力侵蚀危险程度等级应采用抗蚀年限,或植被自然恢复年限和地面坡度因子进行划分,均应按照相应的规定执行划分;风力侵蚀危险程度等级应采用气候干湿地区类型和地表形态(或植被覆盖度)因子进行划分;滑坡危险程度等级宜采用潜在危害程度和滑坡稳定性两个因子进行划分;泥石流危险程度等级宜采用潜在危害程度和泥石流发生可能性两个因子进行划分。以上的划分均应按照相应的规定执行划分。

堤防工程若是出现水土流失情况,可能会出现滑坡、泥石流等现象,威胁堤防安全。故该标准的制定可以给堤防工程日常管理的水土流失程度判定提供一些相应的依据,以便及时发现问题,解决相应的安全隐患,减少险工的数目,做到防微杜渐。

5.3.4 《生态混凝土应用技术规程》

生态混凝土是一种由骨料、水泥和功能性添加剂组成的、采用特殊工艺制作、具有生态系统基本功能、满足生物生存要求的多孔混凝土。为规范生态混凝土技术应用,做到技术先进、安全可靠、经济合理、确保工程质量、促进生态恢复,制定了《生态混凝土应用技术规程》(CECS 361—2013)。它适用于水利、公路、铁路、水运、环保等工程中以生态混凝土为材料的护坡、护岸及其他生态修复工程的选材、设计、施工及验收。

在材料方面，该规程对生态混凝土的骨料、水泥以及添加剂都有相应的要求。例如，生态混凝土的骨料宜采用单级配，粒径宜控制在 20～40mm 之间；针片状颗粒含量不宜大于 15%，逊径率不宜大于 10%，含泥（粉）总量不宜大于 1%；制作用于水上护坡、护岸的生态混凝土，空隙内应添加盐碱改良材料，以改善空隙内生物生存环境；以及，当需要进一步提高生态混凝土抗压强度时，可在拌和时加入减水剂或环氧树脂、丙乳等聚合物黏合剂等等。

该规程在设计、施工以及质量检验与评定方面，也有较为详细的说明以及规范要求。总体来说，该规程对生态混凝土的应用具有很好的规范、指导作用。

5.3.5 《再生骨料混凝土耐久性控制技术规程》

再生骨料是再生粗骨料和再生细骨料的总称。掺用了再生骨料配制而成的混凝土，称为再生骨料混凝土。为规范再生骨料混凝土耐久性控制技术，满足设计和施工要求，保证再生骨料混凝土工程质量，做到安全适用、技术先进和经济合理，制定了《再生骨料混凝土耐久性控制技术规程》（CECS 385：2014）。

该规程适用于再生骨料混凝土耐久性控制。规程中指出再生粗骨料宜与其他粗、细骨料混合使用，不得用于预应力混凝土结构。再生粗骨料按技术性能可分为Ⅰ类、Ⅱ类和Ⅲ类，其质量应符合现行国家标准《混凝土用再生粗骨料》（GB/T 25177—2010）的规定。

该规程从原材料控制、混凝土性能要求、配合比设计、生产与施工以及质量检验等几个方面出发，针对再生骨料混凝土的特性以及其适用性，对其耐久性控制做出了很好的规范和说明，对于使用再生骨料混凝土的工程建设具有很好的指导作用。

5.3.6 《水工混凝土雷达法检测应用技术规程》

雷达法检测技术是无损检测方法，该检测技术在水利工程质量检测中已得到了广泛的应用。随着该技术的发展，《水工混凝土雷达法检测应用技术规程》（DB21/T 3217—2019）也随之产生。该规程的制定为在混凝土结构质量检测中正确使用该技术，提高现场检测工作质量、数据分析科学性与合理性，提供了更好的保障，也促进了该方法的应用与推广。

该规程对于水工混凝土雷达法检测应用技术的适用范围有所界定。目前的工程实践、实验室试验与理论分析，认为雷达法检测技术较为成熟的检测项目有：混凝土结构体中的钢筋数量，钢筋间距，钢筋的混凝土保护层厚度，混凝土内部振捣不实，衬砌厚度，路面厚度，闸底板厚度，混凝土背部脱空，混凝土内预埋的管线、电缆、观测设施等。

在该规程中，对于检测工作程序、检测方案编制、雷达系统校准装置、雷达系统组成、雷达系统技术要求、参数选择、钢筋布设检测、内部缺陷检测、厚度检测等都有详细说明，对现在的水工混凝土雷达监测技术有较好的适用性。

混凝土作为当代土木工程中应用最广泛的材料之一，影响着当代建筑和土木工程的发展进程和前进方向，现代建筑技术不断发展进步，制备和研发新型混凝土也成了一个重要的发展方向。除上述几个有关混凝土的标准外，又逐渐涌现出《混凝土外加剂应用技术规程》（DB11/T 1314—2015）、《水工混凝土外保温聚苯板施工技术规范》（CECS 268—2010）、《再生骨料透水混凝土应用技术规程》（CJJ/T 253—2016）、《大体积水工混凝土渗漏探测导则》（DB21/T 3216—2019）等建设标准。这些新标准的及时、有效制定，可以很好地规范最新的混凝土材料的制备过程，指导新型混凝土材料的施工。

此外，对于沂沭泗河道险工治理，最突出的就是堤防问题。近几年备受关注的生态护岸是一种仿自然状态的人工护岸，它的特点是具有渗透性的自然河床与自然河岸的功能，既能够保持河岸生态环境的稳定，又能够使水、土和水生生物相互涵养滋润，为各类生物栖息和繁殖提供条件，同时还具有一定的抗洪强度。生态护岸是护岸工程的一种形式，它必须在满足工程的稳定性与安全性的前提下，兼顾生态环境效益与其他效益。在现代化城市河道治理中采用生态护岸是城镇建设的发展导向，是现代河流治理的发展趋势之一。然而现行有关生态护岸的标准较少，若缺乏相应的标准指导，生态护岸技术的进一步发展与应用将会受到一定程度的限制，不利于该项技术的发展。因此，应尽快在原有堤防护岸标准的基础上，完善相关内容。

5.4　新理论

为实现我国水利建设的现代化，水利新理论应运而生，在总结传统理论优缺点的基础上，充分体现高科技、现代化的管理思想。传统的旧水利理论是以改造大自然、加强水利工程建设为主要指导思想，以力学知识作为支撑的，在这种思想影响下的水利建设工程严重破坏了水流域的循环系统。水利新理论在总结传统理论优缺点的基础上，综合考虑社会、经济、技术和生态等因素对水资源的影响情况，发挥水利在流域可持续性发展过程中的重要作用。水利新理论跨出传统水利理论的局限，将流域观念提高到了一个新的阶段，在重视流域的物理特性之外着力分析流域的社会及自然特性。在研究流域的水文规律的基础上，从天象、地象及生态整体上观察水域情况。同时，不可忽视人类活动在其中的影响。顺应水利现代化发展的需要，水利新理论在综合分析水域的自然特性、水文状况以及社会特性下，实现流域范围内的社会可持续发展。下面将简要介绍堤防风险分析理论、生态修复理论、基于模糊层次-主成分分析法的河道生态护坡综合评价理论。

5.4.1　堤防风险分析理论

堤防风险分析方法众多，从常规的定性、定量分析逐步发展为考虑不确定性对其结果的影响。传统的定性分析方法受人为因素影响过大，过分依赖相关经验，难以量化为适用于各种堤防的统一评价标准。常规的定值安全评价方法没有考虑到设计变量的变异性，也难以解决工程特性复杂的情况，所以考虑不确定性因素的堤防分析方法是目前的主流做法。

堤防风险分析中存在不确定性是堤防项目一直在致力解决的问题，联合国政府间气候变化专门委员会将"不确定性"定义为一个"值"未知的程度。关于不确定性的来源主要有2个：随机不确定性和认知不确定性。前者是一种内在或自然的时空变异性，后者是对研究过程、系统或对象不完全了解导致的结果。洪水风险分析模型包含各种各样的组成部分，并与巨大的不确定性相关联。其不确定性主要包含以下4个方面：①模型阈值的选择；②洪水频率分布函数的选择；③建筑在模型中几何形状的表示及不同水位的表示方法的选择；④损失函数的选择。

这4个方面的任何一种都会对洪水分析模型产生较大的影响，特别是损伤函数的选择对整体建模结果影响最大。

这些不确定性因素同时也是影响堤防风险分析的最关键因素。在现有对工程实践中随机不确定性的研究中，虽取得了一定效果，但由于缺乏足够的信息，且对认知不确定性的研究尚处于起步阶段，很难最大限度降低随机不确定性。另一方面，各文献所述风险分析模型的验证基本是通过将所观察到的数据与模拟结果进行对比来判断的，使很多模型并不具备普适性及较强的预测性。因此，目前许多针对风险分析中不确定性的研究，主要侧重于对风险评估模型链的特定部分或整体风险模型的输出敏感性进行描述。基于以上两方面的问题，堤防风险分析的发展受到较大限制，所以如何对待不确定性，并对风险评估程序全过程相关的不确定性进行彻底的调查研究，是未来需要研究的重点。

5.4.2 生态修复理论

水是生命的摇篮，是人类发展的基石，它维持着人类整体生态平衡，对于经济发展有着不可忽略的战略价值。土是万物生长的根本，是陆地动物赖以生存的栖息地，同时也是经济发展的重要资源，是人类不可缺少的物质之一。先前人类过度地使用资源，过度地开发地球蕴含的能量，无休止地对地球进行破坏，造成环境退化。当今全球水资源持续减少，生态系统功能已经出现断层。最近几年，我国环境依旧继续不断遭到破坏，政府下拨资金治理只能治标不能治本，为了很好地解决上述问题，生态修复理论应运而生。

生态修复理论涉及了很多生态学理论的原理，其主要内容是禁止人为干预环境，通过地球自然修复，植物生命体能够进行自主光合作用及恢复土壤养分。人类虽然也是生态系统的一员，但是因为通过不断进化积累了知识和经验，在潜移默化的成长与发展中破坏了生态系统平衡性，所以使得自然通过自身手段进行调节，即出现不同类型的自然灾害。因此，无论是哪种形式、什么样的权力乃至手段，都无法将环境转变成改造之前的样子了。也正因为这样，现在的人类在建设发展方面都会是在人与自然和谐共处的模式下进行。在这种模式下，从人口、资源及环境等方面进行改造，大力开展生态修复工程，对我国出现水土流失现象严重的地区进行大力整治和综合性管理，还自然于自然。生态修复理论中提及生态环境不断发展时随着时代演变的自然规律，而生态环境就是生物环境，因为处于的自然因素所形成的系统，彼此之间互相依赖和干扰，所以发展有机系统是继续稳定发展的前提因素。

5.4.3　基于模糊层次－主成分分析法的河道生态护坡综合评价理论

流域河道承载着河流的防洪、排涝、引水、供水、生态、景观水系之间的作用，是水利工程建设与水资源可持续发展利用的枢纽。流域河道的建设不仅发挥着堤岸、护坡等重要的水利工程功能，而且还包括河道景观、河道文化、河道环境等人文内容，从而实现人与水的和谐发展。近年来，生态环境建设成为热点问题，在生态环境中生态护坡与生态功能成为重点。

生态护坡综合评价以评价指标为基础、研究方法为导向，为河道生态建设提供理论依据。从生态护坡安全性、生态环境、适宜性、经济效益等方面构建生态护坡综合评价指标体系，运用模糊层次分析法和主成分分析法对生态护坡进行综合评价，并在实际工程当中应用。

生态护坡综合评价指标体系主要从功能性评价、安全性评价、环境性评价、适宜性评价、经济效益评价 5 个方面内容进行综合选取。考虑到各个评价指标的收集与选取量纲不统一，结合水利功能作为生态护坡建设的基础，重点从安全性、生态环境、适宜性、经济效益 4 个方面进行生态护坡综合评价。评价指标的选取方法多种多样，选取原则应该满足科学性、静态与动态相结合、易选取性、独立性、层次性、预测性要求。

通过构建生态护坡综合评价指标体系，运用模糊层次-主成分分析法进行评价计算。由于两种方法存在指标计算间的差异，前者要求指标具有定量分析，具有一定的数量；后者需要指标数量不宜过多，因此指标选取尤为重要。生态护坡类型具有多样性，考虑到每种生态护坡都具有各自的特点，选取评价方法也尤为重要，采用多种方法进行评价比较，使评价结果更具有合理性，更能体现出生态护坡用于改善河道生态治理的建设水平。

5.4.4　基于云服务的大坝安全监测信息管理与分析研究

大坝安全监测是服务于大坝安全的，通过安全监测可及时获取第一手资料，分析大坝及基岩的运行状态，为掌握大坝的工作形态、评价大坝安全状况、发现大坝异常迹象提供依据。随着计算机技术的不断发展和进步，监测自动化和信息化水平不断提高，新建大中型工程基本建立了大坝安全监测自动化系统，不同程度地实现了自动化监测。但目前很多工程均存在人工观测用 Excel 处理数据、多套监测自动化系统独立运行的现象，以及实施单位在施工期利用 Excel 处理数据的现象，信息化程度低，监测资料没有实现标准化、信息化管理，不利于及时分析和发现大坝安全监测数据中的重要信息。

云服务就是将监测信息存放在云端，为有需要的用户提供专业的服务，有利于实现监测信息的标准化管理和提高工作效率，同时云服务模式能够架起前方技术人员与后方专家间沟通的桥梁，及时反馈监测信息。最新研究中采用云服务解决目前大坝安全监测信息管理与分析中存在的问题，实现大坝全监测信息的标准化管理和分析，提高监测资料分析效率。基于云服务的大坝安全监测信息管理与分析系统能够实现多项目的标准化、信息化管理，能够显著减少各项目在监测数据管理与分析方面的人工投入，提高了管理和分析效率。未来，随着信息化技术的发展，云服务在大坝安全监测领域的应用将会越来越广，具有广阔的应用前景。

5.4.5　生态水利工程学

传统意义上的水利工程学作为一门重要的工程学科，以建设水工建筑物为手段，目的是改造和控制河流，以满足人们防洪和水资源利用等多种需求。这些水利水电工程设施的建设和进行，对于河流生态具有双重影响。一方面，筑坝形成水库，为干旱、半干旱地区的植被和其他生物提供了较为稳定的水源；而另一方面，则对河流生态系统形成了负面影响。

当人们认识到河流不仅是可供开发的资源，更是河流系统生命的载体；认识到不仅要关注河流的资源功能，还要关注河流的生态功能，这时才发现水利工程学存在着明显的缺陷，在满足人类社会需求时，其忽视了河流生态系统的健康与可持续性的需求。当前，有必要对于传统的水利水电工程规划设计和运行的理念与技术方法进行反思，进一步吸收生态学的理论知识，探索生态友好型水利水电工程技术体系，这是实现人与自然和谐相处目标的时代需求。

生态水利工程学作为水利工程学的一个新的分支，是研究水利工程在满足人类社会需求的同时，兼顾水域生态系统健康与可持续性需求的原理与技术方法工程学。现代科学发展使我们认识到，传统意义上的水利工程学在满足社会经济发展的需求时，却在不同程度上忽视了河流生态系统本身的需求。而河流生态系统的功能退化，也会给人们的长远利益带来损害。未来的水利工程在权衡水资源开发利用、生态与环境保护这两者的关系方面，理性地寻找资源开发与生态保护之间合理的平衡点。从河流生态建设的全局看，生态水利工程将与河流环境立法、水资源综合管理、循环经济模式以及传统治污技术一起，成为河流生态建设的主要手段之一。

现在的水利工程学的学科基础主要是水文学和水力学、结构力学、岩石力学等工程力学体系。学科的进一步发展需要吸收生态学的理论及方法，促进水利工程学与生态学的交叉融合，用以改进和完善水利工程的规划方法及设计理论。所以生态水利工程学将是一门交叉学科，也是一门应用型的工程学科。传统意义上的水利工程学研究的对象是由河流、湖泊等组成的水文系统。生态水利工程学关注的对象不仅是具有水文特性和水力学特性的河流，还是具备着生命特性的河流生态系统。研究的河流范围从河道及其两岸的物理边界扩大到河流走廊（river corridor）生态系统的生态尺度边界。

生态水利工程学的技术方法包括以下内容：对于新建工程，提供减轻河流生态系统胁迫的技术方法；对于已经人工改造的河流，提供河流生态修复规划和设计的原则和方法，提供河流健康评估技术，提供水库等工程设施生态调度的技术方法，提供污染水体生态修复技术等。生态水利工程学的基本原则主要包括以下几点。

1. 工程安全性和经济性原则

生态水利工程学既要符合水利工程学原理，也要符合生态学原理。设施必须符合水文学和工程力学的规律，以确保工程设施的安全、稳定和耐久性。必须充分考虑河流泥沙输移、淤积及河流侵蚀、冲刷等河流特征，动态研究河势变化规律，保证河流修复工程的稳定性。对于生态水利工程的经济合理性分析，应遵循投入最小而经济效益和生态效益最大的原则。

2. 保持和恢复河流形态的空间异质性原则

有关生物群落研究的大量资料表明，生物群落多样性与非生物环境的空间异质性存在正相关关系。非生物环境的空间异质性与生物群落多样性的关系反映了非生命系统与生命系统之间的依存和耦合关系。一个地区的生境空间异质性越高，就意味着创造了多样的小生境，能够允许更多的物种共存。反之，如果非生物环境变得单调，生物群落多样性必然会下降，生物群落的性质、密度和比例等都会发生变化，造成生态系统发生某种程度的退化。

河流生态系统生境异质性主要表现为：水-陆两相和水-气两相的联系紧密性；上中下游的生境异质性；河流纵向的蜿蜒性；河流横断面形状的多样性；河床材料的透水性和多孔性等。由于河流形态异质性形成了流速、流量、水深、水温、水质、水文脉冲变化、河床材料构成等多种生态因子的异质性，造就了生境的多样性，形成了河流生物群落的多样性。可以说，保持和恢复河流形态异质性是提高生物群落多样性的重要前提之一。

在确定河流生态修复目标以后，就应该对河流地貌历史和现状进行勘查和评估。在此基础上确定生境因子与生物因子的相关关系，必要时建立某种数学模型。对于新建工程，通过模型分析可以对大坝的坝址选择、河流梯级开发的布置方案、水工枢纽的布置方案进行生态影响的多方案的情景分析，进而获得生态胁迫最低的优化设计方案。对于河流生态修复工程，在模型分析的基础上，进行河流地貌学设计和生物栖息地设计。

3. 生态系统自设计、自我恢复原则

生态系统的自组织功能表现为生态系统的可持续性。自组织的机理是物种的自然选择，也就是说某些与生态系统友好的物种，能够经受自然选择的考验，寻找到相应的能源和合适的环境条件。在这种情况下，生境就可以支持一个具有足够数量并能进行繁行的种群。

生态工程的本质是对自组织功能实施管理。将自组织原理应用于生态水利工程时，生态工程设计与传统水工设计有本质的区别。像大坝设计是一种确定性的设计，建筑物的几何特征、材料强度都是在人的控制之中，建筑物最终可以具备人们所期望的功能。河流修复工程设计与此不同，生态工程设计是一种"指导性"的设计，或者说是辅助性设计。依靠生态系统自设计、自组织功能，可以由自然界选择合适的物种，形成合理的结构，从而实现设计。成功的生态工程经验表明，人工与自然力的贡献各占一半。在利用自设计理论时，需要注意充分利用乡土种。引进外来物种要持慎重态度，防止生物入侵。

4. 流域尺度及整体性原则

河流生态恢复规划应该在流域尺度和长期的时间尺度上进行,而不是在河段或局部区域的空间尺度和短期的时间尺度上进行。

所谓"整体性"是指从生态系统的结构和功能出发,掌握生态系统各个要素间的交互作用,提出修复河流生态系统的整体、综合的系统方法,而不是仅仅考虑河道水文系统的修复问题,也不仅仅是修复单一动物生态或修复河岸植被。

水域生态系统是一个大系统,其子系统包括生物系统、广义水文系统和工程设施系统。一条河流的广义水文系统包括从发源地到河口的上中下游地带的地下水与地表水系统,流域中由河流串联起来的湖泊、湿地、水塘、沼泽和洪泛区。广义水文系统又与生物系统交织在一起,形成河流生态系统。

河流生态修复的时间尺度也十分重要。河流系统的演进是一个动态过程。需要对历史资料进行收集、整理,以掌握长时间尺度的河流变化过程与生态现状的关系。河流生态修复是需要时间的。因此对于河流生态修复项目要有长期准备,需要进行长期的监测和管理。

5. 反馈调整式设计原则

生态水利工程设计主要是模仿成熟的河流生态系统的结构,力求最终形成一个健康可持续的河流生态系统。在河流工程项目按照设计执行以后,就开始了一个自然生态演替的动态过程。这个过程并不一定按照设计预期的目标发展,可能会出现多种可能性。

生态系统和社会系统都不是静止的,在时间与空间上常具有不确定性。除了自然系统的演替以外,人类系统的变化及干扰也导致了生态系统的调整。这种不确定性使生态水利工程设计是一种反馈调整式的设计方法。是按照"设计—执行(包括管理)—监测—评估—调整"的流程以反复循环的方式进行的。在这个流程中,监测工作是基础。监测工作包括生物监测和水文观测。这就需要在项目初期建立完善的监测系统,进行长期观测。同时还需要建立一套河流健康的评估体系,用以评估河流生态系统的结构与功能的状况及发展趋势。

最后,探索和发展生态水利工程学,需要鼓励多学科的合作与融合;需要积极借鉴发达国家的经验,立足自主创新;需要在工程示范和实践的基础上提升理论水平,总结技术标准和规范。

参 考 文 献

[1] 郑大鹏. 沂沭泗防汛手册 [M]. 徐州：中国矿业大学出版社，2003.

[2] 李继业，刘经强，葛兆生. 河道堤防防渗加固实用技术 [M]. 北京：化学工业出版社，2013.

[3] 李继业，翟爱良，刘福臣. 水库坝体滑坡与防治措施 [M]. 北京：化学工业出版社，2013.

[4] 李继业，张庆华，郗忠梅，等. 河道堤防工程抢险防护实用技术 [M]. 北京：化学工业出版社，2013.

[5] 苏冠鲁，周文哲，徐强以，等. 沂沭河防洪工程与抢险技术 [M]. 徐州：中国矿业大学出版社，2017.

[6] 李勇，张军，周翠玲，等. 河道工程施工·加固·管理与实例 [M]. 北京：中国建材工业出版社，2011.

[7] 高婷，尹健，桑正辉，等. 绿色生态混凝土研究进展 [J]. 商丘师范学院学报，2017，(3)：46-50.

[8] 左建江. 模袋混凝土护岸施工方法 [J]. 中国西部科技，2011，10 (14)：42-44.

[9] 于海云，樊霞霞，张俊林. 浅谈堤防护岸工程的常见形式和技术要求 [J]. 内蒙古水利，2013，(3)：110-111.

[10] 张凤翔，孔善能，张葆蔚. 浅议沂沭泗流域防汛抗旱能力建设 [J]. 中国防汛抗旱，2009，19 (3)：55-56.

[11] 朱鹰. 深层搅拌法加固技术 [J]. 城市建设理论研究 (电子版)，2014，(21)：3223.

[12] 李萌，陈宏书，王结良. 生态混凝土的研究进展 [J]. 材料开发与利用，2010，(5)：89-94.

[13] 许忠东. 生态混凝土在河道护岸中的应用 [J]. 中国科技纵横，2016，(22)：1.

[14] 李燕，平克建. 沂沭泗河洪水安排及效果 [J]. 水利规划与设计，2005，(1)：8-10.

[15] 陶祥令, 刘辉, 程雷. 植被生态混凝土制备工艺研究进展 [J]. 材料导报, 2016, 30 (7): 152-158.

[16] 李端有, 陈鹏霄, 王志旺. 温度示踪法渗流监测技术在长江堤防渗流监测中的应用初探 [J]. 长江科学院院报, 2000, 17 (S1): 48-51.

[17] 李国臣. 基于光纤监测技术的堤防渗漏试验研究 [J]. 人民黄河, 2010, 32 (9): 111-112.

[18] 廖文来, 张君禄, 胡汉林. 基于全球导航卫星系统的堤防变形监测系统及应用 [J]. 水电能源科学, 2012, 30 (6): 128-131.

[19] 邹双朝, 皮凌华, 甘孝清, 等. 基于水下多波束的长江堤防护岸工程监测技术研究 [J]. 长江科学院院报, 2013, 30 (1): 93-98.

[20] 郭志金, 刘林佳, 吴昊. 地面三维激光扫描技术在险工护岸监测中的应用分析 [J]. 水利水电快报, 2019, 40 (7): 20-22.

[21] 谢大鹏. BIM 技术在水利水电工程中的应用 [J]. 科技风, 2018, 30 (10): 161.

[22] 贺兆忠. 防水堵漏新技术新材料在水利工程中的应用与思考 [J]. 中国建材科技, 2019, 28 (5): 64-65.

[23] 钱伟, 马明. 水利工程质量检测新技术研究 [J]. 工程技术研究, 2020, 5 (1): 214-215.

[24] 吴大军, 詹天惠, 奕怀东. 碳纤维复合补强材料在竹溪河水库输水管加固工程中的应用 [J]. 工业建筑, 2008, (S1): 1051-1054.

[25] 胡阳, 钱明海, 赵建军, 等. 建设"花盆式"河道生态护岸的新技术应用——以高邮市东部新城腰庄河治理为例 [J]. 江苏水利, 2020, (3): 10-13.

[26] 张瑞刚, 王在柱, 张在刚. 浅谈膨润毯在水利上的应用 [J]. 内蒙古水利, 2007, (1): 101-102.

[27] 宋俊强, 唐研, 李凌. 超软土地基浅层真空预压加固新技术现场试验及应用 [J]. 水运工程, 2015, (7): 179-183.

[28] 汪自力, 岳瑜素, 许雨新. 《堤防工程养护修理规程》的编制 [J]. 人民黄河, 2004, (11): 11-12.

[29] 汪自力, 周杨, 李长征. 《堤防工程安全评价导则》解读 [J]. 水利建设与管理, 2017, 37 (10): 66-68.

[30] 邓剑勋. 浅谈土工材料在堤防防护工程中的应用 [J]. 广东科技, 2007, (5): 151-152.

[31] 钟冬红. 山区中小河流治理中生态浆砌石挡墙的应用方法 [J]. 四川水泥, 2020, (6): 106.

[32] 赵涛. 试论河道治理中护岸工程的生态措施 [J]. 科技创业家, 2013, (5): 190.

[33] 王欣. 土工模袋砼在河道护岸中的运用 [J]. 城市建设理论研究（电子版）, 2018, (31): 179.

[34] 熊洁. 草皮护坡在堤防工程中的应用 [J]. 黑龙江水利科技，2002，(3)：150.

[35] 陈旭. 模袋混凝土护坡技术在河道护坡工程中的应用研究 [J]. 建设科技，2016，(13)：182-183.

[36] 周义珏，王均明. 模袋砼护坡的施工工艺及要求 [J]. 盐城工学院学报（自然科学版），2002，(1)：36-37，46.

[37] 李江凤，杜金凤，王春祥. 浅谈草皮护坡在堤防工程中的应用 [J]. 民营科技，2008，(4)：167.

[38] 矫峰梅. 浅谈在水利施工中浆砌石挡土墙施工工艺 [J]. 黑龙江科技信息，2016，(20)：254.

[39] 杜秀忠，张挺，孙昌利，等. 生态浆砌石挡墙在山区中小河流治理中的应用 [J]. 广东水利水电，2020 (02)：89-91，102.

[40] 崔盈. 基于分布式光纤传感技术的堤防渗漏监测 [D]. 哈尔滨：哈尔滨工程大学，2017.

[41] 董哲仁. 生态水工学探索 [M]. 北京：中国水利水电出版社，2007.

[42] 董哲仁，孙东亚. 生态水利工程原理与技术 [M]. 北京：中国水利水电出版社，2007.

[43] 范吉星. 安徽省淮河河道管理手册 [M]. 北京：中国水利水电出版社，2011.

[44] 王学广，王文田，吕满堂，等. 海河流域河道险工加固治理技术 [M]. 北京：中国水利水电出版社，2011.

[45] 苏冠鲁. 沂沭河塌岸险工治理措施及建议 [J]. 治淮，2001，(7)：22-23.

[46] 沈万和，毛金生，李相庆，等. 山东境内沂沭河河道险工治理对策研究 [J]. 华北水利水电学院学报，2008，29 (6)：26-27.

[47] 于鹏，贾庆，张剑锋. 沂沭河中小洪水抢险 [J]. 水利建设与管理，2015，35 (7)：45-47.

[48] 张鲁. 山东省沂沭河流域洪水管理研究 [D]. 南京：河海大学，2006.

[49] 徐强以，周玉华. 沂沭河洪水特性及防洪对策 [J]. 治淮，2006，(3)：16-17.

[50] 苏冠鲁. 沂沭河工程管理存在的问题与对策 [J]. 治淮，2004，(6)：21-22.

[51] 朱世秋，张放. 山东省淮河流域防汛形势与洪水分析 [J]. 治淮，2000，(6)：8-9.

[52] 滕雅元，王开林，王保乾. 徐州市水利志 [M]. 徐州：中国矿业大学出版社，2004.

图书在版编目（CIP）数据

沂沭泗河险工治理技术/魏蓬等编著. —合肥：合肥工业大学出版社，2022.3
ISBN 978-7-5650-5495-2

Ⅰ.①沂…　Ⅱ.①魏…　Ⅲ.①河道整治—中国　Ⅳ.①TV882.8

中国版本图书馆 CIP 数据核字（2021）第 197193 号

沂沭泗河险工治理技术
YI-SHU-SI HE XIANGONG ZHILI JISHU

魏　蓬　魏　松　王从明　张凤翔　周　静　编著

责任编辑	张择瑞	
出版发行	合肥工业大学出版社	
地　址	（230009）合肥市屯溪路 193 号	
网　址	www.hfutpress.com.cn	
电　话	理工图书出版中心：0551-62903204	
	营销与储运管理中心：0551-62903198	
开　本	787 毫米×1092 毫米　1/16	
印　张	16.5	
字　数	371 千字	
版　次	2022 年 3 月第 1 版	
印　次	2022 年 3 月第 1 次印刷	
印　刷	安徽联众印刷有限公司	
书　号	ISBN 978-7-5650-5495-2	
定　价	48.00 元	

如果有影响阅读的印装质量问题，请与出版社营销与储运管理中心联系调换。